Convex Analysis and Optimization Theory

凸解析と最適化理論

田中 謙輔［著］

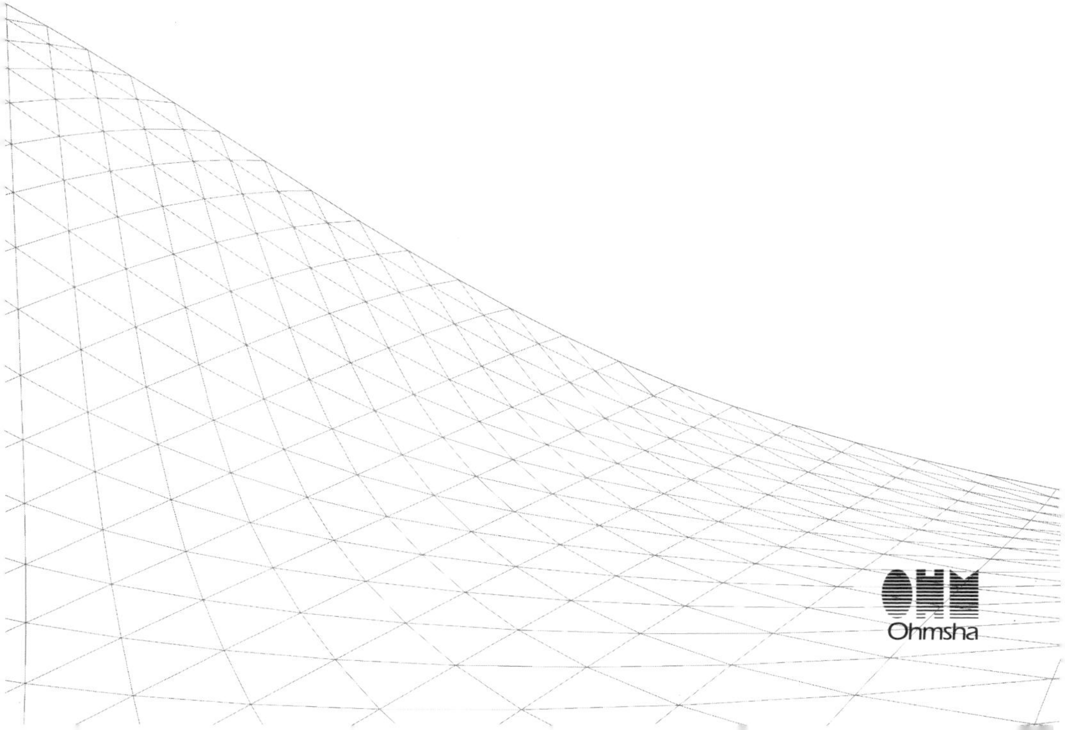

Ohmsha

まえがき

近年，社会現象が複雑，多岐に渡り数理経済学や情報工学の発展とともにこれらの学問と関連した数学理論もその重要性を増してきている．このような状況から凸解析理論や非線形解析学が数学の一分野として発展している．筆者が研究している情報数学でも，かつては線形解析理論とその応用が主体であったが，このような解析ではなかなか解決できないいろいろな現象も認識されるようになり，凸解析理論や非線形解析学がますますその重要性を増してきている．

このような状況は，単なる流行現象ではなくて21世紀に向けて着実に独自の道を進んでおり，きたるべき次の世代の数学理論の中心的な1つの分野になることを確信している．

筆者自身が数学教育を受けた学生の頃を思い浮かべ，また長い間数学の教育を担当してきて感じることは，その時代，時代に対応して数学の各分野の理論の強，弱現象や発想方法が変化していることであり，数学理論も時代とともに変わる生き物であるということを強く感じる．しかし，いつの時代でも精神的にも物質的にも人間生活を豊かにする数学理論であるべきであるということを忘れてはならないように思う．

大学の経済学部や理工学部で学ぶ2，3年生に，以上のような状況と思想が少しでも理解してもらえるように貢献したいと思い，凸解析の立場から最適化理論を解説した数学書を作成した．

本書の内容は最適化理論（各種の制約条件のもとで目的関数の大域的，または局所的最適解を求める）の中でも，特に非線形計画法について解説を与えている．最適化問題を定式化し数学的な解析を与えるために，まず，基礎となる n 次元ユークリッド空間の位相の導入と凸集合，凸関数の重要な性質を詳細に解説し，さらに凸関数と微分との関係等についての解説もしている．次に，この n 次元ユークリッド空間にエークランドの ε-変分不等式を導入し，この不等式を用いて縮小写像に関する不動点定理の興味ある解析を与えた．さらに，n 次元ユークリッド空間上のみに限定して非線形な凸計画問題とその解析について解説をしている．なお，高橋渉先生の名著「非線形関数解析学」から引用させて頂いた箇所もあり，厚くお礼を申し上げたい．

しかし，筆者の力量不足から高い理想どおりには，もちろん到達せず，不満も沢山残ってしまったが，読者諸賢の暖かいご教示とご指導をお願いする次第である．

本書を作成するにあたって，新潟大学理学部明石重男助教授，弘前大学理学部情報科学科田中環講師，新潟大学自然科学研究科黒岩大史君の皆様にはワープロの指導から原稿を通読して貴重なご意見までを頂き，深く感謝を申し上げる．新潟大学理学研究科木村寛君と同級生の皆様には演習問題の解法で大変お世話になった．また，新潟大学理学部数学科情報数学講座の卒業生の皆様にも大変お世話になった．重ねて厚くお礼を申し上げる．最後になったが，このような書物を出版して頂いた牧野書店の牧野末喜氏にも深く感謝したい．

1994 年 5 月

田中 謙輔

目　次

第 1 章

ユークリッド空間

この章では，本論の凸解析と最適化理論を考察するときの基礎となるユークリッド空間をベクトル空間の観点から考察する．点をベクトルと見なし，そのベクトルにノルムの概念を導入し，このノルムで 2 つのベクトルに対して距離関数を与え，この距離関数の考えを基本にして，以下の学習で空間の重要な性質を考察することにする．このユークリッド空間は，数学や数理科学を勉強するときにも必要となる重要な概念である．

1.1　ベクトル空間

実数全体の集合を記号で E^1 と表すと，平面上のすべての点は，平面上の直交座標の導入によって 2 つの実数 x, y の組 (x, y) で表現されることはよく知られている．このことを一般化し，自然数 n に対して n 個の実数を縦に並べた組，すなわち

$$\boldsymbol{x} = \begin{pmatrix} x_1 \\ x_2 \\ \vdots \\ x_i \\ \vdots \\ x_n \end{pmatrix}, x_i \in E^1, i = 1, 2, \cdots, n$$

を点と呼び，これら全体からなる集合を n 次元ユークリッド空間と呼び，E^n で表す．また，便宜上，n 個の実数を縦に並べる代わりに，転置を意味する記

号 t を用いて,

$$\boldsymbol{x} = (x_1, x_2, \cdots, x_n)^t$$

と表すことにする. E^n の点

$$\boldsymbol{x} = (x_1, x_2, \cdots, x_i, \cdots, x_n)^t$$

の x_i を $\boldsymbol{x}$ の第 i 番目の座標, または第 i 番目の成分または要素と呼び, すべての成分が 0 である点

$$\boldsymbol{\theta} = (0, 0, \cdots, 0)^t$$

を E^n の原点と呼ぶ.

さて, n 次元ユークリッド空間 E^n には次のように, 相等と加法・実数倍の 2 つの演算が自然に定義できる. E^n の点を $\boldsymbol{x} = (x_1, x_2, \cdots, x_n)^t$ と $\boldsymbol{y} = (y_1, y_2, \cdots, y_n)^t$ とすれば,

$$x_i = y_i, \quad i = 1, 2, \cdots, n$$

のとき, $\boldsymbol{x}$ と $\boldsymbol{y}$ は等しいと呼び, $\boldsymbol{x} = \boldsymbol{y}$ と表す. 次に, E^n の点 $\boldsymbol{x} = (x_1, x_2, \cdots, x_n)^t$ と $\boldsymbol{y} = (y_1, y_2, \cdots, y_n)^t$ に対して, それらの和を $\boldsymbol{x} + \boldsymbol{y}$ と表し,

$$\boldsymbol{x} + \boldsymbol{y} = (x_1 + y_1, x_2 + y_2, \cdots, x_n + y_n)^t$$

と定義する. さらに, E^n の点 $\boldsymbol{x} = (x_1, x_2, \cdots, x_n)^t$ と実数 α に対して, $\boldsymbol{x}$ の α 倍を $\alpha\boldsymbol{x}$ と表し,

$$\alpha\boldsymbol{x} = (\alpha x_1, \alpha x_2, \cdots, \alpha x_n)^t$$

と定義する.

このとき, E^n は上の 2 つの演算に対して次の公理 (ベクトル空間の公理) を満たすことが容易に確かめられる.

(I) E^n の任意の点 $\boldsymbol{x}, \boldsymbol{y}, \boldsymbol{z}$ について, 次の法則が成り立つ.

(1) $\boldsymbol{x} + \boldsymbol{y} \in E^n$

(2) $(\boldsymbol{x} + \boldsymbol{y}) + \boldsymbol{z} = \boldsymbol{x} + (\boldsymbol{y} + \boldsymbol{z})$　(結合法則)

(3) 零ベクトルと呼ばれる点 $\boldsymbol{\theta}$ が存在し, すべての E^n の点 $\boldsymbol{x}$ に対して, $\boldsymbol{x} + \boldsymbol{\theta} = \boldsymbol{x}$ が成り立つ.　(零元の存在)

(4) E^n の任意の点 $\boldsymbol{x}$ に対して, $\boldsymbol{x}$ の逆ベクトルと呼ばれる点 $-\boldsymbol{x}$ が存在し, $\boldsymbol{x} + (-\boldsymbol{x}) = \boldsymbol{\theta}$ が成り立つ.　(逆元の存在)

(5) $\boldsymbol{x}+\boldsymbol{y}=\boldsymbol{y}+\boldsymbol{x}$ (交換法則)

(II) E^n の任意の 2 点 $\boldsymbol{x},\boldsymbol{y}$ と任意の 2 つの実数 α,β について，次の法則が成り立つ．

(1) $\alpha\boldsymbol{x}\in E^n$

(2) $(\alpha\beta)\boldsymbol{x}=\alpha(\beta\boldsymbol{x})$ (結合法則)

(3) $\alpha(\boldsymbol{x}+\boldsymbol{y})=\alpha\boldsymbol{x}+\alpha\boldsymbol{y}$ (ベクトルに関する分配法則)

(4) $(\alpha+\beta)\boldsymbol{x}=\alpha\boldsymbol{x}+\beta\boldsymbol{x}$ (実数に関する分配法則)

(5) $0\boldsymbol{x}=\boldsymbol{\theta}, 1\boldsymbol{x}=\boldsymbol{x}$

したがって，n 次元ユークリッド空間 E^n はベクトル空間のすべての公理を満たすので**ベクトル空間** (vector space) と呼ばれ，E^n の各点を**ベクトル** (vector) と呼ぶ．ここで，零ベクトル $\boldsymbol{\theta}$ は $(0,0,\cdots,0)^t$ で，$\boldsymbol{x}=(x_1,x_2,\cdots,x_n)^t$ の逆ベクトルは $-\boldsymbol{x}=(-x_1,-x_2,\cdots,-x_n)^t$ と書けることから，2 つのベクトル $\boldsymbol{x},\boldsymbol{y}$ の差ベクトル $\boldsymbol{x}-\boldsymbol{y}=\boldsymbol{x}+(-\boldsymbol{y})$ は，本質的には 2 つのベクトルの和で与えられる．

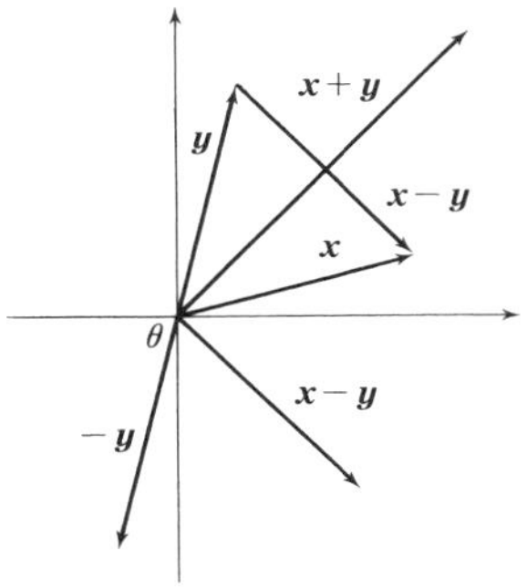

図 1.1 ベクトルの和と差

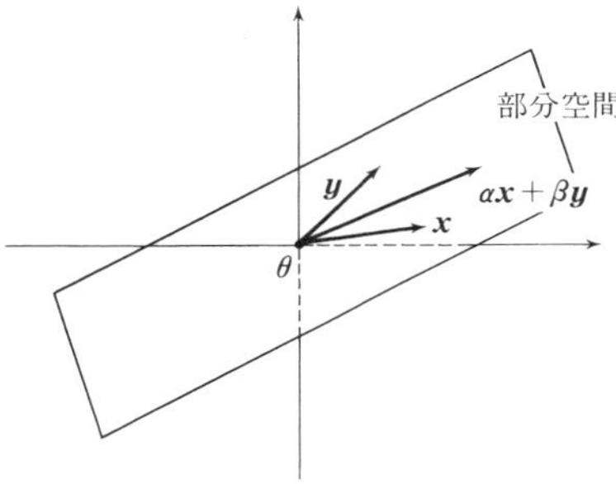

図 1.2 部分空間

次に，部分空間の基本的な性質を考察するために部分空間の定義から始める．

定義 1.1. ベクトル空間 E^n の空でない部分集合 M の任意の 2 つのベクトル $\boldsymbol{x},\boldsymbol{y}$ と任意の 2 つの実数 α,β について，

$$\alpha\boldsymbol{x}+\beta\boldsymbol{y}\in M$$

が成り立つとき，この部分集合 M を E^n の**部分空間** (subspace) と呼ぶ．

上の定義から，$\alpha=0, \beta=0$ とすると，$\alpha\boldsymbol{x}+\beta\boldsymbol{y}=\boldsymbol{\theta}$ となることから，部分空間 M は常に零ベクトル $\boldsymbol{\theta}$ を含むことがわかる．また E^n 自身，上で述べたベクトル空間の公理を満足することから，ベクトル空間になることも理解できる．E^n の部分空間の中では E^n 自身が最大のものであり，零ベクトルのみの集合 $\{\boldsymbol{\theta}\}$ が最小部分空間である．これらの部分空間を自明な部分空間と呼ぶ．また，E^n に等しくない部分空間を真部分空間と呼んでいる．

命題 1.1. M と N をベクトル空間 E^n の部分空間とすると，M と N の共通集合 (intersection) $M\cap N$ は E^n の部分空間となる．

証明. 零ベクトル $\boldsymbol{\theta}$ は，M, N の両方に含まれているので，$\boldsymbol{\theta}\in M\cap N$ となり，$M\cap N$ は空ではない．また，任意の 2 つのベクトル $\boldsymbol{x}, \boldsymbol{y}\in M\cap N$ に対し，$\boldsymbol{x}, \boldsymbol{y}\in M$ かつ $\boldsymbol{x}, \boldsymbol{y}\in N$ である．このことから，任意の 2 つの実数 α, β に対して，M, N は部分空間であることから $\alpha\boldsymbol{x}+\beta\boldsymbol{y}\in M$，$\alpha\boldsymbol{x}+\beta\boldsymbol{y}\in N$ が得られる．よって，$\alpha\boldsymbol{x}+\beta\boldsymbol{y}\in M\cap N$ が成り立ち，$M\cap N$は E^n の部分空間となることが示され，証明は終わる．□

ベクトル空間の 2 つの部分空間の合併集合 (union) は必ずしも部分空間にはならないことに注意する必要がある．なぜなら，平面 E^2 で考えてみると，原点を通る 2 つの直線はそれぞれ部分空間ではあるが，各直線上の各点 $\boldsymbol{x}, \boldsymbol{y}$ を任意に選んだとき，その和 $\boldsymbol{x}+\boldsymbol{y}$ がその 2 つの直線の合併集合に含まれるとは限らないからである．

定義 1.2. ベクトル空間 E^n の 2 つの部分集合 S, T について，そのすべてのベクトル $\boldsymbol{s}\in S$ と $\boldsymbol{t}\in T$ との和 $\boldsymbol{s}+\boldsymbol{t}$ および差 $\boldsymbol{s}-\boldsymbol{t}$ からなる集合を S と T の**和集合**および**差集合**と呼び，$S+T$ および $S-T$ で表す．すなわち

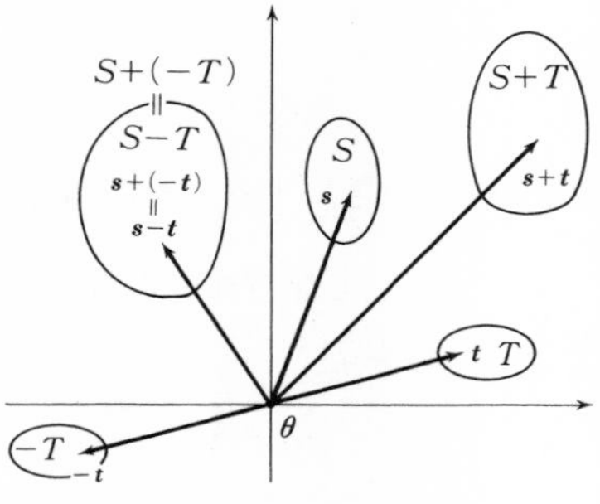

図 1.3　ベクトル空間の和集合と差集合

$$S+T=\{\boldsymbol{s}+\boldsymbol{t}\mid \boldsymbol{s}\in S,\ \boldsymbol{t}\in T\},$$
$$S-T=\{\boldsymbol{s}-\boldsymbol{t}\mid \boldsymbol{s}\in S,\ \boldsymbol{t}\in T\}$$

2つの集合のベクトル和集合およびベクトル差集合は図 1.3 で幾何学的に説明が与えられる．

命題 1.2. M と N をベクトル空間 E^n の部分空間とするとき，それらの和集合 $M+N$ は E^n の部分空間となる．

証明. $\boldsymbol{\theta}\in M+N$ より，$M+N$ は空ではない．また，任意の2つのベクトル $\boldsymbol{x},\boldsymbol{y}\in M+N$ に対して，$\boldsymbol{x}=\boldsymbol{m}_1+\boldsymbol{n}_1, \boldsymbol{y}=\boldsymbol{m}_2+\boldsymbol{n}_2$ となるベクトル $\boldsymbol{m}_1,\boldsymbol{m}_2\in M$ と $\boldsymbol{n}_1,\boldsymbol{n}_2\in N$ が存在する．よって，任意の2つの実数 α,β に対して，$\alpha\boldsymbol{x}+\beta\boldsymbol{y}=\alpha(\boldsymbol{m}_1+\boldsymbol{n}_1)+\beta(\boldsymbol{m}_2+\boldsymbol{n}_2)=(\alpha\boldsymbol{m}_1+\beta\boldsymbol{m}_2)+(\alpha\boldsymbol{n}_1+\beta\boldsymbol{n}_2)\in M+N$ となるから，$M+N$ は E^n の部分空間となることが示され，証明は終わる． □

ベクトル空間の公理によれば，ベクトルの和と実数倍が有限回繰り返し行われてもその順序に関係なく，その結果のベクトルは一意に定まる．したがって，ベクトル空間 E^n の有限個のベクトル $\boldsymbol{x}_1,\boldsymbol{x}_2,\cdots,\boldsymbol{x}_k$ と実数 $\alpha_1,\alpha_2,\cdots,\alpha_k$ に対して

$$\boldsymbol{x}=\sum_{i=1}^{k}\alpha_i\boldsymbol{x}_i$$

の形のベクトル $\boldsymbol{x}$ は E^n のベクトルとなるので，これを $\boldsymbol{x}_1,\boldsymbol{x}_2,\cdots,\boldsymbol{x}_k$ の **1次結合** (linear combination) と呼ぶ．さらに，すべての $\alpha_i\ (i=1,2,\cdots,k)$ が非負 $(\alpha_i\geq 0)$ のとき，この $\boldsymbol{x}$ を**非負1次結合** (non-negative linear combination) と呼び，すべての $\alpha_i\ (i=1,2,\cdots,k)$ が非負で，$\sum_{i=1}^{k}\alpha_i=1$ を満たすとき，この $\boldsymbol{x}$ を**凸結合** (convex combination) と呼ぶ (図 1.4)．

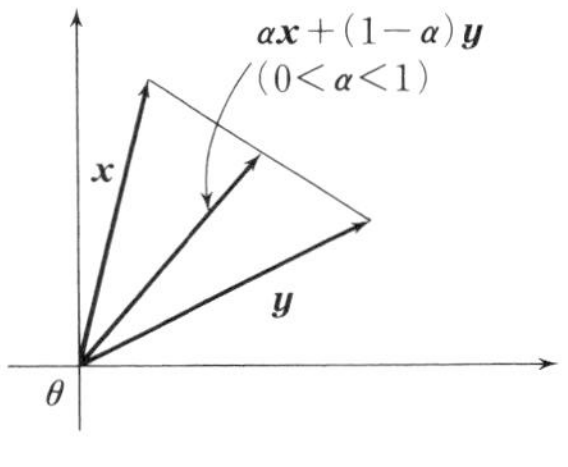

図 1.4　2つのベクトルの凸結合

定義 1.3. ベクトル空間 E^n の空でない部分集合 S に対して，S のベクトルのあらゆる1次結合の全体からなる集合を $[S]$ で表す．すなわち

$$[S] = \left\{ \sum_{i=1}^{k} \alpha_i \boldsymbol{x}_i \,\middle|\, \boldsymbol{x}_i \in S, \alpha_i \in E^1, \text{ある正の整数 } k \right\}$$

このとき，$[S]$ が ベクトル空間 E^n の部分空間になることは，1次結合の1次結合は1次結合になることから示される．そこで，$[S]$ は S によって生成される (張られる) 1つの部分空間になっている．この証明は演習問題として読者に残す．

次に，本論でも重要となる線形多様体の定義とその基本性質を述べる．

定義 1.4. ベクトル空間 E^n の部分集合 V が部分空間 M とベクトル $\boldsymbol{x}$ によって

$$V = \boldsymbol{x} + M$$

と表されるとき，V を**線形多様体** (linear manifold) と呼ぶ．すなわち

$$V = \{\boldsymbol{x} + \boldsymbol{v} \mid \boldsymbol{v} \in M\}$$

この定義から，線形多様体 V は部分空間 M をベクトル $\boldsymbol{x}$ だけ平行移動した集合を表すことになり，このときの部分空間 M はただ1つ決まるが，ベクトル $\boldsymbol{x}$ は V の任意のベクトル $\boldsymbol{x}$ をとることができる．つまり，線形多様体 $V = \boldsymbol{x}_0 + M$ は任意のベクトル $\boldsymbol{x} \in V$ に対して，$\boldsymbol{x}_0 + M = \boldsymbol{x} + M$ となる．このことは図 1.5 より幾何学的に説明が与えられる．

ベクトル空間 E^n の空でない部分集合 S を含んでいるすべての線形多様体の共通集合を $v(S)$ で表すと，$v(S)$ は線形多様体となることが，次の命題から容易に理解される．そこで $v(S)$ を S によって生成される線形多様体と呼ぶ．

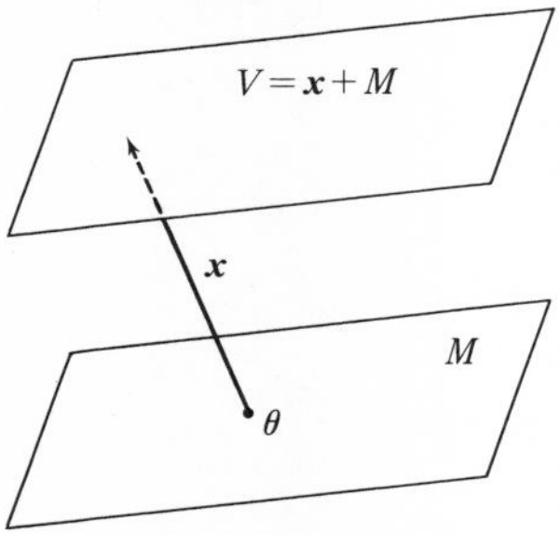

図 1.5　部分空間 M と線形多様体 V

命題 1.3. I を添字集合とし，各 $V_i\ (i \in I)$ が線形多様体で，$\bigcap_{i \in I} V_i \neq \emptyset$ ならば $\bigcap_{i \in I} V_i$ も線形多様体となる．ここで $\emptyset$ は空集合を表す．

証明. $\bigcap_{i \in I} V_i \neq \emptyset$ より，あるベクトル $\boldsymbol{x} \in \bigcap_{i \in I} V_i$ が存在する．すべての $i \in I$ について，$\boldsymbol{x} \in V_i$ となるから，$V_i - \boldsymbol{x} = M_i$ となる部分空間 M_i が存在する．したがって $V_i = \boldsymbol{x} + M_i$ と書け，$\bigcap_{i \in I} M_i$ も部分空間となるので，

$$\bigcap_{i \in I} V_i = \boldsymbol{x} + \bigcap_{i \in I} M_i$$

が示され，証明は終わる．□

1.2　ベクトル空間の次元

定義 1.5. ベクトル空間 E^n の部分集合 S に対して，ベクトル $\boldsymbol{x}$ が S に属するベクトルの 1 次結合で表されるとき，$\boldsymbol{x}$ は S に **1 次従属** (linearly dependent) していると呼ぶ，すなわち，ベクトル $\boldsymbol{x}$ が S によって生成される部分空間 $[S]$ に属している．また逆に，ベクトル $\boldsymbol{x}$ が部分空間 $[S]$ に属していない，すなわち，1 次従属していないときには S に **1 次独立** (linearly independent) であると呼ぶ．特に，集合 S の任意のベクトル $\boldsymbol{x}$ が S の残りのベクトルの集合に 1 次独立であるとき，集合 S を 1 次独立な集合と呼ぶ．

ここで，k 個のベクトル集合 $\{\boldsymbol{x}_1, \boldsymbol{x}_2, \cdots, \boldsymbol{x}_k\}$ が 1 次独立な集合であるときに，この k 個のベクトル $\boldsymbol{x}_1, \boldsymbol{x}_2, \cdots, \boldsymbol{x}_k$ は 1 次独立であると呼ぶ．また，零ベクトル $\boldsymbol{\theta}$ については，任意のベクトル $\boldsymbol{x}$ に対して $\boldsymbol{\theta} = 0 \cdot \boldsymbol{x}$ と書けるので，上の定義によって，零ベクトル $\boldsymbol{\theta}$ は任意のベクトル $\boldsymbol{x}$ と 1 次従属になっている．

定理 1.1. E^n の k 個のベクトル集合 $S = \{\boldsymbol{x}_1, \boldsymbol{x}_2, \cdots, \boldsymbol{x}_k\}$ が 1 次独立な集合であるための必要十分条件は

$$\sum_{i=1}^{k} \alpha_i \boldsymbol{x}_i = \boldsymbol{\theta} \text{ ならば } \alpha_i = 0\ (i = 1, 2, \cdots, k)$$

である．

証明. 必要性を示すために，S が1次独立な集合で，$\sum_{i=1}^{k}\alpha_i\boldsymbol{x}_i=\boldsymbol{\theta}$ であり，$\{\alpha_1,\cdots,\alpha_k\}$ のうち，α_i の少なくとも1つの α_j について，$\alpha_j\neq 0$ と仮定すると，$\sum_{i=1}^{k}\alpha_i\boldsymbol{x}_i=\boldsymbol{\theta}$ より，

$$\boldsymbol{x}_j=-\frac{\displaystyle\sum_{i\neq j}\alpha_i\boldsymbol{x}_i}{\alpha_j}=\sum_{i\neq j}(-\frac{\alpha_i}{\alpha_j})\boldsymbol{x}_i$$

が成り立つことになり，S が1次独立な集合であることに反する．よって，$\sum_{i=1}^{k}\alpha_i\boldsymbol{x}_i=\boldsymbol{\theta}$ のときは，すべての $i=1,2,\cdots,k$ に対して $\alpha_i=0$ が成り立つことになる．

次に，証明の十分性は対偶を証明することで示す．そのために，S が1次従属な集合であると仮定する．よって，あるベクトル $\boldsymbol{x}_j$ が，$\boldsymbol{x}_j=\sum_{i\neq j}\beta_i\boldsymbol{x}_i$ と表されたとすれば，$\sum_{i\neq j}\beta_i\boldsymbol{x}_i-\boldsymbol{x}_j=\boldsymbol{\theta}$ が成り立つことになり，$\alpha_j=-1,\alpha_i=\beta_i$ $(i=1,2,\cdots,j-1,j+1,\cdots,k)$ とおくことで，$\sum_{i=1}^{k}\alpha_i\boldsymbol{x}_i=\boldsymbol{\theta}$ が成り立つことが示され，証明は終わる．□

この定理の重要な結果は，次の系で示されるように，1次独立な集合のベクトルの1次結合がただ1つの表現をもつことである．

系 1.1. E^n の k 個のベクトル $\boldsymbol{x}_1,\boldsymbol{x}_2,\cdots,\boldsymbol{x}_k$ が1次独立であるとき，

$$\sum_{i=1}^{k}\alpha_i\boldsymbol{x}_i=\sum_{i=1}^{k}\beta_i\boldsymbol{x}_i$$

ならば，

$$\alpha_i=\beta_i\quad(i=1,2,\cdots,k)$$

が成り立つ．

証明. 系の条件によって，

$$\sum_{i=1}^{k}(\alpha_i-\beta_i)\boldsymbol{x}_i=\boldsymbol{\theta}$$

が成り立つ．ここで $\boldsymbol{x}_1,\boldsymbol{x}_2,\cdots,\boldsymbol{x}_k$ が1次独立であるので，定理 1.1 によりすべての $i=1,2,\cdots,k$ に対して，$\alpha_i=\beta_i$ が成り立つことが示され，証明は終わる．□

系 1.2. E^n の部分集合 S が 1 次独立な集合ならば，その任意の部分集合も 1 次独立である．

証明. T を S の任意の部分集合とする．ここで，任意の実数 $\alpha_1, \alpha_2, \cdots, \alpha_k$ と T に属する任意のベクトル $\boldsymbol{x}_1, \boldsymbol{x}_2, \cdots, \boldsymbol{x}_k$ に対して，$\sum_{i=1}^{k} \alpha_i \boldsymbol{x}_i = \boldsymbol{\theta}$ であるとする．$T \subset S$ であるから，$\boldsymbol{x}_i \in S\,(i = 1, 2, \cdots, k)$ であり，S の 1 次独立性により，$\alpha_i = 0\,(i = 1, 2, \cdots, k)$ となる．よって，T は 1 次独立であることが示され，証明は終わる．□

定義 1.6. ベクトル空間 E^n の部分集合 S が，

(1) S は 1 次独立な集合である．

(2) $[S] = E^n$ (つまり，E^n は S によって生成される)

を満たすとき，S をベクトル空間 E^n の**基底** (basis) と呼ぶ．

一般のベクトル空間 V では，このような集合 S が有限集合 $\{\boldsymbol{x}_1, \boldsymbol{x}_2, \cdots, \boldsymbol{x}_n\}$ のとき，次の定理 1.2 により，その個数が一意的に定まるので，その個数 n をベクトル空間 V の次元と呼び，$\dim V = n$ と表す．また，このような有限集合 S が存在しない場合を，無限次元であると呼んでいる．

ここで，ベクトル空間 E^n の第 i 番目の成分が 1 で他の成分はすべて 0 であるベクトルを $\boldsymbol{e}_i = (0, 0, \cdots, 0, 1, 0, \cdots, 0)^t$ で表すとき，これらの n 個のベクトルの組 $S = \{\boldsymbol{e}_1, \boldsymbol{e}_2, \cdots, \boldsymbol{e}_n\}$ について次のことが成り立つ．

(1) S は 1 次独立な集合．

(2) ベクトル空間 E^n の任意のベクトル $\boldsymbol{x} = (x_1, x_2, \cdots, x_n)^t$ は

$$\boldsymbol{x} = \sum_{i=1}^{n} x_i \boldsymbol{e}_i$$

と表されるので，$E^n = [S]$ が成り立つ．

したがって，S はベクトル空間 E^n の基底となり，その次元は次の定理 1.2 より $\dim E^n = n$ となる．このことは，任意の n について成り立つので，この $\{\boldsymbol{e}_1, \boldsymbol{e}_2, \cdots, \boldsymbol{e}_n\}$ をベクトル空間 E^n の**標準基底**と呼び，この各ベクトル $\boldsymbol{e}_i\,(i = 1, 2, 3, \cdots, n)$ を E^n の**基本ベクトル**と呼ぶ．

定理 1.2. ベクトル空間 E^n の任意の 2 つの基底は同じ個数のベクトルから成り立つ．

証明. $S=\{\boldsymbol{x}_1,\boldsymbol{x}_2,\cdots,\boldsymbol{x}_n\}$ と $T=\{\boldsymbol{y}_1,\boldsymbol{y}_2,\cdots,\boldsymbol{y}_m\}$ をベクトル空間 E^n の2つの基底とし，$m>n$ とおく．S が基底であることより，

$$\boldsymbol{y}_1=\sum_{i=1}^{n}\alpha_i\boldsymbol{x}_i$$

と表される．このとき，零ベクトル $\boldsymbol{\theta}$ はすべてのベクトルに1次従属しているから，T の1次独立性により，$\boldsymbol{y}_1\neq\boldsymbol{\theta}$ が成立する．よって，少なくとも1つの i について $\alpha_i\neq0$ となる．必要ならば $\boldsymbol{x}_i$ を並べ換え $\alpha_1\neq0$ とできる．そこで，新しく

$$\beta_i=\frac{-\alpha_i}{\alpha_1}\quad(i=2,\cdots,n)$$

とすれば

$$\boldsymbol{x}_1=\frac{\boldsymbol{y}_1}{\alpha_1}+\sum_{i=2}^{n}\beta_i\boldsymbol{x}_i$$

が成り立ち，$\boldsymbol{y}_1,\boldsymbol{x}_2,\cdots,\boldsymbol{x}_n$ は E^n を生成する．次に，$k-1$ 個のベクトル $\boldsymbol{x}_1,\boldsymbol{x}_2,\cdots,\boldsymbol{x}_{k-1}$ が $\boldsymbol{y}_1,\boldsymbol{y}_2,\cdots,\boldsymbol{y}_{k-1}$ で置き換えられたとすると，

$$\boldsymbol{y}_k=\sum_{i=1}^{k-1}\alpha_i\boldsymbol{y}_i+\sum_{i=k}^{n}\beta_i\boldsymbol{x}_i$$

となる．このとき $\{\boldsymbol{y}_1,\boldsymbol{y}_2,\cdots,\boldsymbol{y}_k\}$ は1次独立であるから，$\beta_k=\cdots=\beta_n=0$ ではない．よって再び，$\boldsymbol{x}_k,\cdots,\boldsymbol{x}_n$ を並べ換えて $\beta_k\neq0$ とおくと，$\boldsymbol{x}_k$ は $\boldsymbol{y}_1,\boldsymbol{y}_2,\cdots,\boldsymbol{y}_k,\boldsymbol{x}_{k+1},\cdots,\boldsymbol{x}_n$ の1次結合で表される．

これは，k についての帰納法を示しており，$\{\boldsymbol{x}_1,\boldsymbol{x}_2,\cdots,\boldsymbol{x}_n\}$ が $\{\boldsymbol{y}_1,\boldsymbol{y}_2,\cdots,\boldsymbol{y}_n\}$ で置き換えられることになり，$\{\boldsymbol{y}_1,\boldsymbol{y}_2,\cdots,\boldsymbol{y}_n\}$ が E^n を生成することが示される．しかし，$m>n$ により $\boldsymbol{y}_{n+1}$ が $\{\boldsymbol{y}_1,\boldsymbol{y}_2,\cdots,\boldsymbol{y}_n\}$ に1次従属になってしまい，T が基底であることに矛盾する．よって $m\leq n$ となる．

同様にして，$n\leq m$ が示されるので $m=n$ が得られ，証明は終わる．　□

この定理から，ベクトル空間 E^n の任意の基底は標準基底 $\{\boldsymbol{e}_1,\boldsymbol{e}_2,\cdots,\boldsymbol{e}_n\}$ と同じ n 個のベクトルをもつことからベクトル空間 E^n の次元は n で，E^n を n **次元ベクトル空間**と呼ぶ．

1.3 ベクトル空間の距離

ベクトル空間 E^n の任意の 2 つのベクトル $\boldsymbol{x} = (x_1, x_2, \cdots, x_n)^t$，$\boldsymbol{y} = (y_1, y_2, \cdots, y_n)^t$ に対して，それらの**内積** (inner product) を

$$\langle \boldsymbol{x}, \boldsymbol{y} \rangle = \sum_{i=1}^{n} x_i \, y_i$$

で定義すると，一般の**前ヒルベルト空間** (pre-Hilbert space) に与えられる次のような内積の公理を満たすことは容易に確かめられる．

ベクトル空間 E^n の任意のベクトル $\boldsymbol{x}, \boldsymbol{y}, \boldsymbol{z}$ と任意の実数 α に対して

(I1) $\langle \boldsymbol{x}, \boldsymbol{y} \rangle = \langle \boldsymbol{y}, \boldsymbol{x} \rangle$

(I2) $\langle \boldsymbol{x} + \boldsymbol{y}, \boldsymbol{z} \rangle = \langle \boldsymbol{x}, \boldsymbol{z} \rangle + \langle \boldsymbol{y}, \boldsymbol{z} \rangle$

(I3) $\langle \alpha \boldsymbol{x}, \boldsymbol{y} \rangle = \alpha \langle \boldsymbol{x}, \boldsymbol{y} \rangle$

(I4) $\langle \boldsymbol{x}, \boldsymbol{x} \rangle \geq 0$ で $\langle \boldsymbol{x}, \boldsymbol{x} \rangle = 0$ となるのは $\boldsymbol{x} = \boldsymbol{\theta}$ のときに限る．ただし，$\boldsymbol{\theta}$ は零ベクトルを示している．

ここで，$\|\boldsymbol{x}\| = \sqrt{\langle \boldsymbol{x}, \boldsymbol{x} \rangle}$ とおき，この実数の値をベクトル $\boldsymbol{x}$ の**ノルム** (norm) と呼ぶことにする．このノルムは一般のノルム空間に与えられる次のようなノルムの公理を満たす．

ベクトル空間 E^n の任意のベクトル $\boldsymbol{x}, \boldsymbol{y}$ と任意の実数 α に対して

(N1) $\|\boldsymbol{x}\| \geq 0$ で $\|\boldsymbol{x}\| = 0$ となるのは $\boldsymbol{x} = \boldsymbol{\theta}$ のときに限る．

(N2) $\|\boldsymbol{x} + \boldsymbol{y}\| \leq \|\boldsymbol{x}\| + \|\boldsymbol{y}\|$ （三角不等式）

(N3) $\|\alpha \boldsymbol{x}\| = |\alpha| \, \|\boldsymbol{x}\|$

上の (N1) と (N3) については容易に確かめられるが，(N2) については予備知識が必要となるので，まずシュヴァルツの不等式から示すことにする．

命題 1.4. (**シュヴァルツ** (Schwarz) **の不等式**)

任意の実数 $a_i, b_i \ (i = 1, 2, \cdots, n)$ に対して，次の不等式が成立する．

$$\left(\sum_{i=1}^{n} a_i b_i \right)^2 \leq \left(\sum_{i=1}^{n} a_i^2 \right) \left(\sum_{i=1}^{n} b_i^2 \right)$$

証明． 任意の実数 t に対して，

$$f(t) = \sum_{i=1}^{n} (a_i t + b_i)^2$$

とおくと，

$$f(t) = \left(\sum_{i=1}^{n} a_i^2\right) t^2 + \left(2\sum_{i=1}^{n} a_i b_i\right) t + \sum_{i=1}^{n} b_i^2 \geq 0$$

が得られることから，２つの場合に分けて証明を与える．

(1) $\sum_{i=1}^{n} a_i^2 = 0$ のときには，すべての a_i $(i = 1, 2, 3, \cdots, n)$ は零，すなわち，$a_i = 0$ となるので，両辺が零に等しくなり命題の結果は成立する．

(2) $\sum_{i=1}^{n} a_i^2 > 0$ のときには，

$$\frac{\text{判別式}}{4} = \left(\sum_{i=1}^{n} a_i b_i\right)^2 - \left(\sum_{i=1}^{n} a_i^2\right)\left(\sum_{i=1}^{n} b_i^2\right) \leq 0$$

よって

$$\left(\sum_{i=1}^{n} a_i b_i\right)^2 \leq \left(\sum_{i=1}^{n} a_i^2\right)\left(\sum_{i=1}^{n} b_i^2\right)$$

が示され，証明は終わる．　□

定理 1.3.　ベクトル空間 E^n の２つのベクトル $\boldsymbol{x}, \boldsymbol{y}$ に対して，次が成り立つ．

$$\|\boldsymbol{x} + \boldsymbol{y}\| \leq \|\boldsymbol{x}\| + \|\boldsymbol{y}\|$$

証明． 任意の２つのベクトル $\boldsymbol{x} = (x_1, x_2, \cdots, x_n)^t$，$\boldsymbol{y} = (y_1, y_2, \cdots, y_n)^t$ に対して，すべての $i = 1, 2, \cdots, n$ で $a_i = x_i, b_i = y_i$ とおき，これに上の命題1.4 を適用して，

$$(\langle \boldsymbol{x}, \boldsymbol{y} \rangle)^2 \leq \|\boldsymbol{x}\|^2 \|\boldsymbol{y}\|^2$$

が成り立つので

$$|\langle \boldsymbol{x}, \boldsymbol{y} \rangle| \leq \|\boldsymbol{x}\|\,\|\boldsymbol{y}\|$$

が得られる．よって，

$$\begin{aligned}
\|\boldsymbol{x} + \boldsymbol{y}\|^2 &= \langle \boldsymbol{x} + \boldsymbol{y}, \boldsymbol{x} + \boldsymbol{y} \rangle \\
&= \langle \boldsymbol{x}, \boldsymbol{x} \rangle + 2\langle \boldsymbol{x}, \boldsymbol{y} \rangle + \langle \boldsymbol{y}, \boldsymbol{y} \rangle \\
&\leq \|\boldsymbol{x}\|^2 + 2|\langle \boldsymbol{x}, \boldsymbol{y} \rangle| + \|\boldsymbol{y}\|^2 \\
&\leq \|\boldsymbol{x}\|^2 + 2\|\boldsymbol{x}\|\,\|\boldsymbol{y}\| + \|\boldsymbol{y}\|^2 \\
&= (\|\boldsymbol{x}\| + \|\boldsymbol{y}\|)^2
\end{aligned}$$

したがって $\|\boldsymbol{x}+\boldsymbol{y}\| \leq \|\boldsymbol{x}\|+\|\boldsymbol{y}\|$ が成り立つことが示され，証明は終わる．□

上の定理 1.3 の証明の中で

$$|\langle \boldsymbol{x}, \boldsymbol{y}\rangle| \leq \|\boldsymbol{x}\|\,\|\boldsymbol{y}\|$$

が示されていることから，

$$-1 \leq \frac{\langle \boldsymbol{x}, \boldsymbol{y}\rangle}{\|\boldsymbol{x}\|\,\|\boldsymbol{y}\|} \leq 1$$

が得られ，

$$\frac{\langle \boldsymbol{x}, \boldsymbol{y}\rangle}{\|\boldsymbol{x}\|\,\|\boldsymbol{y}\|} = \cos\alpha \quad (0 \leq \alpha \leq \pi)$$

を満たす角 α がただ 1 つ存在する．ここで，この角を 2 つのベクトル $\boldsymbol{x}, \boldsymbol{y}$ **の作る角**と呼ぶ．

系 1.3.　2 つのベクトル $\boldsymbol{x}, \boldsymbol{y}$ に対して，次が成り立つ．

$$\|\boldsymbol{x}\| - \|\boldsymbol{y}\| \leq \|\boldsymbol{x}-\boldsymbol{y}\|$$

証明. 定理 1.3 の不等式を用いて，

$$\begin{aligned}\|\boldsymbol{x}\| - \|\boldsymbol{y}\| &= \|\boldsymbol{x}-\boldsymbol{y}+\boldsymbol{y}\| - \|\boldsymbol{y}\| \\ &\leq \|\boldsymbol{x}-\boldsymbol{y}\| + \|\boldsymbol{y}\| - \|\boldsymbol{y}\| \\ &= \|\boldsymbol{x}-\boldsymbol{y}\|\end{aligned}$$

が示され，証明は終わる．□

定理 1.4. (**平行四辺形の法則** (parallelogram law))

ベクトル空間 E^n の 2 つのベクトル $\boldsymbol{x}, \boldsymbol{y}$ に対して，次が成り立つ．

$$\|\boldsymbol{x}+\boldsymbol{y}\|^2 + \|\boldsymbol{x}-\boldsymbol{y}\|^2 = 2\|\boldsymbol{x}\|^2 + 2\|\boldsymbol{y}\|^2$$

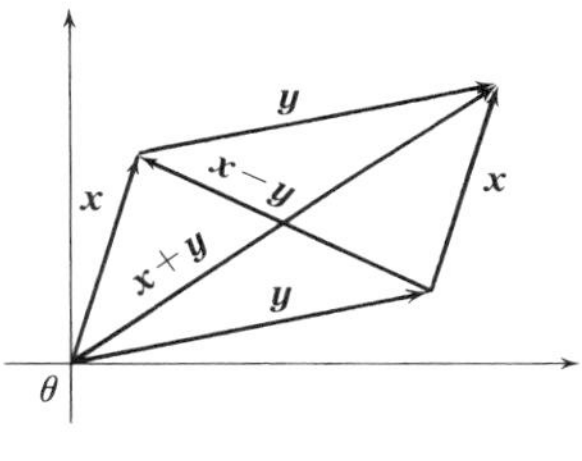

図 1.6　平行四辺形の法則

証明. ベクトルに関するノルムと内積の関係を用いて,

$$\begin{aligned}\|\boldsymbol{x}+\boldsymbol{y}\|^2+\|\boldsymbol{x}-\boldsymbol{y}\|^2 &= \langle \boldsymbol{x}+\boldsymbol{y}, \boldsymbol{x}+\boldsymbol{y}\rangle + \langle \boldsymbol{x}-\boldsymbol{y}, \boldsymbol{x}-\boldsymbol{y}\rangle \\ &= \|\boldsymbol{x}\|^2+2\langle \boldsymbol{x}, \boldsymbol{y}\rangle+\|\boldsymbol{y}\|^2+\|\boldsymbol{x}\|^2-2\langle \boldsymbol{x}, \boldsymbol{y}\rangle+\|\boldsymbol{y}\|^2 \\ &= 2\|\boldsymbol{x}\|^2+2\|\boldsymbol{y}\|^2\end{aligned}$$

が示され, 証明は終わる. □

定義 1.7. ベクトル空間 E^n の任意の2つのベクトル $\boldsymbol{x}, \boldsymbol{y}$ に対して, 次の条件を満たす実数値関数 $d(\cdot,\cdot): E^n \times E^n \longrightarrow E^1$ を**距離関数**と呼び, $d(\boldsymbol{x}, \boldsymbol{y})$ を $\boldsymbol{x}$ と $\boldsymbol{y}$ の間の**距離**と呼ぶ.

(D1) $d(\boldsymbol{x}, \boldsymbol{y}) \geq 0$ で $d(\boldsymbol{x}, \boldsymbol{y}) = 0$ のときは $\boldsymbol{x} = \boldsymbol{y}$ のときに限る.

(D2) $d(\boldsymbol{x}, \boldsymbol{y}) = d(\boldsymbol{y}, \boldsymbol{x})$　(対称性)

(D3) $d(\boldsymbol{x}, \boldsymbol{z}) \leq d(\boldsymbol{x}, \boldsymbol{y}) + d(\boldsymbol{y}, \boldsymbol{z})$　(三角不等式)

いま, ベクトル空間 E^n の任意の2つのベクトル $\boldsymbol{x}, \boldsymbol{y}$ に対して, $\|\boldsymbol{x}-\boldsymbol{y}\|$ はノルムの条件 (N1), (N2), (N3) より (D1), (D2), (D3) を満たすことが容易に確かめられる. よって,

$$d(\boldsymbol{x}, \boldsymbol{y}) = \|\boldsymbol{x}-\boldsymbol{y}\|$$

とおくことができる. このように, 距離関数が与えられた n 次元ベクトル空間 E^n は通常 n 次元**ユークリッド空間** (Euclid space) と呼ばれている. 以後, この n 次元ユークリッド空間を簡単に同じ記号 E^n で表すことにする.

演 習 問 題 1

1. E^2 の2つの部分集合 $S_1 = \{(x,y)^t \in E^2 \mid x = 0, 0 \leq y \leq 1\}$ と $S_2 = \{(x,y)^t \in E^2 \mid 0 \leq x \leq 1, y = 2\}$ に対して, $S_1 + S_2$ と $S_1 - S_2$ を求めよ.

2. E^3 の部分集合 $L = \{(x,y,z)^t \in E^3 \mid 2x + y - z = 0\}$ は部分空間であることを証明せよ.

3. E^3 の部分集合 $S = \{(x,y,z)^t \in E^3 \mid 2x + 3y + z = 11\}$ は線形多様体であることを証明せよ.

4. E^n の部分集合 S に対して, $[S]$ (定義 1.3 参照) は集合 S を含んでいる最小の部分空間であることを証明せよ.

5. M, N を E^n の部分空間とするとき，$[M \cup N] = M + N$ が成立することを証明せよ．

6. E^n 上の任意のベクトル $\boldsymbol{x} = (x_1, x_2, \cdots, x_n)^t$ と $\boldsymbol{y} = (y_1, y_2, \cdots, y_n)^t$ に対して，次のように実関数 $d : E^n \times E^n \to E^1$ を定義する．

$$d(\boldsymbol{x}, \boldsymbol{y}) = \max_{i=1,2,\cdots,n} |x_i - y_i|$$

このとき，d は E^n 上の距離関数の条件 (D1), (D2), (D3) (定義 1.7 参照) を満たすことを証明せよ．

7. $E^n \times E^n$ 上にある距離関数 d が与えられているとき，E^n 上の任意のベクトル $\boldsymbol{x}$ と $\boldsymbol{y}$ に対して，次のような新しい実関数 $\overline{d} : E^n \times E^n \to E^1$ を定義する．

$$\overline{d}(\boldsymbol{x}, \boldsymbol{y}) = \frac{d(\boldsymbol{x}, \boldsymbol{y})}{1 + d(\boldsymbol{x}, \boldsymbol{y})}$$

このとき，$\overline{d}$ は E^n 上の距離関数の条件 (D1), (D2), (D3) を満たすことを証明せよ．

第 2 章

位相の導入

この章では，ユークリッド空間 E^n に与えられた内積と距離を用いて近傍の概念を定義し，この近傍の概念を基本にして開集合，閉集合の定義を与え，それらの性質を考察する．次に，無限ベクトル列の収束の解析概念とコンパクトや完備性等の概念の関係を考察する．さらに, 連続関数の定義とその性質を調べ, 特別な連続関数の例として, ベクトルから集合への距離関数がリプシッツ条件を満たすことやミンコフスキー関数の性質をも論ずることにする．

2.1　近傍，開集合，閉集合

定義 2.1． E^n のベクトル $\boldsymbol{x}$ と実数 $\varepsilon > 0$ に対して

$$N_\varepsilon(\boldsymbol{x}) = \{\boldsymbol{y} \in E^n \mid \|\boldsymbol{y} - \boldsymbol{x}\| < \varepsilon\}$$

で表される E^n の部分集合 $N_\varepsilon(\boldsymbol{x})$ をベクトル $\boldsymbol{x}$ の ε-**近傍** (neighborhood) と呼ぶ．

上の定義は図 2.1 より幾何学的な説明が与えられる．

定理 2.1． ベクトル $\boldsymbol{x}$ の ε-近傍と零ベクトル $\boldsymbol{\theta}$ の ε-近傍の間には，次が成立する．

$$N_\varepsilon(\boldsymbol{x}) = \boldsymbol{x} + N_\varepsilon(\boldsymbol{\theta})$$

証明． まず，$N_\varepsilon(\boldsymbol{x}) \supset \boldsymbol{x} + N_\varepsilon(\boldsymbol{\theta})$ を示すために，任意のベクトル $\boldsymbol{z} \in N_\varepsilon(\boldsymbol{\theta})$ に対して，$\boldsymbol{y} = \boldsymbol{x} + \boldsymbol{z}$ とおく．このとき，$\|\boldsymbol{y} - \boldsymbol{x}\| = \|\boldsymbol{z}\| < \varepsilon$ となることより，

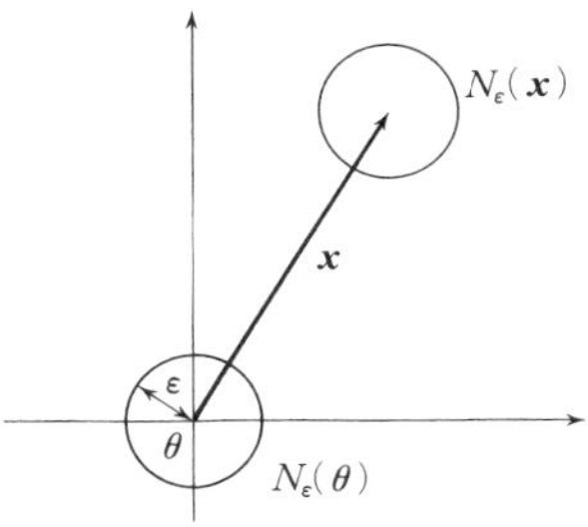

図 2.1 零ベクトル $\boldsymbol{\theta}$ の ε-近傍とベクトル $\boldsymbol{x}$ の ε-近傍

$\boldsymbol{y} \in N_\varepsilon(\boldsymbol{x})$ が成り立つ.

次に $\boldsymbol{x} + N_\varepsilon(\boldsymbol{\theta}) \supset N_\varepsilon(\boldsymbol{x})$ を示すために，任意のベクトル $\boldsymbol{y} \in N_\varepsilon(\boldsymbol{x})$ に対して，$\boldsymbol{z} = \boldsymbol{y} - \boldsymbol{x}$ とおく．このとき，$\|\boldsymbol{y} - \boldsymbol{x}\| = \|\boldsymbol{z}\| < \varepsilon$ となることより，$\boldsymbol{z} \in N_\varepsilon(\boldsymbol{\theta})$ が成り立つことが示され，証明は終わる. □

定義 2.2. E^n の部分集合 S とベクトル $\boldsymbol{x} \in S$ に対して，S に含まれる $\boldsymbol{x}$ のある ε-近傍が存在するとき，この $\boldsymbol{x}$ を S の**内点** (interior point) と呼ぶ．すなわち，$N_\varepsilon(\boldsymbol{x}) \subset S$. このような内点の全体を S の **内部** (interior) と呼び，記号で $\mathrm{int}S$ と表す．とくに，$S = \mathrm{int}S$ が成り立つとき，S を**開集合** (open set) と呼ぶ.

上の開集合の定義より，ベクトル $\boldsymbol{x} \in E^n$ の ε-近傍が開集合となることを演習問題として読者に残す.

命題 2.1. E^n の部分集合 S に対して，S の内部の内部は S の内部に等しくなる．すなわち，

$$\mathrm{int}(\mathrm{int}S) = \mathrm{int}S$$

証明. 一般に $\mathrm{int}S \subset S$ であるから，$\mathrm{int}(\mathrm{int}S) \subset \mathrm{int}S$ が成り立つ．よって，$\mathrm{int}S \subset \mathrm{int}(\mathrm{int}S)$ が成り立つことを示せば証明は終わる．任意のベクトル $\boldsymbol{x} \in \mathrm{int}S$ をとると，$\mathrm{int}S$ の定義より，ある実数 $\varepsilon > 0$ に対して，$N_\varepsilon(\boldsymbol{x}) \subset S$ となる近傍 $N_\varepsilon(\boldsymbol{x})$ が存在する．ここで，任意の ε-近傍は開集合であることから $\boldsymbol{x} \in N_\varepsilon(\boldsymbol{x}) \subset \mathrm{int}S$ が成り立つ．よって，$\boldsymbol{x} \in \mathrm{int}(\mathrm{int}S)$ が示され，証明は終わる. □

定義 2.3. E^n の部分集合 S とベクトル $\boldsymbol{x}$ について，任意の正の実数 $\varepsilon > 0$ に対して，$S \cap N_\varepsilon(\boldsymbol{x}) \neq \emptyset$ （$\emptyset$ は空集合 (empty set)）が成り立つとき，$\boldsymbol{x}$ は S

の**閉包点** (closure point)，S の閉包点の全体を S の**閉包** (closure) と呼び，記号で cl$S$ と表す．特に，$S = \mathrm{cl}S$ が成り立つとき，S を**閉集合** (closed set) と呼ぶ．

ここで，空集合 $\emptyset$ は開集合であると同時に閉集合であると約束する．よって，これから展開する議論から，全空間 E^n は開集合であり，同時に閉集合でもあることが容易に理解されるであろう．

定義 2.4. E^n の任意の集合 S に対して，E^n から S を除いた残りの部分の集合を S の**補集合** (complement set) と呼び，記号で S^c と表す．すなわち，

$$S^c = \{\boldsymbol{x} \in E^n | \, \boldsymbol{x} \notin S\}$$

定義 2.5. E^n の部分集合 S とベクトル $\boldsymbol{x}$ について，任意の正の実数 $\varepsilon > 0$ に対して，$N_\varepsilon(\boldsymbol{x})$ が S の点と S の補集合の点の両方の点を含むとき，この $\boldsymbol{x}$ を S の**境界点** (boundary point)，このような境界点の全体を S の**境界** (boundary) と呼び，記号 bd$S$ で表す．

命題 2.2. E^n の部分集合 S に対して，S の閉包の閉包は S の閉包に等しくなる．すなわち，

$$\mathrm{cl}(\mathrm{cl}S) = \mathrm{cl}S$$

証明. 一般に $S \subset \mathrm{cl}S$ であるから，$\mathrm{cl}S \subset \mathrm{cl}(\mathrm{cl}S)$ が成り立つ．一方，任意のベクトル $\boldsymbol{x} \in \mathrm{cl}(\mathrm{cl}S)$ をとると，任意の正の実数 $\varepsilon > 0$ に対して，$\mathrm{cl}S \cap N_\varepsilon(\boldsymbol{x}) \neq \emptyset$ となることより，ある $\boldsymbol{x}_0 \in \mathrm{cl}S \cap N_\varepsilon(\boldsymbol{x})$ が存在する．

このとき，$0 < \varepsilon' < \varepsilon - \|\boldsymbol{x} - \boldsymbol{x}_0\|$ となる任意の実数 ε' に対して，$N_{\varepsilon'}(\boldsymbol{x}_0) \subset N_\varepsilon(\boldsymbol{x})$ となる $\boldsymbol{x}_0$ の ε'-近傍 $N_{\varepsilon'}(\boldsymbol{x}_0)$ が存在する．$\boldsymbol{x}_0 \in \mathrm{cl}S$ であり，cl$S$ の定義 2.3 より，$\emptyset \neq S \cap N_{\varepsilon'}(\boldsymbol{x}_0) \subset S \cap N_\varepsilon(\boldsymbol{x})$ となることから，$\boldsymbol{x} \in \mathrm{cl}S$ となる．したがって，$\mathrm{cl}(\mathrm{cl}S) \subset \mathrm{cl}S$ となることが示され，証明は終わる．　□

命題 2.3. E^n の任意の閉部分集合の補集合は開集合となり，任意の開集合の補集合は閉集合になる．

証明. S を閉集合とすると，任意のベクトル $\boldsymbol{x} \in S^c$ に対して，閉集合の定義 2.2 より $S \cap N_\varepsilon(\boldsymbol{x}) = \emptyset$ となる正の実数 $\varepsilon > 0$ が存在する．よって，$N_\varepsilon(\boldsymbol{x}) \subset S^c$ となり，S^c は開集合となる．S が開集合のとき S^c が閉集合になることは演習

問題として読者に残す. □

> **命題 2.4.** 有限個の開集合の共通集合は開集合となり，任意個の開集合の合併集合は開集合となる．

証明. I を添字集合とし，$S = \cap_{i=1}^{m} S_i, S_i$ を開集合とする．$S = \emptyset$ ならば，明らかに S は開集合である．そこで，$S \neq \emptyset$ とすると，任意のベクトル $\boldsymbol{x} \in S$ をとれば，$\boldsymbol{x} \in S_i$ $(i = 1, 2, \cdots, m)$ となるから，ある正の実数 $\varepsilon_i > 0$ に対して $N_{\varepsilon_i}(\boldsymbol{x}) \subset S_i$ となる ε_i-近傍が存在する．ここで，$\varepsilon = \min_{0 \leq i \leq m} \varepsilon_i$ (min は最小値を表す記号である) とおくと，$\varepsilon > 0$ となり，$N_\varepsilon(\boldsymbol{x}) \subset S$ となることから，S は開集合であることが示される．

次に，$S = \cup_{i \in I} S_i$ で，各 S_i は開集合とする．任意のベクトル $\boldsymbol{x} \in S$ をとると，$\boldsymbol{x}$ を含むある S_j が存在する．ここで，S_j は開集合であるから，ある実数 $\varepsilon > 0$ に対して $N_\varepsilon(\boldsymbol{x}) \subset S_j$ となる $\boldsymbol{x}$ の ε-近傍が存在し，$N_\varepsilon(\boldsymbol{x}) \subset S_j \subset S$ となるから，S は開集合である． □

> **命題 2.5.** 有限個の閉集合の合併集合は閉集合となり，任意個の閉集合の共通集合は閉集合となる．

この命題の証明は演習問題として読者に残す．

以上で議論してきた位相に関するすべての概念が超平面上 (超平面については第 5 章を参照) で考えられることは容易に理解されるであろう．例えば，H を E^n の超平面とし，H の部分集合 S と $\boldsymbol{x} \in S$ に対して，

$$\{\boldsymbol{y} \in H \mid \|\boldsymbol{y} - \boldsymbol{x}\| < \varepsilon\} \subset S$$

となる $\varepsilon > 0$ が存在すれば，ベクトル $\boldsymbol{x}$ は H に関する S の内点と呼ぶ．S のすべての点が H に関する S の内点であるならば，S は H に関して開集合であると呼ぶ．さらに，H に関する閉集合等も同様に定義できる．特に，超平面 H が集合 S によって生成される超平面，すなわち S を含んでいるすべての超平面の共通部分としたときの S の H に関する内点を**相対内点**，H に関する開集合を**相対開集合**と呼ぶ．さらに，**相対閉集合**等も同様に与えられる．

2.2 無限ベクトル列の収束

ここでは，E^n における収束 (convergence) の概念を次の定義で導入する．

定義 2.6. E^n の無限ベクトル列 $\{\boldsymbol{x}_k\}_{k=1,2,\dots}$ とベクトル $\boldsymbol{x}$ に対して，$k \longrightarrow \infty$ のとき実数列 $\{\|\boldsymbol{x}_k - \boldsymbol{x}\|\}_{k=1,2,3,\dots}$ が零に収束するとき，$\{\boldsymbol{x}_k\}$ は $\boldsymbol{x}$ に**収束**すると呼び，記号

$$\boldsymbol{x}_k \longrightarrow \boldsymbol{x} \quad \text{または} \quad \lim_{k\to\infty} \boldsymbol{x}_k = \boldsymbol{x}$$

と表し，$\boldsymbol{x}$ を無限ベクトル列 $\{\boldsymbol{x}_k\}$ の**極限ベクトル**と呼ぶ．

> **命題 2.6.** E^n で $k \longrightarrow \infty$ のとき $\boldsymbol{x}_k \longrightarrow \boldsymbol{x}$ ならば，次が成り立つ．
>
> $$\|\boldsymbol{x}_k\| \longrightarrow \|\boldsymbol{x}\|, \; k \longrightarrow \infty$$

証明． 系 1.3 より

$$\|\boldsymbol{x}_k\| - \|\boldsymbol{x}\| \le \|\boldsymbol{x}_k - \boldsymbol{x}\| \quad \text{かつ} \quad \|\boldsymbol{x}\| - \|\boldsymbol{x}_k\| \le \|\boldsymbol{x}_k - \boldsymbol{x}\|$$

が成り立つので，$k \to \infty$ のとき

$$\Big| \|\boldsymbol{x}_k\| - \|\boldsymbol{x}\| \Big| \le \|\boldsymbol{x}_k - \boldsymbol{x}\| \to 0$$

が得られ，証明は終わる．□

> **命題 2.7.** E^n で無限ベクトル列が収束するとき，その極限ベクトルはただ1つである．

証明． 無限ベクトル列 $\{\boldsymbol{x}_n\}$ の2つの極限ベクトルが存在するとし，そのベクトルを $\boldsymbol{x}, \boldsymbol{y}$ とすると，定義 2.6 より $k \longrightarrow \infty$ のとき $\boldsymbol{x}_k \longrightarrow \boldsymbol{x}$, $\boldsymbol{x}_k \longrightarrow \boldsymbol{y}$ となる．よって，$k \longrightarrow \infty$ のとき

$$\|\boldsymbol{x} - \boldsymbol{y}\| = \|\boldsymbol{x} - \boldsymbol{x}_k + \boldsymbol{x}_k - \boldsymbol{y}\| \le \|\boldsymbol{x} - \boldsymbol{x}_k\| + \|\boldsymbol{x}_k - \boldsymbol{y}\| \longrightarrow 0$$

が成立し，$\|\boldsymbol{x} - \boldsymbol{y}\| = 0$ となるから，$\boldsymbol{x} = \boldsymbol{y}$ が得られ，証明は終わる．□

> **命題 2.8.** E^n の部分集合 S が閉集合であるための必要十分条件は，S の任意の収束する無限ベクトル列の極限ベクトルが S に含まれることである．

証明． まず，S が閉集合のとき，任意の収束する無限ベクトル列 $\{\boldsymbol{x}_k\} \subset S$, $\boldsymbol{x}_k \longrightarrow \boldsymbol{x}$ を満たす極限ベクトル $\boldsymbol{x}$ が S に属することを示す．定義 2.6 より，任意の正の実数 $\varepsilon > 0$ に対して，十分大きな正の整数 N が存在し，すべて

の $k \geq N$ について $\boldsymbol{x}_k \in N_\varepsilon(\boldsymbol{x}) \cap S$ であり，$N_\varepsilon(\boldsymbol{x}) \cap S \neq \emptyset$ となる．よって $\boldsymbol{x} \in \mathrm{cl}S$ が得られる．ここで S が閉集合であるから，$S = \mathrm{cl}S$ より $\boldsymbol{x} \in S$ となる．

次に，定理の逆を証明するために，S の収束する任意の無限ベクトル列の極限ベクトルが S に含まれると仮定する．ここで，$S \subset \mathrm{cl}S$ は明かであるから，$\mathrm{cl}S \subset S$ を示せばよい．そこで，任意のベクトル $\boldsymbol{x} \in \mathrm{cl}S$ をとると，すべての $k = 1, 2, \cdots$ について

$$N_{\frac{1}{k}}(\boldsymbol{x}) \cap S \neq \emptyset$$

が成り立つ．よって $N_{\frac{1}{k}}(\boldsymbol{x})$ と S の両方に含まれるベクトルが存在し，その1つを $\boldsymbol{x}_k$ とすると，$k = 1, 2, \cdots$ に対してベクトルの無限列 $\{\boldsymbol{x}_k\} \subset S$ が作れる．このとき，無限列の作り方から，$k \longrightarrow \infty$ のとき，

$$\|\boldsymbol{x}_k - \boldsymbol{x}\| < \frac{1}{k} \longrightarrow 0$$

すなわち, $\{\boldsymbol{x}_k\}$ は収束するから，仮定よりその極限ベクトル $\boldsymbol{x}$ は S に属する．したがって $\mathrm{cl}S \subset S$ が成り立つことが示され，証明は終わる．　□

定義 2.7.　E^n の無限ベクトル列 $\{\boldsymbol{x}_k\}$ に対して，もし $k, m \longrightarrow \infty$ のとき，$\|\boldsymbol{x}_k - \boldsymbol{x}_m\| \longrightarrow 0$，すなわち，任意の正の実数 $\varepsilon > 0$ に対して，正の整数 N が存在し，すべての $k, m \geq N$ に対して $\|\boldsymbol{x}_k - \boldsymbol{x}_m\| < \varepsilon$ が成り立つとき $\{\boldsymbol{x}_k\}$ を**コーシー列** (Cauchy sequence) と呼ぶ．

定義 2.8.　E^n の部分集合 S に対して，正の実数 M が存在し，任意のベクトル $\boldsymbol{x} \in S$ について $\|\boldsymbol{x}\| \leq M$ が成り立つとき，集合 S を**有界** (bounded) であると呼ぶ．

命題 2.9.　任意のコーシー列は有界である．

証明. $\{\boldsymbol{x}_k\}$ をコーシー列とすると，任意の $\varepsilon > 0$ に対してある正の整数 N が存在し，$k \geq N$ のとき $\|\boldsymbol{x}_k - \boldsymbol{x}_N\| < \varepsilon$ とできる．よって任意の $k \geq N$ に対して

$$\|\boldsymbol{x}_k\| = \|\boldsymbol{x}_k - \boldsymbol{x}_N + \boldsymbol{x}_N\| \leq \|\boldsymbol{x}_k - \boldsymbol{x}_N\| + \|\boldsymbol{x}_N\| \leq \varepsilon + \|\boldsymbol{x}_N\|$$

となる．そこで，最大値を表す記号 max を用いて

$$M = \max\{\|\boldsymbol{x}_1\|, \|\boldsymbol{x}_2\|, \cdots, \|\boldsymbol{x}_{N-1}\|, \varepsilon + \|\boldsymbol{x}_N\|\}$$

とおくと，任意の k に対して $\|\boldsymbol{x}_k\| \leq M$ が成り立つことが示され，証明は終わる． □

E^n では，任意の収束する無限ベクトル列はコーシー列になっている．すなわち，もし $\boldsymbol{x}_k \longrightarrow \boldsymbol{x}$ ならば，$k, m \longrightarrow \infty$ のとき

$$\|\boldsymbol{x}_k - \boldsymbol{x}_m\| \leq \|\boldsymbol{x}_k - \boldsymbol{x}\| + \|\boldsymbol{x}_m - \boldsymbol{x}\| \longrightarrow 0$$

が成り立つからである．

次の定理は，E^n では上のことの逆が成立すること，すなわち，任意のコーシー列は必ず収束列になることを示している．しかし，一般の抽象空間では必ずしも上のことの逆は成り立たない．すなわち，任意のコーシー列は必ずしも収束列にはなっていない．一般に，ノルム空間で任意のコーシー列が収束し，その極限点がその空間に含まれるときその空間は**完備** (complete) である，あるいは，**バーナッハ空間** (Banach space) であると呼んでいる．

定理 2.2.　E^n は完備である．

証明． $\{\boldsymbol{x}_k\} \subset E^n$ を任意のコーシー列とする．このとき，任意の $\varepsilon > 0$ に対して，ある十分大きな正の整数 N をとると，すべての $k, m \geq N$ に対して $\|\boldsymbol{x}_k - \boldsymbol{x}_m\| \leq \varepsilon$ が成立するから，$\boldsymbol{x}_k(\boldsymbol{x}_m)$ に対する $i = 1, 2, \cdots, n$ の各要素 $x_{k,i}(x_{m,i})$ について $k, m \geq N$ ならば $|x_{k,i} - x_{m,i}| \leq \varepsilon$ となる．ここで，実数の集合 E^1 は完備 (付録 A.2 参照) であるから，ある実数 x_i が存在して，$\lim_{k\to\infty} x_{k,i} = x_i$ となる．したがって，$\boldsymbol{x} = (x_1, x_2, \cdots, x_n)^t$ とおくと，$k \longrightarrow \infty$ のとき，$\|\boldsymbol{x}_k - \boldsymbol{x}\| \longrightarrow 0$ となるから極限ベクトル $\boldsymbol{x}$ が存在し，E^n は完備となる． □

定理 2.3.　E^n の部分空間 M は完備である．

証明． 部分空間 M の次元に関する帰納法によって示すことにする．まず，1 次元部分空間 M は完備である．なぜならば，すべてのベクトル $\boldsymbol{x} \in M$ は，ある決まったベクトル $\boldsymbol{e}$ とある実数 α を用いて，$\boldsymbol{x} = \alpha\boldsymbol{e}$ と表される．$\{\alpha_n \boldsymbol{e}\} \subset M$ をコーシー列とすると，$\alpha_n \boldsymbol{e}$ の収束は，数列 $\{\alpha_n\}$ の収束と同値である．よって，E^1 は完備であるから，M も完備となる．

次に，$(N-1)$ 次元の部分空間が完備であると仮定する．このとき，M を E^n の N 次元部分空間とし，M が完備であることを示すために，$\{\boldsymbol{e}_1, \boldsymbol{e}_2, \cdots, \boldsymbol{e}_N\}$

を M の1つの基底とする．各 k $(k=1,2,\cdots,N)$ に対して，

$$\delta_k = \inf_{\{\alpha_1,\alpha_2,\cdots,\alpha_N\}} \|\boldsymbol{e}_k - \sum_{j\neq k} \alpha_j \boldsymbol{e}_j\|$$

とすると，実数 δ_k はベクトル $\boldsymbol{e}_k$ 以外の残りの基底で生成される部分空間 M_k とベクトル $\boldsymbol{e}_k$ との距離を表す．ここで，$\boldsymbol{x}_m \to \boldsymbol{e}_k$ となる無限列 $\{\boldsymbol{x}_m\} \subset M_k$ が作れなければ，$\delta_k > 0$ となるが，実際に帰納法の仮定から M_k は完備であるから，このような無限列は作れない．よって，$\delta_k > 0$ $(k=1,2,\cdots,N)$ の中の最も小さい数を $\delta > 0$ とする．また，$\{\boldsymbol{x}_m\} \subset M$ をコーシー列とすると，M の定義より

$$\boldsymbol{x}_m = \sum_{j=1}^{N} \alpha_j^m \boldsymbol{e}_j$$

と表せる．このとき，任意の正の整数 l, m と各 k $(k=1,2,\cdots,N)$ に対して

$$\begin{aligned}
\|\boldsymbol{x}_l - \boldsymbol{x}_m\| &= \|\sum_{j=1}^{N} (\alpha_j^l - \alpha_j^m)\boldsymbol{e}_j\| \\
&= \|(\alpha_k^l - \alpha_k^m)\boldsymbol{e}_k - \sum_{j\neq k} (\alpha_j^l - \alpha_j^m)\boldsymbol{e}_j\| \\
&\geq |\alpha_k^l - \alpha_k^m|\delta_k \\
&\geq |\alpha_k^l - \alpha_k^m|\delta
\end{aligned}$$

上の不等式で，$l, m \to \infty$ のとき，$\|\boldsymbol{x}_l - \boldsymbol{x}_m\| \to 0$ であるから，$\delta > 0$ より，n, $m \to \infty$ のとき，$|\alpha_k^n - \alpha_k^m| \to 0$．ゆえに，各 k $(k=1,2,\cdots,N)$ に対して，$\{\alpha_k^m\}$ はコーシー列となるから，E^1 の完備性よりこの列はある実数 α に収束している．そこで，

$$\boldsymbol{x} = \sum_{j=1}^{N} \alpha_j \boldsymbol{e}_j$$

とおくと，明らかに，$\boldsymbol{x} \in M$ である．次に，$\boldsymbol{x}$ が $\boldsymbol{x}_m$ の極限ベクトル，すなわち，$\boldsymbol{x}_m \to \boldsymbol{x}$ を示すことが必要になる．このために，任意の m に対して，

$$\begin{aligned}
\|\boldsymbol{x}_m - \boldsymbol{x}\| &= \|\sum_{j=1}^{N} (\alpha_j^m - \alpha_j)\boldsymbol{e}_j\| \\
&\leq N \max_{1\leq j\leq N} |\alpha_j^m - \alpha_j|\ \|\boldsymbol{e}_j\|
\end{aligned}$$

となり，任意の j $(j=1,2,\cdots,N)$ について，$m\to\infty$ のとき，$|\alpha_k^m-\alpha_k|\to 0$ となるから，$m\to\infty$ のとき，$\|\boldsymbol{x}_m-\boldsymbol{x}\|\to 0$ が成立する．よって，$\{\boldsymbol{x}_m\}$ は $\boldsymbol{x}\in M$ に収束することが示され，証明は終わる．□

定義 2.9. E^n の部分集合 S が閉集合で有界ならば，集合 S を**コンパクト** (compact)，または**コンパクト集合**と呼ぶ．

一般の抽象空間でも通用するコンパクトの定義は E^n の部分集合 S の任意の開集合族 $\{O_\lambda:\lambda\in I\}$ が S を覆っているとき，すなわち，$S\subset\cup_{\lambda\in I}O_\lambda$ のとき，この開集合族から適当な有限個の開集合 $O_{\lambda_1},O_{\lambda_2},\cdots,O_{\lambda_m}$ を選んで，$S\subset\cup_{i=1}^m O_{\lambda_i}$ とできれば S をコンパクト，またはコンパクト集合と呼ぶ．しかし，ユークリッド空間 E^n では，このコンパクトについての定義と有界閉集合の定義は同値になることが知られている．この証明は演習問題として読者に残すので考えてみよう．

定理 2.4. E^n の部分集合 S がコンパクトならば，S の任意の無限ベクトル列 $\{\boldsymbol{x}_m\}$ に対して S の中に極限ベクトルをもつ収束する無限部分ベクトル列 $\{\boldsymbol{x}_{m_i}\}\subset\{\boldsymbol{x}_m\}$ が存在する．

証明. コンパクトの定義より集合 S が有界であるから，無限ベクトル列 $\{\boldsymbol{x}_m\}$ の中の各ベクトル $\boldsymbol{x}_m$ の第1要素の実数列 $\{x_{m,1}\}$ は有界な実数列となる．よって $\{x_{1,m}\}$ に含まれるある実数 x_1 に収束する無限部分列 $\{x_{1_k,m_k}\}$ が存在する．次に，$\{x_{1_k,m_k}\}$ に対応する始めの無限ベクトル列 $\{\boldsymbol{x}_m\}$ の第2要素 $\{x_{2_k,m_k}\}$ も集合 S のコンパクト性より有界な実数列になる．したがって，ある実数 x_2 に収束する無限部分列が存在する．同様の方法を最後の第 n 要素まで繰り返すことにより，始めの無限ベクトル列の適当な部分ベクトル列が各要素の極限値からなるベクトル $\boldsymbol{x}=(x_1,x_2,\cdots,x_n)$ に収束する．このとき，集合 S は閉集合であるから，極限ベクトルは集合 S に属することになり，証明は終わる．□

この定理の逆も成立するが，この逆の証明は演習問題として読者に残す．

2.3　連続関数

定義 2.10. $f:E^n\to E^m$ とする．このとき，任意の ベクトル $\boldsymbol{x}_1,\boldsymbol{x}_2\in E^n$ と任意の実数 $\alpha_1,\alpha_2\in E^1$ に対して，

$$f(\alpha_1 \boldsymbol{x}_1 + \alpha_2 \boldsymbol{x}_2) = \alpha_1 f(\boldsymbol{x}_1) + \alpha_2 f(\boldsymbol{x}_2)$$

が成り立つとき，写像 f を**線形** (linear) であると呼ぶ．

定義 2.11. $f : E^n \to E^m$ とする．このとき，任意の正の実数 $\varepsilon > 0$ について，ある正の実数 $\delta > 0$ が存在し，$\|\boldsymbol{x} - \boldsymbol{x}_0\| < \delta$ を満たすすべてのベクトル $\boldsymbol{x}$，すなわち $\boldsymbol{x} \in N_\delta(\boldsymbol{x}_0)$ に対して，

$$\|f(\boldsymbol{x}) - f(\boldsymbol{x}_0)\| < \varepsilon$$

が成り立つとき，f はベクトル $\boldsymbol{x}_0$ で**連続**であると呼ぶ．このとき，もし，f が任意のベクトル $\boldsymbol{x} \in E^n$ で連続ならば，f は単に連続であると呼ぶ．

上の定義は関数の値域が m 次元空間 E^m である一般の形で線形性と連続性を定義しているが，この章の以下では，主として関数の値域が E^1 の場合，すなわち実数値関数を取り扱っていくことにする．しかし，いくつかの章では関数の値域が E^m の場合も取り扱う．

命題 2.10. $f : E^n \to E^1$ とする．このとき，f がベクトル $\boldsymbol{x}_0 \in E^n$ で連続であるための必要十分条件は，$\boldsymbol{x}_k \to \boldsymbol{x}_0$ に対して，$f(\boldsymbol{x}_k) \to f(\boldsymbol{x}_0)$ が成り立つことである．

証明. f を連続と仮定すると，定義 2.11 より任意の正の実数 $\varepsilon > 0$ に対して，ある正の実数 $\delta > 0$ と十分大きな正の整数 N が存在し，すべての整数 $k \geq N$ に対応する $\boldsymbol{x}_k$ が $\|\boldsymbol{x}_k - \boldsymbol{x}_0\| < \delta$ を満たすので，$|f(\boldsymbol{x}_k) - f(\boldsymbol{x}_0)| < \varepsilon$ が成立する．

逆を対偶で証明するために，f を連続でないと仮定すると，定義 2.11 よりある正の実数 $\varepsilon > 0$ が存在して，どんな正の実数 $\delta > 0$ に対しても，$\|\boldsymbol{x} - \boldsymbol{x}_0\| < \delta$ で $\|f(\boldsymbol{x}) - f(\boldsymbol{x}_0)\| \geq \varepsilon$ を満たすベクトル $\boldsymbol{x}$ が存在する．そこで，$\delta = 1, 1/2, \cdots, 1/k, \cdots$ とおき，各 k に対応するベクトル $\boldsymbol{x}_k$ で，$\boldsymbol{x}_0$ に収束する無限ベクトル列 $\{\boldsymbol{x}_k\}$ がとれるが，しかし $f(\boldsymbol{x}_k) \to f(\boldsymbol{x}_0)$ に矛盾することになり，証明は終わる． □

次に，連続関数について以下の章でも用いる重要な 2 つの定理と定義を与える．

定理 2.5. K を E^n のコンパクトな部分集合とする．このとき，K 上の連続な実数値関数 f は最大値と最小値をもっている．すなわち，次の等式を

満たすベクトル $x^* \in K$ と $x_* \in K$ が存在する．

$$f(x^*) = \max_{x\in K} f(x), \quad f(x_*) = \min_{x\in K} f(x)$$

この定理はコンパクトな部分集合の上で連続な実数値関数は有界であることを示している．なお，この定理の証明は第6章の上半連続関数と下半連続関数についてのワイエルシュトラス (Weierstrass) の定理として一般的な形で与えることにする．

定理 2.6. E^n のコンパクトな部分集合 K 上の連続な実数値関数 f は K 上で**一様連続**である．すなわち，任意の実数 $\varepsilon > 0$ について，ある実数 $\delta > 0$ が存在し，K に含まれ $\|\boldsymbol{x} - \boldsymbol{y}\| < \delta$ を満たす任意のベクトル $\boldsymbol{x}, \boldsymbol{y}$ に対して，

$$|f(\boldsymbol{x}) - f(\boldsymbol{y})| < \varepsilon$$

が成立している．

この定理の証明は演習問題として読者に残す．

一般の強い形の連続関数としてリプシッツ条件を満たす連続関数の定義を与える．

定義 2.12. $f : E^n \to E^m$ とする．このとき，任意の ベクトル $\boldsymbol{x}, \boldsymbol{y} \in E^n$ に対して，

$$\|f(\boldsymbol{x}) - f(\boldsymbol{y})\| \le M\|\boldsymbol{x} - \boldsymbol{y}\|$$

を満たす実数 M が存在するとき，関数 f は M-**リプシッツ条件** (Lipschitz condition) を満たすと呼ぶ．

定義 2.13. $f : E^n \to E^m$ とする．このとき，実数 $\varepsilon > 0$ とベクトル $\boldsymbol{x}_0 \in E^n$ について，ある実数 M とある ε-近傍 $N_\varepsilon(\boldsymbol{x}_0)$ が存在し，任意の $\boldsymbol{x}, \boldsymbol{y} \in N_\varepsilon(\boldsymbol{x}_0)$ に対して，

$$\|f(\boldsymbol{x}) - f(\boldsymbol{y})\| \le M\|\boldsymbol{x} - \boldsymbol{y}\|$$

が成立しているとき，f は点 $\boldsymbol{x}_0$ で M-**局所リプシッツ条件** (locally Lipschitz condition) を満たすと呼ぶ．さらに，もし，f が任意のベクトル $\boldsymbol{x} \in E^n$ で局所リプシッツ条件を満たすならば，f は単に局所リプシッツ条件を満たすと呼ぶ．

f が 1 点 $\boldsymbol{x}_0$ で局所リプシッツ条件を満たすときには，この関数は 1 点 $\boldsymbol{x}_0$ で連続である．さらに，f が E^n 上で M-リプシッツ条件を満たすときには，この関数は一様連続となる．

例えば，$f(x) = \sin x$ と $g(x) = \cos x$ は E^1 上で有界でリプシッツ条件を満たす関数であるが，$f(x) = 2x$ と $g(x) = |x|$ は E^1 上でリプシッツ条件を満たすが，しかし有界ではない．$f(x) = x^2$ は E^1 上で有界でもないし，リプシッツ条件も満たしていないが，局所リプシッツ条件は満たしている．

連続関数の例として，以下の本論で重要な役割を果たす内積の連続性を命題として述べる．

命題 2.11. E^n で $k \to \infty$ のとき，$\boldsymbol{x}_k \to \boldsymbol{x}, \boldsymbol{y}_k \to \boldsymbol{y}$ ならば，次が成立する．

$$\langle \boldsymbol{x}_k, \boldsymbol{y}_k \rangle \to \langle \boldsymbol{x}, \boldsymbol{y} \rangle,\ k \to \infty$$

証明. $k \to \infty$ のとき，$\boldsymbol{x}_k \to \boldsymbol{x}$ の仮定と命題 2.9 より，$\|\boldsymbol{x}_k\|$ は有界である，すなわち，すべての正の整数 k に対して $\|\boldsymbol{x}_k\| \leq M$ を満たす正の実数 M が存在する．よって，

$$\begin{aligned} |\langle \boldsymbol{x}_k, \boldsymbol{y}_k \rangle - \langle \boldsymbol{x}, \boldsymbol{y} \rangle| &= |\langle \boldsymbol{x}_k, \boldsymbol{y}_k \rangle - \langle \boldsymbol{x}_k, \boldsymbol{y} \rangle + \langle \boldsymbol{x}_k, \boldsymbol{y} \rangle - \langle \boldsymbol{x}, \boldsymbol{y} \rangle| \\ &\leq |\langle \boldsymbol{x}_k, \boldsymbol{y}_k - \boldsymbol{y} \rangle| + |\langle \boldsymbol{x}_k - \boldsymbol{x}, \boldsymbol{y} \rangle| \end{aligned}$$

が成立する．ここで，シュヴァルツの不等式を適用すると，

$$|\langle \boldsymbol{x}_k, \boldsymbol{y}_k \rangle - \langle \boldsymbol{x}, \boldsymbol{y} \rangle| \leq \|\boldsymbol{x}_k\|\, \|\boldsymbol{y}_k - \boldsymbol{y}\| + \|\boldsymbol{x}_k - \boldsymbol{x}\|\, \|\boldsymbol{y}\|$$

が得られ，$\|\boldsymbol{x}_k\|$ は有界であるから，

$$|\langle \boldsymbol{x}_k, \boldsymbol{y}_k \rangle - \langle \boldsymbol{x}, \boldsymbol{y} \rangle| \leq M\|\boldsymbol{y}_k - \boldsymbol{y}\| + \|\boldsymbol{x}_k - \boldsymbol{x}\|\, \|\boldsymbol{y}\| \to 0,\ k \to \infty$$

が示され，証明は終わる． □

次に，興味ある連続関数の例として，E^n の任意のベクトル $\boldsymbol{x}$ から部分集合 S への距離関数と，抽象空間上でのマズール (Mazur) の定理の証明で重要な役割を演ずるミンコフスキーの関数を考察する．まず，あるベクトルから空でない部分集合への距離関数の定義を与えることから始める．

定義 2.14. E^n の任意のベクトル $\boldsymbol{x}$ から空でない E^n の部分集合 S への距離関数 $\rho\colon E^n \to E^1$ を

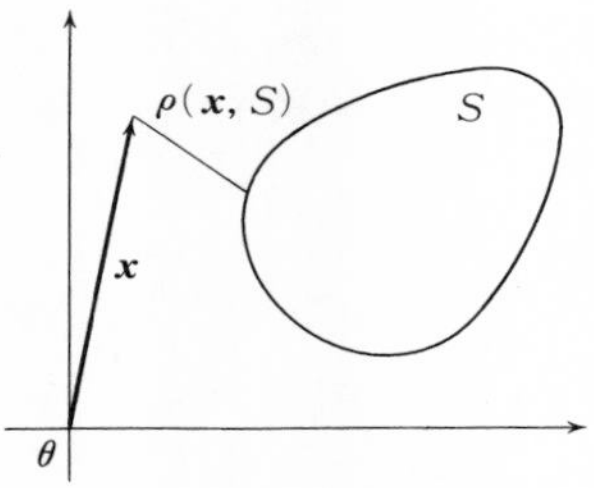

図 2.2　ベクトル $\boldsymbol{x}$ から集合 S への距離 ρ

$$\rho(\boldsymbol{x}, S) = \inf_{\boldsymbol{y} \in S} \|\boldsymbol{y} - \boldsymbol{x}\|$$

で定義する．下限の記号 inf については付録 A.2 を参照．

上の定義で与えられる点と集合との距離関数の性質を次の定理でまとめておくことにする．

定理 2.7. 任意の 2 つのベクトル $\boldsymbol{x}, \boldsymbol{y} \in E^n$ と空でない部分集合 $S \subset E^n$ に対して，次の事柄が成立する．

1. $\rho(\boldsymbol{x}, S) = 0$ ならば，$\boldsymbol{x} \in \mathrm{cl}S$
2. $|\rho(\boldsymbol{x}, S) - \rho(\boldsymbol{y}, S)| \leq \|\boldsymbol{x} - \boldsymbol{y}\|$

証明.

1. ρ の定義 $\rho(\boldsymbol{x}, S) = \inf_{\boldsymbol{y} \in S} \|\boldsymbol{y} - \boldsymbol{x}\|$ より $\lim_{k \to \infty} \|\boldsymbol{x}_k - \boldsymbol{x}\| = \rho(\boldsymbol{x}, S)$ となる無限ベクトル列 $\{\boldsymbol{x}_k\} \subset S$ が存在する．このことより，任意の正の実数 $\varepsilon > 0$ に対して，十分大きな正の整数 N が存在し，すべての整数 $k \geq N$ に対応するベクトル $\boldsymbol{x}_k \in S$ は $\boldsymbol{x}$ の近傍 $N_\varepsilon(\boldsymbol{x})$ に含まれる．よって，任意の正の実数 $\varepsilon > 0$ に対して，$S \cap N_\varepsilon(\boldsymbol{x}) \neq \emptyset$ となり，$\boldsymbol{x} \in \mathrm{cl}S$ が成立する．

2. ρ の下限の定義より，任意の $\varepsilon > 0$ に対して，

$$\|\boldsymbol{y} - \boldsymbol{z}_\varepsilon\| \leq \rho(\boldsymbol{y}, S) + \varepsilon$$

を満たすベクトル $\boldsymbol{z}_\varepsilon \in S$ が存在する．よって，

$$\rho(\boldsymbol{x}, S) \leq \|\boldsymbol{x} - \boldsymbol{z}_\varepsilon\|$$

$$\leq \|\boldsymbol{x}-\boldsymbol{y}\|+\|\boldsymbol{y}-\boldsymbol{z}_{\varepsilon}\|$$
$$\leq \|\boldsymbol{x}-\boldsymbol{y}\|+\rho(\boldsymbol{y},S)+\varepsilon$$

上の不等式より，任意の $\varepsilon>0$ に対して，

$$\rho(\boldsymbol{x},S)-\rho(\boldsymbol{y},S)\leq \|\boldsymbol{x}-\boldsymbol{y}\|+\varepsilon$$

が得られ，$\varepsilon>0$ は任意であるから，$\varepsilon\downarrow 0$ として

$$\rho(\boldsymbol{x},S)-\rho(\boldsymbol{y},S)\leq \|\boldsymbol{x}-\boldsymbol{y}\|$$

が成立する．同様の方法でベクトル $\boldsymbol{x}$ と $\boldsymbol{y}$ の役割を交換して

$$\rho(\boldsymbol{y},S)-\rho(\boldsymbol{x},S)\leq \|\boldsymbol{x}-\boldsymbol{y}\|$$

が得られることから

$$|\rho(\boldsymbol{x},S)-\rho(\boldsymbol{y},S)|\leq \|\boldsymbol{x}-\boldsymbol{y}\|$$

が示され，証明は終わる． □

上の定理は E^n の任意の部分集合 S に対して，$\rho(\cdot,S)$ が E^n 上で $M=1$ のリプシッツ条件を満たしていることを示している．ここで，$S=\{\boldsymbol{\theta}\}$ (ただし，$\boldsymbol{\theta}$ は E^n の原点) のとき，E^n の任意のベクトル $\boldsymbol{x}$ に対して $\rho(\boldsymbol{x},S)=\|\boldsymbol{x}\|$ となる．この事実からも，ノルムは連続関数であることが容易に理解されるであろう．

次に，凸集合に関係しているもう 1 つの連続関数の例を述べる．なお，凸集合についての知識がない読者は，第 4 章の凸集合の解説を先に読まれることをお勧めする．

定義 2.15. S を E^n の凸集合とし，$\boldsymbol{\theta}\in \mathrm{int}S$ とする．このとき，実関数 $p:E^n\to E^1$，すなわち

$$p(\boldsymbol{x})=\inf\{r \mid \frac{\boldsymbol{x}}{r}\in S, r>0\}$$

を**ミンコフスキー** (Minkowski) **の関数**と呼ぶ (図 2.3)．

この実関数の性質を以下の定理でまとめて与える．

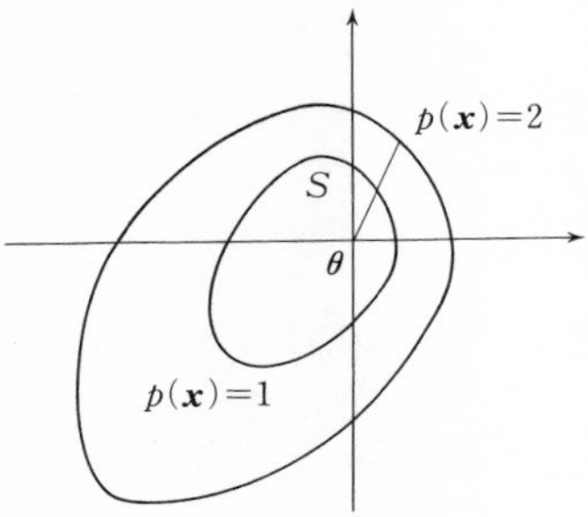

図 2.3　ミンコフスキーの関数

定理 2.8. S は E^n の凸部分集合で，$\boldsymbol{\theta} \in \mathrm{int}S$ とする．このとき，ミンコフスキーの関数 p に対して，次の事柄が成立する．

1. すべてのベクトル $\boldsymbol{x} \in E^n$ に対して，$0 \leq p(\boldsymbol{x}) < \infty$
2. 正の実数 $\alpha > 0$ に対して，$p(\alpha\boldsymbol{x}) = \alpha p(\boldsymbol{x})$
3. $p(\boldsymbol{x}_1 + \boldsymbol{x}_2) \leq p(\boldsymbol{x}_1) + p(\boldsymbol{x}_2)$
4. p は連続関数
5. $\mathrm{cl}S = \{\boldsymbol{x} \in E^n \mid p(\boldsymbol{x}) \leq 1\}$，$\mathrm{int}S = \{\boldsymbol{x} \in E^n \mid p(\boldsymbol{x}) < 1\}$

証明.

1. $\boldsymbol{\theta} \in \mathrm{int}S$ より，ある正の実数 $\varepsilon > 0$ に対して，$N_\varepsilon(\boldsymbol{\theta}) \subset S$ を満たす $\boldsymbol{\theta}$ の ε-近傍が存在する．よって，任意のベクトル $\boldsymbol{x} \in E^n$ に対して，$\boldsymbol{x}/r \in S$ となる実数 $r > 0$ が存在するので $p(\boldsymbol{x}) < \infty$ が成立する．また，$p(\boldsymbol{x})$ の定義より，$p(\boldsymbol{x}) \geq 0$ は明らかに成立する．

2. 任意の正の実数 $\alpha > 0$ に対して，

$$\begin{aligned} p(\alpha\boldsymbol{x}) &= \inf\{r \mid \alpha\boldsymbol{x}/r \in S, r > 0\} \\ &= \inf\{\alpha r' \mid \boldsymbol{x}/r' \in S, r' > 0\} \\ &= \alpha \inf\{r' \mid \boldsymbol{x}/r' \in S, r' > 0\} \\ &= \alpha p(\boldsymbol{x}) \end{aligned}$$

3. 任意の 2 つのベクトル $\boldsymbol{x}_1, \boldsymbol{x}_2 \in E^n$ と任意の正の実数 $\varepsilon > 0$ に対して，

$p(\boldsymbol{x}_i) < r_i < p(\boldsymbol{x}_i) + \varepsilon\ (i = 1, 2)$ を満たす実数 $r_1 > 0, r_2 > 0$ をとると，2. の結果より $p(\boldsymbol{x}_i/r_i) < 1$ で，$\boldsymbol{x}_i/r_i \in S$ となる．このとき，$r = r_1 + r_2$ とおくと，S は凸集合であることより

$$(r_1/r)(\boldsymbol{x}_1/r_1) + (r_2/r)(\boldsymbol{x}_2/r_2) = (\boldsymbol{x}_1 + \boldsymbol{x}_2)/r \in S$$

したがって，

$$p((\boldsymbol{x}_1 + \boldsymbol{x}_2)/r) \leq 1$$

上のことと 2. の結果より

$$p(\boldsymbol{x}_1 + \boldsymbol{x}_2) \leq r < p(\boldsymbol{x}_1) + p(\boldsymbol{x}_2) + 2\varepsilon$$

が成り立つので，$\varepsilon \downarrow 0$ とすることより結果が得られる．

4. ε を S に含まれる $\boldsymbol{\theta}$ の閉球の半径とする．すなわち，$\mathrm{cl}N_\varepsilon(\boldsymbol{\theta}) \subset S$ とする．

このとき，任意の非零ベクトル $\boldsymbol{x}$ に対して，$\varepsilon\boldsymbol{x}/||\boldsymbol{x}|| \in S$ より，$p(\varepsilon\boldsymbol{x}/||\boldsymbol{x}||) \leq 1$, よって 2. の結果より $p(\boldsymbol{x}) \leq ||\boldsymbol{x}||/\varepsilon$ となり，p は $\boldsymbol{\theta}$ で連続となる．次に，3. の結果より，

$$p(\boldsymbol{x}) = p(\boldsymbol{x} - \boldsymbol{y} + \boldsymbol{y}) \leq p(\boldsymbol{x} - \boldsymbol{y}) + p(\boldsymbol{y})$$

と

$$p(\boldsymbol{y}) = p(\boldsymbol{y} - \boldsymbol{x} + \boldsymbol{x}) \leq p(\boldsymbol{y} - \boldsymbol{x}) + p(\boldsymbol{x})$$

が成り立つので，

$$-p(\boldsymbol{y} - \boldsymbol{x}) \leq p(\boldsymbol{x}) - p(\boldsymbol{y}) \leq p(\boldsymbol{x} - \boldsymbol{y})$$

上の不等式より，$p(\boldsymbol{x})$ の連続性は p の $\boldsymbol{\theta}$ での連続性より示される．

5. この証明は 4. の結果より容易に成立する．□

演習問題 2

1. 任意のベクトル $\boldsymbol{x} \in E^n$ と任意の正の実数 $\varepsilon > 0$ から作られる ε-近傍は開集合であることを証明せよ．

2. S を E^n の開集合とするとき，S の補集合 S^c は閉集合であることを証明せよ．

3. 任意個の閉集合の共通集合は閉集合となり，有限個の閉集合の合併集合は閉集合となることを証明せよ．

4. E^n の部分集合 S がどんな任意個の開集合族 $\{O_\lambda : \lambda \in I\}$ で覆われている，すなわち $S \subset \cup_{\lambda \in I} O_\lambda$ のときでも，この開集合族から適当な有限個の開集合 $O_{\lambda_1}, O_{\lambda_2}, \cdots, O_{\lambda_m}$ を選んで，$S \subset \cup_{i=1}^{m} O_{\lambda_i}$ とできるならば，S はコンパクト集合 (有界閉集合) であることを証明せよ．

5. 定理 2.4 の逆が成立することを証明せよ．

6. E^n のコンパクト集合 A と閉集合 B に対して，$A \cap B = \emptyset$ ならば，

$$\inf_{\boldsymbol{x} \in A, \boldsymbol{y} \in B} \|\boldsymbol{x} - \boldsymbol{y}\| > 0$$

が成立することを証明せよ．

7. E^n の任意のベクトル $\boldsymbol{x} = (x_1, x_2, \cdots, x_n)^t$ と $\boldsymbol{y} = (y_1, y_2, \cdots, y_n)^t$ に対して，次のような実関数 $d : E^n \times E^n \to E^1$ を定義する．

$$d(\boldsymbol{x}, \boldsymbol{y}) = \sum_{i=1}^{n} |x_i - y_i|$$

このとき，d は E^n 上の距離関数となり，この距離関数で導入された位相で E^n は完備になることを証明せよ．

8. 定理 2.6 が成立することを証明せよ．

9. 次の各問に答えよ．

(1) E^1 上の実関数 $f(x) = |x|$ はリプシッツ条件を満たすことを証明せよ．

(2) E^1 上の実関数 $f(x) = x^2$ は局所リプシッツ条件を満たすことを証明せよ．

第 3 章

射影定理とその応用

E^n のある点から部分空間への最短距離を求める問題では，この点から平面への垂線を求めることが重要になる．この問題は最適化問題の中でも有用な応用範囲の広い特別な問題となっている．この問題を解析するときの鍵となる重要な概念は射影定理である．さらに，この定理の応用として最短距離を求める最小化問題についてもこの章では考察する．

3.1 射影定理

定義 3.1. E^n の 2 つのベクトル $\boldsymbol{x}, \boldsymbol{y}$ に対して $\langle \boldsymbol{x}, \boldsymbol{y} \rangle = 0$ ならば，$\boldsymbol{x}$ と $\boldsymbol{y}$ は**直交** (orthogonal) すると呼び，記号で $\boldsymbol{x} \perp \boldsymbol{y}$ と表す．集合 S の任意のベクトル $\boldsymbol{s}$ とベクトル $\boldsymbol{x}$ が直交しているとき，$\boldsymbol{x}$ は S に直交すると呼び，記号で $\boldsymbol{x} \perp S$ と表す．

直交の概念は，内積からノルムが定義できるベクトル空間では重要であり，次に 1 つの例として，**ピタゴラスの定理**が成立することを示す．

命題 3.1. E^n の 2 つのベクトル $\boldsymbol{x}, \boldsymbol{y}$ が $\boldsymbol{x} \perp \boldsymbol{y}$ を満たすとき，次が成立する．

$$\|\boldsymbol{x} + \boldsymbol{y}\|^2 = \|\boldsymbol{x}\|^2 + \|\boldsymbol{y}\|^2$$

証明. $\boldsymbol{x} \perp \boldsymbol{y}$ の定義より，$\langle \boldsymbol{x}, \boldsymbol{y} \rangle = 0$ となるから，

$$\|\boldsymbol{x} + \boldsymbol{y}\|^2 = \langle \boldsymbol{x} + \boldsymbol{y}, \boldsymbol{x} + \boldsymbol{y} \rangle = \|\boldsymbol{x}\|^2 + 2\langle \boldsymbol{x}, \boldsymbol{y} \rangle + \|\boldsymbol{y}\|^2 = \|\boldsymbol{x}\|^2 + \|\boldsymbol{y}\|^2$$

より結果が示される． □

前章で考察したように，E^n の任意の部分空間は完備かつ閉集合であること

から，次の定理が示される．

> **定理 3.1.** (**射影定理** (projection theorem))
>
> M を E^n の部分空間とし，ベクトル $\boldsymbol{x} \in E^n$ とする．このとき，次の不等式を満たす最小ベクトル $\boldsymbol{m}_0 \in M$ がただ1つ存在する，すなわち，任意の $\boldsymbol{m} \in M$ に対して
>
> $$\|\boldsymbol{x} - \boldsymbol{m}_0\| \leq \|\boldsymbol{x} - \boldsymbol{m}\|$$
>
> が成立している．さらに，$\boldsymbol{m}_0 \in M$ が最小ベクトルであるための必要十分条件はベクトル $\boldsymbol{x} - \boldsymbol{m}_0$ が部分空間 M に直交することである．

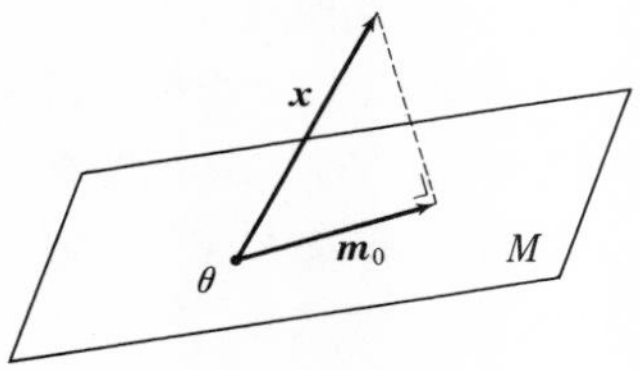

図 3.1　射影定理

証明. まず，最小ベクトル $\boldsymbol{m}_0$ が存在することを示す．そこで，与えられたベクトル $\boldsymbol{x} \in E^n$ が $\boldsymbol{x} \in M$ を満たせば，$\boldsymbol{m}_0 = \boldsymbol{x}$ とすれば明らかに成立する．そこで，$\boldsymbol{x} \notin M$ とし $\delta = \inf_{\boldsymbol{m} \in M} \|\boldsymbol{x} - \boldsymbol{m}\|$ とおくと，下限の定義 (付録 A.2 参照) より $\{\boldsymbol{m}_j\} \subset M, \|\boldsymbol{x} - \boldsymbol{m}_j\| \longrightarrow \delta$ となる無限ベクトル列 $\{\boldsymbol{m}_j\}$ が存在する．したがって，定理 1.4 より，

$$\|(\boldsymbol{m}_j - \boldsymbol{x}) + (\boldsymbol{x} - \boldsymbol{m}_i)\|^2 + \|(\boldsymbol{m}_j - \boldsymbol{x}) - (\boldsymbol{x} - \boldsymbol{m}_i)\|^2 = 2\|\boldsymbol{x} - \boldsymbol{m}_j\|^2 + 2\|\boldsymbol{x} - \boldsymbol{m}_i\|^2$$

が得られる．よって

$$\|\boldsymbol{m}_j - \boldsymbol{m}_i\|^2 = 2\|\boldsymbol{x} - \boldsymbol{m}_j\|^2 + 2\|\boldsymbol{x} - \boldsymbol{m}_i\|^2 - 4\left\|\boldsymbol{x} - \frac{\boldsymbol{m}_i + \boldsymbol{m}_j}{2}\right\|^2$$

が成立し，M は部分空間であるから，すべての i, j に対して

$$\frac{\boldsymbol{m}_i + \boldsymbol{m}_j}{2} \in M$$

となる．また，上のことと δ の定義より

$$\left\| \boldsymbol{x} - \frac{\boldsymbol{m}_i + \boldsymbol{m}_j}{2} \right\| \geq \delta$$

となるから

$$\|\boldsymbol{m}_j - \boldsymbol{m}_i\|^2 \leq 2\|\boldsymbol{x} - \boldsymbol{m}_j\|^2 + 2\|\boldsymbol{x} - \boldsymbol{m}_i\|^2 - 4\delta^2$$

が得られる．したがって，$\{\boldsymbol{m}_j\}$ の作り方から $j \to \infty$ のとき

$$\|\boldsymbol{x} - \boldsymbol{m}_j\|^2 \to \delta^2$$

より

$$i, j \to \infty \text{ のとき，} \|\boldsymbol{m}_j - \boldsymbol{m}_i\|^2 \to 0$$

が成立する．このことから $\{\boldsymbol{m}_j\}$ はコーシー列となり，E^n は完備で，M は閉部分集合であり，ノルム関数は連続であることから $\|\boldsymbol{x} - \boldsymbol{m}_0\| = \delta$ を満たすベクトル列 $\{\boldsymbol{m}_j\}$ の極限点 $\boldsymbol{m}_0 \in M$ が存在する．

次に，$\boldsymbol{x} - \boldsymbol{m}_0$ が M に直交していることを示すために，$\boldsymbol{x} - \boldsymbol{m}_0$ に直交しない $\boldsymbol{m} \in M$ が存在したと仮定すると，一般性を失うことなく $\|\boldsymbol{m}\| = 1$ で $\langle \boldsymbol{x} - \boldsymbol{m}_0, \boldsymbol{m} \rangle = \rho \ (\neq 0)$ とおくことができる．このとき，$\boldsymbol{m}_1 = \boldsymbol{m}_0 + \rho \boldsymbol{m}$ とおくと，$\boldsymbol{m}_1 \in M$ となり

$$\begin{aligned}
\|\boldsymbol{x} - \boldsymbol{m}_1\|^2 &= \|\boldsymbol{x} - \boldsymbol{m}_0 - \rho \boldsymbol{m}\|^2 \\
&= \|\boldsymbol{x} - \boldsymbol{m}_0\|^2 - \langle \boldsymbol{x} - \boldsymbol{m}_0, \rho \boldsymbol{m} \rangle - \langle \rho \boldsymbol{m}, \boldsymbol{x} - \boldsymbol{m}_0 \rangle + \|\rho \boldsymbol{m}\|^2 \\
&= \|\boldsymbol{x} - \boldsymbol{m}_0\|^2 - \rho^2 \\
&< \|\boldsymbol{x} - \boldsymbol{m}_0\|^2
\end{aligned}$$

が成立し，$\boldsymbol{m}_0$ が最小ベクトルであることに反する．よって $\boldsymbol{x} - \boldsymbol{m}_0 \perp M$ となる．

さらに，$\boldsymbol{x} - \boldsymbol{m}_0 \perp M$ のとき，$\boldsymbol{m}_0$ はただ1つの最小ベクトルであることを示す．$\boldsymbol{m} \in M$ に対して，

$$\|\boldsymbol{x} - \boldsymbol{m}\|^2 = \|\boldsymbol{x} - \boldsymbol{m}_0 + \boldsymbol{m}_0 - \boldsymbol{m}\|^2 = \|\boldsymbol{x} - \boldsymbol{m}_0\|^2 + \|\boldsymbol{m}_0 - \boldsymbol{m}\|^2$$

すなわち，

$$\boldsymbol{m}_0 \neq \boldsymbol{m} \text{ のとき，} \|\boldsymbol{x} - \boldsymbol{m}\|^2 > \|\boldsymbol{x} - \boldsymbol{m}_0\|^2$$

が成立する．よって，$\boldsymbol{m}_0$ はただ1つであることが示され，証明は終わる． □

この定理の観点から，E^n の部分空間 M について，ベクトル $\boldsymbol{x}$ と任意の $\boldsymbol{m} \in M$ に対して $\|\boldsymbol{x} - \boldsymbol{m}_0\| \leq \|\boldsymbol{x} - \boldsymbol{m}\|$ となり，$\boldsymbol{x} - \boldsymbol{m}_0 \perp M$ を満たすベクトル $\boldsymbol{m}_0 \in M$ を M の上への $\boldsymbol{x}$ の**直交射影** (orthogonal projection) と呼んでいる．

3.2　直交補空間とその性質

定義 3.2. E^n の空でない部分集合 S に対して，S に直交するすべてのベクトルの集合を S の**直交補空間** (orthogonal complement space) と呼び，記号で $S^\perp$ と表す．

上の定義で零ベクトル $\boldsymbol{\theta}$ のみからなる集合の直交補空間は全空間 E^n となる．また，S に直交するベクトルの1次結合ベクトルは S に直交することから $S^\perp$ は部分空間となっている．直交補空間の性質をまとめて，次の命題を与える．

命題 3.2. E^n の2つの部分集合 S, T に対して，次の事柄が成立する．

1. $S^\perp$ は部分空間となる．
2. $S \subset S^{\perp\perp}$
3. $S \subset T$ ならば $T^\perp \subset S^\perp$ となる．
4. $S^{\perp\perp\perp} = S^\perp$

証明.
1. 直交の定義より明らかに成立する．
2. $\boldsymbol{x} \in S$ に対して，$\langle \boldsymbol{x}, \boldsymbol{y} \rangle = 0, \boldsymbol{y} \in S^\perp$ より $\boldsymbol{x} \in S^{\perp\perp}$ が成立する．
3. $\boldsymbol{y} \in T^\perp$ に対して $S \subset T$ より，$\boldsymbol{x} \in S$ に対して $\boldsymbol{x} \perp \boldsymbol{y}$ となり，$\boldsymbol{y} \in S^\perp$ が成立する．
4. $S^\perp$ に上の 2. を適用して $S^\perp \subset S^{\perp\perp\perp}$ が得られ，$S \subset S^{\perp\perp}$ に 3. を適用して $S^{\perp\perp\perp} \subset S^\perp$ が得られる．よって $S^{\perp\perp\perp} = S^\perp$ が成立する．□

定義 3.3. M と N を E^n の2つの部分空間とする．このとき，E^n の任意のベクトル $\boldsymbol{x}$ が 2つのベクトル $\boldsymbol{m} \in M$ と $\boldsymbol{n} \in N$ で $\boldsymbol{x} = \boldsymbol{m} + \boldsymbol{n}$ とただ1つに表されるとき，E^n は M と N の**直和**と呼び，

$$E^n = M \oplus N$$

と表す.

定理 3.2. M を E^n の部分空間とするとき，次が成立する.

$$E^n = M \oplus M^\perp, \quad M = M^{\perp\perp}$$

証明. $\boldsymbol{x} \in E^n$ に対して，定理 3.1 から，任意の $\boldsymbol{m} \in M$ に対して $\|\boldsymbol{x}-\boldsymbol{m}_0\| \leq \|\boldsymbol{x}-\boldsymbol{m}\|$ となる $\boldsymbol{n}_0 = \boldsymbol{x}-\boldsymbol{m}_0 \in M^\perp$ を満たすただ1つの最小ベクトル $\boldsymbol{m}_0 \in M$ が存在する．よって $\boldsymbol{x} = \boldsymbol{m}_0 + \boldsymbol{n}_0$ と表される.

次に，この表現がただ1つであることを示す．このために，もう1つ他のベクトル $\boldsymbol{x} = \boldsymbol{m}_1 + \boldsymbol{n}_1, \boldsymbol{m}_1 \in M, \boldsymbol{n}_1 \in M^\perp$ で表されたとすると,

$$\boldsymbol{\theta} = (\boldsymbol{m}_0 + \boldsymbol{n}_0) - (\boldsymbol{m}_1 + \boldsymbol{n}_1) = (\boldsymbol{m}_0 - \boldsymbol{m}_1) + (\boldsymbol{n}_0 - \boldsymbol{n}_1)$$

が成立し，$\boldsymbol{m}_0 - \boldsymbol{m}_1$ と $\boldsymbol{n}_0 - \boldsymbol{n}_1$ は直交しているので,

$$\|\boldsymbol{\theta}\|^2 = \|\boldsymbol{m}_0 - \boldsymbol{m}_1\|^2 + \|\boldsymbol{n}_0 - \boldsymbol{n}_1\|^2$$

となり，$\boldsymbol{m}_0 = \boldsymbol{m}_1, \boldsymbol{n}_0 = \boldsymbol{n}_1$ が得られ，表現はただ1つである.

また，$M = M^{\perp\perp}$ を示すためには，まず 命題 3.2 の 2. より $M \subset M^{\perp\perp}$ となるから，$M^{\perp\perp} \subset M$ を示せば証明は終わる．したがって，$\boldsymbol{x} \in M^{\perp\perp} \subset E^n$ とすると $\boldsymbol{x} = \boldsymbol{m} + \boldsymbol{n}, \boldsymbol{m} \in M, \boldsymbol{n} \in M^\perp$ と表せる．このとき，$\boldsymbol{x} \in M^{\perp\perp}$ で $\boldsymbol{m} \in M \subset M^{\perp\perp}$であるから $\boldsymbol{x} - \boldsymbol{m} \in M^{\perp\perp}$ となる.

よって，$\boldsymbol{n} \in M^\perp, \boldsymbol{n} = \boldsymbol{x} - \boldsymbol{m} \in M^{\perp\perp}$ であるから $\boldsymbol{n} \perp \boldsymbol{n}$ となり $\boldsymbol{n} = \boldsymbol{\theta}$ が得られる．したがって $\boldsymbol{x} = \boldsymbol{m} \in M$ となり，$M^{\perp\perp} \subset M$ が示され，証明は終わる. □

系 3.1. E^n の部分集合 S に対して，次が成立する.

$$S^{\perp\perp} = [S]$$

ここで，$[S]$ は S を含む最小の部分空間を示している.

証明. $S^{\perp\perp}$ は部分空間であり，また 命題 3.2 の 2. より $S \subset S^{\perp\perp}$ も成り立つので，$[S] \subset S^{\perp\perp}$ が得られる．ここで，$[S]$ は部分空間であることから，定理 3.2 を適用すると $[S]^{\perp\perp} = [S]$ が得られる．一方，$S \subset [S]$ より 命題 3.2 の 3. を用いて $S^{\perp\perp} \subset [S]^{\perp\perp}$ が得られ，$S^{\perp\perp} \subset [S]$ が成立する．したがって $S^{\perp\perp} = [S]$ となり，証明は終わる. □

定義 3.4. S を E^n の部分集合とする．このとき，任意の2つのベクトル $\boldsymbol{x}, \boldsymbol{y} \in S$ $(\boldsymbol{x} \neq \boldsymbol{y})$ に対して，$\boldsymbol{x} \perp \boldsymbol{y}$ ならば，S は**直交集合** (orthogonal set) と呼ぶ．さらに，S の各ベクトルのノルムが 1 に等しいとき，この集合 S は**正規直交集合** (orthonormal set) と呼ぶ．

命題 3.3. 非零なベクトルからなる直交集合は1次独立な集合である．

証明. 非零なベクトルからなる直交集合を S とすると，任意の有限集合 $\{\boldsymbol{x}_1, \boldsymbol{x}_2, \cdots, \boldsymbol{x}_n\} \subset S$ に対して，

$$\sum_{i=1}^{n} \alpha_i \boldsymbol{x}_i = \boldsymbol{\theta}$$

とおくとき，任意の $k = 1, 2, \cdots, n$ に対して

$$0 = \langle \boldsymbol{\theta}, \boldsymbol{x}_k \rangle = \langle \sum_{i=1}^{n} \alpha_i \boldsymbol{x}_i, \boldsymbol{x}_k \rangle = \alpha_k \langle \boldsymbol{x}_k, \boldsymbol{x}_k \rangle = \alpha_k \|\boldsymbol{x}_k\|^2$$

したがって $\alpha_k = 0$ となり，$\{\boldsymbol{x}_1, \boldsymbol{x}_2, \cdots, \boldsymbol{x}_n\}$ は1次独立である．□

3.3　グラム行列とグラム行列式

次の定理は一般の無限次元ベクトル空間の可算列に対しても成立するが，ここでは，E^n の上で述べる．

定理 3.3. (**グラム-シュミット** (Gram-Schmidt) **の定理**)
$\{\boldsymbol{x}_i\}$ を E^n の1次独立なベクトルの列とする．このとき，各 k に対して，最初の k 個の $\boldsymbol{e}_i$ $(i = 1, 2, \cdots, k)$ で作られる部分空間と最初の k 個の $\boldsymbol{x}_i$ $(i = 1, 2, \cdots, k)$ で作られる部分空間とが等しくなる正規直交列 $\{\boldsymbol{e}_i\}$ が存在する．すなわち，各 k に対して，

$$[\boldsymbol{e}_1, \boldsymbol{e}_2, \cdots, \boldsymbol{e}_k] = [\boldsymbol{x}_1, \boldsymbol{x}_2, \cdots, \boldsymbol{x}_k]$$

証明. 最初のベクトル $\boldsymbol{x}_1$ に対して

$$\boldsymbol{e}_1 = \frac{\boldsymbol{x}_1}{\|\boldsymbol{x}_1\|}$$

とおく．このことは $\boldsymbol{e}_1$ が $\boldsymbol{x}_1$ と同じ部分空間を生成すること，つまり，$[\boldsymbol{e}_1]=[\boldsymbol{x}_1]$ を示している．

次に，$\boldsymbol{e}_2$ を作るために $\boldsymbol{z}_2=\boldsymbol{x}_2-\langle\boldsymbol{x}_2,\boldsymbol{e}_1\rangle\boldsymbol{e}_1$ とおき，

$$\boldsymbol{e}_2=\frac{\boldsymbol{z}_2}{\|\boldsymbol{z}_2\|}$$

とおく．$\boldsymbol{z}_2\perp\boldsymbol{e}_1$ で $\boldsymbol{e}_2\perp\boldsymbol{e}_1$ となり，また $\boldsymbol{x}_2$ と $\boldsymbol{e}_1$ は１次独立であるから $\boldsymbol{z}_2\neq\boldsymbol{\theta}$ となる．さらに $\boldsymbol{x}_2$ は $\boldsymbol{e}_1$ と $\boldsymbol{e}_2$ の１次結合で表されるから，$[\boldsymbol{e}_1,\boldsymbol{e}_2]=[\boldsymbol{x}_1,\boldsymbol{x}_2]$ が成り立つ．ここで $\boldsymbol{z}_2$ は $\boldsymbol{x}_2$ から $\boldsymbol{e}_1$ の上への $\boldsymbol{x}_2$ の射影を引き算することで作られている．

同様に，帰納的に $\boldsymbol{e}_k$ を作る，すなわち

$$\boldsymbol{z}_k=\boldsymbol{x}_k-\sum_{i=1}^{k-1}\langle\boldsymbol{x}_k,\boldsymbol{e}_i\rangle\boldsymbol{e}_i$$

とおき，

$$\boldsymbol{e}_k=\frac{\boldsymbol{z}_k}{\|\boldsymbol{z}_k\|}$$

とする．すべての $i<k$ に対して $\boldsymbol{z}_k\perp\boldsymbol{e}_i$ となり，また $\boldsymbol{z}_k$ は独立なベクトルの１次結合であるから，$\boldsymbol{z}_k\neq\boldsymbol{\theta}$, $[\boldsymbol{e}_1,\boldsymbol{e}_2,\cdots,\boldsymbol{e}_k]=[\boldsymbol{x}_1,\boldsymbol{x}_2,\cdots,\boldsymbol{x}_k]$ となることが示され，証明は終わる． □

上のグラム-シュミット手順と射影定理との関係を用いて，基本的な制御問題の１つとして，次のような最小化問題を考えることにする．

$\boldsymbol{y}_1,\boldsymbol{y}_2,\cdots,\boldsymbol{y}_k$ を E^n のベクトルとし，M をこれらのベクトルから作られる E^n の部分空間とする．すなわち，

$$M=[\boldsymbol{y}_1,\boldsymbol{y}_2,\cdots,\boldsymbol{y}_k]$$

とする．このとき，任意のベクトル $\boldsymbol{x}\in E^n$ に対して $\boldsymbol{x}$ に最も近い M のベクトル $\hat{\boldsymbol{x}}$ を探す問題を考える．ここで，もしベクトル $\boldsymbol{y}_i$ $(i=1,2,\cdots,k)$ で

$$\hat{\boldsymbol{x}}=\alpha_1\boldsymbol{y}_1+\alpha_2\boldsymbol{y}_2+\cdots+\alpha_k\boldsymbol{y}_k$$

と表されれば，この最小化問題は

$$\|\boldsymbol{x}-\alpha_1\boldsymbol{y}_1-\alpha_2\boldsymbol{y}_2-\cdots-\alpha_k\boldsymbol{y}_k\|$$

を最小にする k 個の α_i $(i=1,2,\cdots,k)$ を見つける問題と本質的に同じことになる．このことから射影定理を用いて，このただ１つの最小ベクトル $\hat{\boldsymbol{x}}$ は M

の上へのベクトル $\boldsymbol{x}$ の直交射影となっている．そこで，差ベクトル $\boldsymbol{x}-\hat{\boldsymbol{x}}$ は各ベクトル $\boldsymbol{y}_i$ と直交しているので，次の方程式が成立する．

$$i=1,2,\cdots,k \text{ に対して，} \langle \boldsymbol{x}-\alpha_1\boldsymbol{y}_1-\alpha_2\boldsymbol{y}_2-\cdots-\alpha_k\boldsymbol{y}_k, \boldsymbol{y}_i\rangle = 0$$

つまり，内積の性質より次のように書ける

$$\begin{array}{rcl}
\langle \boldsymbol{y}_1,\boldsymbol{y}_1\rangle\alpha_1+\langle \boldsymbol{y}_2,\boldsymbol{y}_1\rangle\alpha_2+\ \cdots\ +\langle \boldsymbol{y}_k,\boldsymbol{y}_1\rangle\alpha_k &=& \langle \boldsymbol{x},\boldsymbol{y}_1\rangle \\
\langle \boldsymbol{y}_1,\boldsymbol{y}_2\rangle\alpha_1+\langle \boldsymbol{y}_2,\boldsymbol{y}_2\rangle\alpha_2+\ \cdots\ +\langle \boldsymbol{y}_k,\boldsymbol{y}_2\rangle\alpha_k &=& \langle \boldsymbol{x},\boldsymbol{y}_2\rangle \\
\vdots\qquad\qquad\vdots\qquad\qquad\qquad\vdots && \vdots \\
\langle \boldsymbol{y}_1,\boldsymbol{y}_k\rangle\alpha_1+\langle \boldsymbol{y}_2,\boldsymbol{y}_k\rangle\alpha_2+\ \cdots\ +\langle \boldsymbol{y}_k,\boldsymbol{y}_k\rangle\alpha_k &=& \langle \boldsymbol{x},\boldsymbol{y}_k\rangle
\end{array}$$

k 個の係数 α_i をもつこれらの方程式は最小化問題における**正規方程式** (normal equations) としてよく知られている．ここで，k 個のベクトル $\boldsymbol{y}_1,\boldsymbol{y}_2,\cdots,\boldsymbol{y}_k$ からなる $k\times k$ 行列

$$G=G(\boldsymbol{y}_1,\boldsymbol{y}_2,\cdots,\boldsymbol{y}_k)=\begin{pmatrix}
\langle \boldsymbol{y}_1,\boldsymbol{y}_1\rangle & \langle \boldsymbol{y}_2,\boldsymbol{y}_1\rangle & \cdots & \langle \boldsymbol{y}_k,\boldsymbol{y}_1\rangle \\
\langle \boldsymbol{y}_1,\boldsymbol{y}_2\rangle & \langle \boldsymbol{y}_2,\boldsymbol{y}_2\rangle & \cdots & \langle \boldsymbol{y}_k,\boldsymbol{y}_2\rangle \\
\vdots & \vdots & \ddots & \vdots \\
\langle \boldsymbol{y}_1,\boldsymbol{y}_k\rangle & \langle \boldsymbol{y}_2,\boldsymbol{y}_k\rangle & \cdots & \langle \boldsymbol{y}_k,\boldsymbol{y}_k\rangle
\end{pmatrix}$$

を $\boldsymbol{y}_1,\boldsymbol{y}_2,\cdots,\boldsymbol{y}_k$ の**グラム行列** (Gram matrix) と呼び，この行列の行列式 $g=g(\boldsymbol{y}_1,\boldsymbol{y}_2,\cdots,\boldsymbol{y}_k)$ を**グラム行列式** (Gram determinant) と呼ぶ．行列および行列式については付録 A.6 参照．

命題 3.4.　$g(\boldsymbol{y}_1,\boldsymbol{y}_2,\cdots,\boldsymbol{y}_k)\neq 0$ が成立するための必要十分条件はベクトル $\boldsymbol{y}_1$, $\boldsymbol{y}_2$, $\cdots$, $\boldsymbol{y}_k$ が1次独立であることである．

証明． この命題と同値な対偶命題は「$g(\boldsymbol{y}_1,\boldsymbol{y}_2,\ \cdots,\boldsymbol{y}_k)=0$ が成立するための必要十分条件はベクトル $\boldsymbol{y}_1,\boldsymbol{y}_2,\cdots,\boldsymbol{y}_k$ が1次従属である」ことになる．そこで，対偶で証明するために，$\boldsymbol{y}_1,\boldsymbol{y}_2,\cdots,\boldsymbol{y}_k$ が1次従属とすると，

$$\sum_{i=1}^{n}\alpha_i\boldsymbol{y}_i=\boldsymbol{\theta}$$

を満たすすべては零でない実数 α_i $(i=1,2,\cdots,k)$ が存在することになる．よってグラム行列式のある行の要素の間に1次従属関係が成り立つことから，この行列式の値は零となる．

逆に，グラム行列式の値が零ならば，ある行の要素の間に1次従属関係が成

り立つから，すべての $j = 1, 2, \cdots, k$ に対して

$$\sum_{i=1}^{k} \alpha_i \langle \boldsymbol{y}_i, \boldsymbol{y}_j \rangle = 0$$

となるすべては零でない実数 α_i $(i = 1, 2, \cdots, k)$ が存在する．よって

$$\langle \sum_{i=1}^{k} \alpha_i \boldsymbol{y}_i, \boldsymbol{y}_j \rangle = 0 \quad (j = 1, 2, \cdots, k)$$

が成り立つので，上の式の両辺に α_j を掛けて j で加えると，

$$\sum_{j=1}^{k} \alpha_j \langle \sum_{i=1}^{k} \alpha_i \boldsymbol{y}_i, \boldsymbol{y}_j \rangle = 0$$

が得られる．つまり，

$$\left\| \sum_{i=1}^{k} \alpha_i \boldsymbol{y}_i \right\|^2 = 0$$

が成立する．ノルムの定義より

$$\sum_{i=1}^{k} \alpha_i \boldsymbol{y}_i = \boldsymbol{\theta}$$

となり，$\boldsymbol{y}_1, \boldsymbol{y}_2, \cdots, \boldsymbol{y}_k$ は 1 次従属となる．□

ここで，もしベクトル $\boldsymbol{y}_1, \boldsymbol{y}_2, \cdots, \boldsymbol{y}_k$ が 1 次従属ならば正規方程式の解はただ 1 つとは限らない．しかし，常に少なくとも 1 つの解は存在する．

3.4　距離の最小化問題

定理 3.4.　$\boldsymbol{y}_1, \boldsymbol{y}_2, \cdots, \boldsymbol{y}_k$ を E^n の 1 次独立なベクトルとし，$\boldsymbol{x}$ と $\boldsymbol{y}_1, \boldsymbol{y}_2, \cdots, \boldsymbol{y}_k$ で作られる部分空間 $M = [\boldsymbol{y}_1, \boldsymbol{y}_2, \cdots, \boldsymbol{y}_k]$ の間の距離の最小値を δ とする，すなわち，

$$\delta = \min \|\boldsymbol{x} - \alpha_1 \boldsymbol{y}_1 - \alpha_2 \boldsymbol{y}_2 - \cdots - \alpha_k \boldsymbol{y}_k\| = \|\boldsymbol{x} - \hat{\boldsymbol{x}}\|$$

このとき，次の関係が成立する．

$$\delta^2 = \frac{g(\boldsymbol{y}_1, \boldsymbol{y}_2, \cdots, \boldsymbol{y}_k, \boldsymbol{x})}{g(\boldsymbol{y}_1, \boldsymbol{y}_2, \cdots, \boldsymbol{y}_k)}$$

ここで，$g(\boldsymbol{y}_1, \boldsymbol{y}_2, \cdots, \boldsymbol{y}_k)$ と $g(\boldsymbol{y}_1, \boldsymbol{y}_2, \cdots, \boldsymbol{y}_k, \boldsymbol{x})$ はともにグラム行列式を表している．

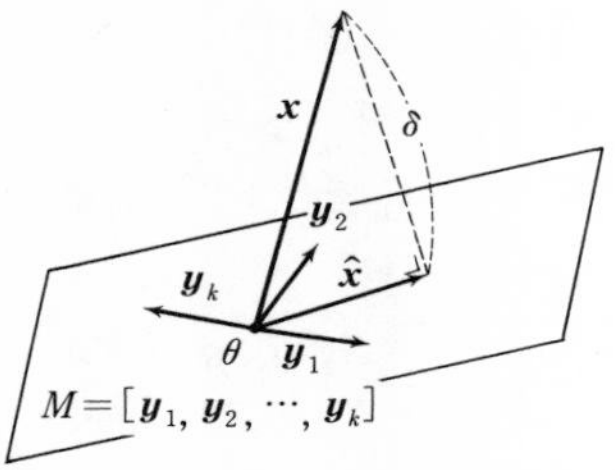

図 3.2　ベクトル $\boldsymbol{x}$ と部分空間 M の間の距離の最小値 δ

証明． δ の定義より

$$\delta^2 = \|\boldsymbol{x} - \hat{\boldsymbol{x}}\|^2 = \langle \boldsymbol{x} - \hat{\boldsymbol{x}}, \boldsymbol{x} \rangle - \langle \boldsymbol{x} - \hat{\boldsymbol{x}}, \hat{\boldsymbol{x}} \rangle$$

が成立している．このとき，射影定理より，$\boldsymbol{x} - \hat{\boldsymbol{x}} \perp M$ であるから $\langle \boldsymbol{x} - \hat{\boldsymbol{x}}, \hat{\boldsymbol{x}} \rangle = 0$．

よって

$$\delta^2 = \langle \boldsymbol{x} - \hat{\boldsymbol{x}}, \boldsymbol{x} \rangle = \langle \boldsymbol{x}, \boldsymbol{x} \rangle - \alpha_1 \langle \boldsymbol{y}_1, \boldsymbol{x} \rangle - \alpha_2 \langle \boldsymbol{y}_2, \boldsymbol{x} \rangle - \cdots - \alpha_k \langle \boldsymbol{y}_k, \boldsymbol{x} \rangle$$

または，書き換えて

$$\alpha_1 \langle \boldsymbol{y}_1, \boldsymbol{x} \rangle + \alpha_2 \langle \boldsymbol{y}_2, \boldsymbol{x} \rangle + \cdots + \alpha_k \langle \boldsymbol{y}_k, \boldsymbol{x} \rangle + \delta^2 = \langle \boldsymbol{x}, \boldsymbol{x} \rangle$$

が得られる．この方程式と正規方程式を一緒にした $(k+1)$ 個の方程式系より $\alpha_1, \alpha_2, \cdots, \alpha_k, \delta^2$ を未知数として考えると，δ^2 を求めるために，連立 1 次方程式の解を求める**クラメール** (Cramer) **の公式** (付録 A.6 参照) が適用できて，

$$\delta^2 = \frac{g(\boldsymbol{y}_1, \boldsymbol{y}_2, \cdots, \boldsymbol{y}_k, \boldsymbol{x})}{g(\boldsymbol{y}_1, \boldsymbol{y}_2, \cdots, \boldsymbol{y}_k)}$$

が得られ，証明は終わる．□

定理 3.5. M を E^n の部分空間とし，ベクトル $\boldsymbol{x} \in E^n$ に対して線形多様体 $V = \boldsymbol{x} + M$ を作る．このとき，原点から V への最小距離を与える，すなわち，ノルムを最小にするノルム最小点 $\boldsymbol{x}_0$ が V の中にただ1つ存在し，このベクトル $\boldsymbol{x}_0$ は M に直交している．

証明. 線形多様体 V をベクトル $-\boldsymbol{x}$ だけ平行移動すると，原点は $-\boldsymbol{x}$ に移動し，V は移動して部分空間 M となるので，$-\boldsymbol{x}$ の点から部分空間 M への距離を最小にする最小点を求める問題となる．よって，定理 3.1 を直接適用して容易に証明される． □

上の定理は，図 3.3 のように簡単な図より幾何学的に推察できる．

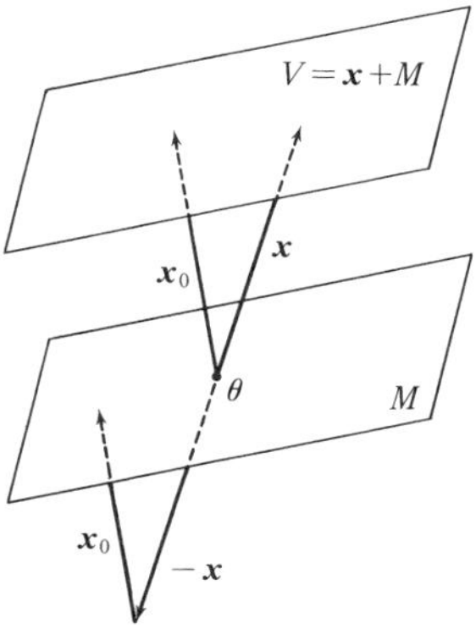

図 3.3 定理 3.5 の幾何学的説明

定理 3.6. $\{\boldsymbol{y}_1, \boldsymbol{y}_2, \cdots, \boldsymbol{y}_k\}$ を E^n の1次独立なベクトルの集合と k 個の実数 $c_i \in E^1$ $(j = 1, 2, \cdots, k)$ に対して，次の制約式

$$\begin{aligned}\langle \boldsymbol{x}, \boldsymbol{y}_1 \rangle &= c_1 \\ \langle \boldsymbol{x}, \boldsymbol{y}_2 \rangle &= c_2 \\ \vdots \quad & \quad \vdots \\ \langle \boldsymbol{x}, \boldsymbol{y}_k \rangle &= c_k\end{aligned}$$

を満たすすべてのベクトル $\boldsymbol{x} \in E^n$ の中で $\boldsymbol{x}_0$ が最小ノルムをもつとする．このとき，

$$\boldsymbol{x}_0 = \sum_{i=1}^{k} \beta_i \boldsymbol{y}_i$$

と表され，各係数 β_i $(i = 1, 2, \cdots, k)$ は次の方程式を満たしている．

$$\begin{array}{llllll}
\langle \boldsymbol{y}_1, \boldsymbol{y}_1 \rangle \beta_1 + & \langle \boldsymbol{y}_2, \boldsymbol{y}_1 \rangle \beta_2 + & \cdots & + \langle \boldsymbol{y}_k, \boldsymbol{y}_1 \rangle \beta_k & = & c_1 \\
\langle \boldsymbol{y}_1, \boldsymbol{y}_2 \rangle \beta_1 + & \langle \boldsymbol{y}_2, \boldsymbol{y}_2 \rangle \beta_2 + & \cdots & + \langle \boldsymbol{y}_k, \boldsymbol{y}_2 \rangle \beta_k & = & c_2 \\
\vdots & \vdots & & \vdots & & \vdots \\
\langle \boldsymbol{y}_1, \boldsymbol{y}_k \rangle \beta_1 + & \langle \boldsymbol{y}_2, \boldsymbol{y}_k \rangle \beta_2 + & \cdots & + \langle \boldsymbol{y}_k, \boldsymbol{y}_k \rangle \beta_k & = & c_k
\end{array}$$

証明． $M = [\boldsymbol{y}_1, \boldsymbol{y}_2, \cdots, \boldsymbol{y}_k]$ とする．E^n の部分集合 N を次のように定義する．

$$N = \{\boldsymbol{x} \in E^n \mid \langle \boldsymbol{x}, \boldsymbol{y}_1 \rangle = 0, \langle \boldsymbol{x}, \boldsymbol{y}_2 \rangle = 0, \cdots, \langle \boldsymbol{x}, \boldsymbol{y}_k \rangle = 0\}$$

このとき，部分空間 M に対して，$N = M^{\perp}$ となる．$\boldsymbol{y}_1, \boldsymbol{y}_2, \cdots, \boldsymbol{y}_k$ は1次独立であることより

$$\langle \hat{\boldsymbol{x}}, \boldsymbol{y}_1 \rangle = c_1, \langle \hat{\boldsymbol{x}}, \boldsymbol{y}_2 \rangle = c_2, \cdots, \langle \hat{\boldsymbol{x}}, \boldsymbol{y}_k \rangle = c_k$$

を満たすベクトル $\hat{\boldsymbol{x}}$ が存在する．このとき，

$$V = \{\boldsymbol{x} \in E^n \mid \langle \boldsymbol{x}, \boldsymbol{y}_1 \rangle = c_1, \langle \boldsymbol{x}, \boldsymbol{y}_2 \rangle = c_2, \cdots, \langle \boldsymbol{x}, \boldsymbol{y}_k \rangle = c_k\}$$

とすると，$V = \hat{\boldsymbol{x}} + N$ と書けて V は線形多様体になる．よって，定理 3.5 より，V の中にノルム最小点 $\boldsymbol{x}_0$ が存在する．ここで，V は部分空間 N を平行移動したことより

$$\boldsymbol{x}_0 \in N^{\perp} = M^{\perp\perp} = M$$

すなわち，

$$\boldsymbol{x}_0 = \sum_{i=1}^{k} \beta_i \boldsymbol{y}_i$$

と書ける．よって，k 個の係数 β_i は $\boldsymbol{x}_0$ が k 個の制約式を満たしていることから求めることができる． □

この定理より，k 個の β_i は β_i に関する正規方程式を解くことで求めることができることを示している．

演 習 問 題 3

1. E^3 の部分集合 $S = \{(x, y, 0)^t \in E^3 \mid x^2 + y^2 \leq 1\}$ の直交補空間 $S^\perp$ (定義 3.2 参照) を求めよ．

2. E^3 の部分集合 $L = \{(x, y, z)^t \in E^3 \,|\, 2x + y - z = 0\}$ は部分空間であることを示し，L の直交補空間 $L^\perp$ を求めよ．次に，ベクトル $\boldsymbol{x} = (2, 4, 5)^t \in E^3$ から L への最短距離と，最短距離を与える L 上のベクトル，すなわち，最小点を求めよ．

3. E^3 の部分集合 $S = \{(x, y, z)^t \in E^3 \mid 2x + 3y + z = 11\}$ は線形多様体であることを示し，原点から S への最短距離を与える S 上の最小点を求めよ．

第 4 章

凸集合とその性質

この章での凸集合に関する話は他の数学書にはほとんど解説されていない内容であるが，しかし最適化問題を考えるときに大変重要な内容である．ここでは，凸集合についての基本的な性質，特に凸集合の内部および閉包等について考察を進めることにする．

4.1　集合の凸包

定義 4.1. E^n の部分集合 S について，任意の 2 つのベクトル $\boldsymbol{x}, \boldsymbol{y} \in S$ と任意の正の実数 α $(0 < \alpha < 1)$ に対して，

$$\alpha \boldsymbol{x} + (1-\alpha)\boldsymbol{y} \in S$$

が成り立つとき，この部分集合 S を**凸集合**と呼ぶ．また，空集合 $\emptyset$ は，凸集合とする．

幾何学的には，凸集合であることは，この部分集合の任意の 2 点を結ぶ線分上のすべての点がこの集合に属することを示している．図 4.1 は凸集合と非凸集合を示している．

上の定義から，次の命題が成り立つことが容易に確かめられる．

命題 4.1. S と T を E^n の凸集合とするとき，次のことが成り立つ．

1. 任意の実数 $\alpha \in E^1$ に対して，$\alpha S = \{\boldsymbol{x} \in E^n | \ \boldsymbol{x} = \alpha \boldsymbol{s}, \boldsymbol{s} \in S\}$ は凸

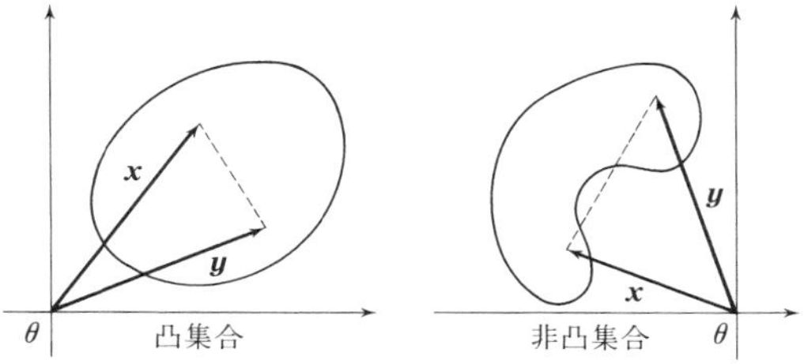

図 4.1

集合である.

2. $S+T=\{\boldsymbol{s}+\boldsymbol{t}\in E^n|\ \boldsymbol{s}\in S,\boldsymbol{t}\in T\}$ は凸集合である.

3. $S-T=\{\boldsymbol{s}-\boldsymbol{t}\in E^n|\ \boldsymbol{s}\in S,\boldsymbol{t}\in T\}$ は凸集合である.

この命題の証明は演習問題として読者に残す.

命題 4.2. 凸集合 S の任意個の凸結合は S に含まれる.

証明. 凸結合を作るベクトルの個数についての数学的帰納法で証明を与える. まず, $k=2$ のときは, 凸集合の定義より明らかに成立する. そこで, $k\geq 2$ のときまで成立したと仮定する. すなわち, $\boldsymbol{x}_1,\boldsymbol{x}_2,\cdots,\boldsymbol{x}_k\in S$, $\sum_{i=1}^{k}\alpha_i=1,\alpha_i\geq 0\ (i=1,2,\cdots,k)$ のとき, $\sum_{i=1}^{k}\alpha_i\boldsymbol{x}_i\in S$ とする. このとき, $\boldsymbol{y}_1,\boldsymbol{y}_2,\cdots,\boldsymbol{y}_{k+1}\in S$, $\sum_{i=1}^{k+1}\beta_i=1,\beta_i\geq 0\ (i=1,2,\cdots,k+1)$ から, $\sum_{i=1}^{k+1}\beta_i\boldsymbol{y}_i\in S$ を示せば証明は終わる. 明らかに, $0<\beta_{k+1}<1$ としてよいので, $\sum_{i=1}^{k}\beta_i>0$ と $\beta_{k+1}>0$ を用いて,

$$\sum_{i=1}^{k+1}\beta_i\boldsymbol{y}_i=(\sum_{i=1}^{k}\beta_i)\sum_{i=1}^{k}(\frac{\beta_i}{\sum_{i=1}^{k}\beta_i})\boldsymbol{y}_i+\beta_{k+1}\boldsymbol{y}_{k+1}\in S$$

と書けるので, $k=2$ の場合に帰着されることが示され, 証明は終わる. □

命題 4.3. 任意個の凸集合の共通集合は凸集合である.

証明. I を凸集合の個数を表す添字集合, $S_i(i\in I)$ を凸集合とする. $\bigcap_{i\in I}S_i=$

$\emptyset$ ならば，明らかに凸である．そこで，$\bigcap_{i \in I} S_i \neq \emptyset$ とし，$\bigcap_{i \in I} S_i$ の中の任意のベクトル $\boldsymbol{x}, \boldsymbol{y}$ をとると，任意の $i \in I$ に対して，$\boldsymbol{x}, \boldsymbol{y} \in S_i$ となる．任意の $i \in I$ に対して，S_i は凸集合であるから，任意の正の実数 $\alpha\,(0 < \alpha < 1)$ について，$\alpha\boldsymbol{x} + (1-\alpha)\boldsymbol{y} \in S_i$ が成立する．したがって，$\alpha\boldsymbol{x} + (1-\alpha)\boldsymbol{y} \in \bigcap_{i \in I} S_i$ となり，$\bigcap_{i \in I} S_i$ は凸集合であることが示され，証明は終わる．□

定義 4.2. S を E^n の部分集合とする．このとき，S の**凸包** (convex hull) とは，S のすべての凸結合によって構成される集合で，記号 $H(S)$ で表す．すなわち，$\boldsymbol{x} \in H(S)$ なるベクトル $\boldsymbol{x}$ は次のように表される．

$$\boldsymbol{x} = \sum_{j=1}^{k} \alpha_j \boldsymbol{x}_j \quad \left(\sum_{j=1}^{k} \alpha_j = 1, \alpha_j \geq 0\,(j = 1, 2, \cdots, k) \right)$$

ただし，k はベクトル $\boldsymbol{x}$ に依存して定まる正の整数で，$\boldsymbol{x}_1, \boldsymbol{x}_2, \cdots, \boldsymbol{x}_k \in S$ で与えられている．

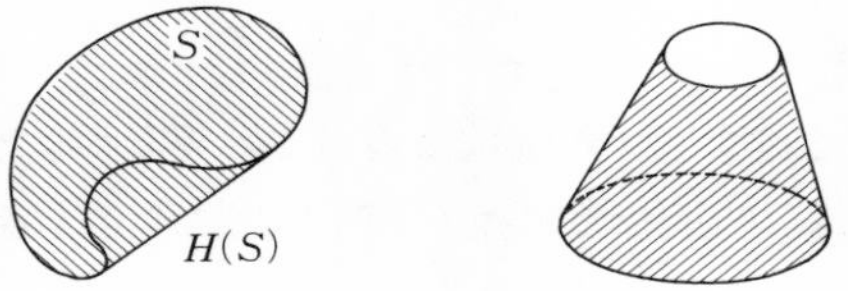

図 4.2　凸包

この凸包に関する性質を次の命題でまとめて述べる．

命題 4.4. S を E^n の部分集合とする．このとき，

1. $H(S)$ は凸集合である．
2. $H(S)$ は S を含む最小の凸集合である．すなわち，$S \subset T$ で T が凸集合ならば，$H(S) \subset T$ となり，また，$H(S) = \bigcap \{T \mid S \subset T,\ T$ は凸集合$\}$ と表される．

証明.

1. 結果を示すために，任意のベクトル $\boldsymbol{x}, \boldsymbol{y} \in H(S)$ に対して，

$$\boldsymbol{x} = \sum_{i=1}^{k} \alpha_i \boldsymbol{x}_i \left(\sum_{i=1}^{k} \alpha_i = 1, \alpha_i \geq 0 \ (i = 1, 2, \cdots, k) \right)$$

$$\boldsymbol{y} = \sum_{j=1}^{m} \beta_j \boldsymbol{x}_j \left(\sum_{j=1}^{m} \beta_j = 1, \beta_j \geq 0 \ (j = 1, 2, \cdots, m) \right)$$

ただし，k, m は正の整数で，$\boldsymbol{x}_1, \boldsymbol{x}_2, \cdots, \boldsymbol{x}_k, \boldsymbol{y}_1, \boldsymbol{y}_2, \cdots, \boldsymbol{y}_m \in S$ である．よって，任意の実数 $\lambda\,(0 < \lambda < 1)$ に対して，

$$\begin{aligned} \lambda \boldsymbol{x} + (1-\lambda)\boldsymbol{y} &= \lambda \sum_{i=1}^{k} \alpha_i \boldsymbol{x}_i + (1-\lambda) \sum_{j=1}^{m} \beta_j \boldsymbol{y}_j \\ &= \sum_{i=1}^{k} \lambda \alpha_i \boldsymbol{x}_i + \sum_{j=1}^{m} (1-\lambda)\beta_j \boldsymbol{y}_j \end{aligned}$$

となり，$\lambda\alpha_i \geq 0 \ (i = 1, 2, \cdots, k), (1-\lambda)\beta_j \geq 0 \ (j = 1, 2, \cdots, m)$ で，

$$\sum_{i=1}^{k} \lambda \alpha_i + \sum_{j=1}^{m} (1-\lambda)\beta_j = 1$$

であるから，ベクトル $\lambda\boldsymbol{x}+(1-\lambda)\boldsymbol{y}$ は S の $(m+k)$ 個のベクトル $\boldsymbol{x}_1, \boldsymbol{x}_2, \cdots, \boldsymbol{x}_k, \boldsymbol{y}_1, \boldsymbol{y}_2, \cdots, \boldsymbol{y}_m$ の凸結合となる．したがって，$H(S)$ は凸集合となる．

2. 結果を示すために，T を $S \subset T$ なる凸集合と仮定する．このとき，$H(S) \subset T$ であることを示す．ここで，任意の $\boldsymbol{x} \in H(S)$ は，ある正の整数 k と $\boldsymbol{x}_1, \boldsymbol{x}_2, \cdots, \boldsymbol{x}_k \in S$ を用いて

$$\boldsymbol{x} = \sum_{i=1}^{k} \alpha_i \boldsymbol{x}_i \ \left(\sum_{i=1}^{k} \alpha_i = 1, \alpha_i \geq 0 \,(i = 1, 2, \cdots, k) \right)$$

と表される．仮定より，$S \subset T$ であるから，$\boldsymbol{x}_1, \boldsymbol{x}_2, \cdots, \boldsymbol{x}_k \in T$ となる．よって，$\boldsymbol{x}$ は T の k 個のベクトル $\boldsymbol{x}_1, \boldsymbol{x}_2, \cdots, \boldsymbol{x}_k$ の凸結合となるので，$\boldsymbol{x} \in T$ が得られ，$H(S) \subset T$ が示される．また，$S \subset H(S)$ で，$H(S)$ は凸集合であるから，$H(S) = \bigcap\{T \mid S \subset T,\, T \text{ は凸集合}\}$ が示され，証明は終わる． □

定義 4.3. E^n の有限個のベクトル $\boldsymbol{x}_1, \boldsymbol{x}_2, \cdots, \boldsymbol{x}_k$ から作られる凸包 $H(\{\boldsymbol{x}_1, \boldsymbol{x}_2, \cdots, \boldsymbol{x}_k\})$ を**凸多面体** (convex polytope) と呼ぶ．もし，$\boldsymbol{x}_2-\boldsymbol{x}_1, \cdots, \boldsymbol{x}_k-\boldsymbol{x}_1$ が 1 次独立ならば，$H(\{\boldsymbol{x}_1, \boldsymbol{x}_2, \cdots, \boldsymbol{x}_k\})$ を頂点 $\boldsymbol{x}_1, \boldsymbol{x}_2, \cdots, \boldsymbol{x}_k$ をもつ**単体** (simplex) と呼ぶ．

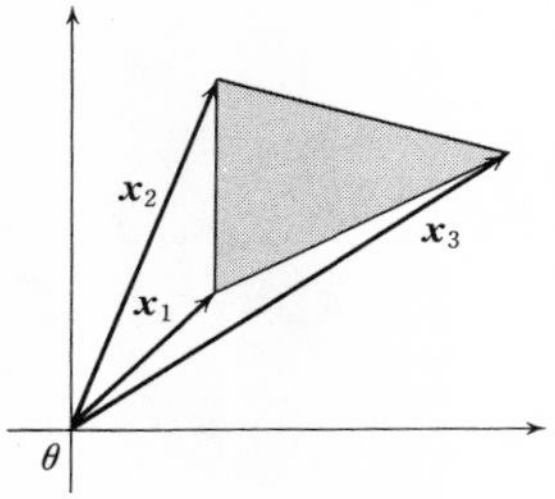

図 4.3　単体 $H(\boldsymbol{x}_1, \boldsymbol{x}_2, \boldsymbol{x}_3)$

図 4.3 は E^n における凸多面体と単体の例を与えている．

ここで，E^n における 1 次独立なベクトルの最大個数は n であり，$n+1$ 個より多くの頂点をもつ単体は空間 E^n には存在しないことが次の定理で示される．

定理 4.1. (**カラテオドリー** (Caratheodory) **の定理**)

S を E^n の任意の部分集合とする．このとき，任意のベクトル $\boldsymbol{x} \in H(S)$ に対して，$\boldsymbol{x} \in H(\boldsymbol{x}_1, \boldsymbol{x}_2, \cdots, \boldsymbol{x}_{n+1})$ を満たす $n+1$ 個のベクトル $\boldsymbol{x}_j \in S\,(j = 1, 2, \cdots, n+1)$ がとれる．すなわち，このベクトル $\boldsymbol{x}$ は次のように表される．

$$\boldsymbol{x} = \sum_{j=1}^{n+1} \lambda_j \boldsymbol{x}_j \quad \left(\sum_{j=1}^{n+1} \lambda_j = 1, \lambda_j \geq 0, \boldsymbol{x}_j \in S\,(j = 1, 2, \cdots, n+1) \right)$$

証明. 任意の $\boldsymbol{x} \in H(S)$ について，定義 4.2 より，ある正の整数 k に対して，

$$\boldsymbol{x} = \sum_{j=1}^{k} \alpha_j \boldsymbol{x}_j \quad \left(\sum_{j=1}^{k} \alpha_j = 1, \alpha_j > 0, \boldsymbol{x}_i \in S\ (i = 1, 2, \cdots, k) \right)$$

と表される．ここで $k \leq n+1$ ならば証明は終わる．

そこで，$k > n+1$ と仮定する．このとき，$k-1 > n$ より $\boldsymbol{x}_2 - \boldsymbol{x}_1$, $\boldsymbol{x}_3 - \boldsymbol{x}_1, \cdots, \boldsymbol{x}_k - \boldsymbol{x}_1$は 1 次従属となるから，

$$\sum_{j=2}^{k} \mu_j (\boldsymbol{x}_j - \boldsymbol{x}_1) = 0$$

となるすべては零でない実数 $\mu_2, \mu_3, \cdots, \mu_k$ が存在する．いま

$$\mu_1 = -\sum_{j=2}^{k} \mu_j$$

とすると，

$$\sum_{j=1}^{k} \mu_j = 0$$

となるから，

$$\sum_{j=1}^{k} \mu_j \boldsymbol{x}_j = 0$$

が成り立つ．

このとき，任意の正の実数 $\alpha > 0$ に対して，

$$\boldsymbol{x} = \sum_{j=1}^{k} \alpha_j \boldsymbol{x}_j = \sum_{j=1}^{k} \alpha_j \boldsymbol{x}_j - \alpha \sum_{j=1}^{k} \mu_j \boldsymbol{x}_j$$
$$= \sum_{j=1}^{k} (\alpha_j - \alpha\mu_j) \boldsymbol{x}_j$$

そこで，少なくとも 1 つの j について，$\mu_j \neq 0$ となる．よって，$\mu_j > 0$ と仮定できるから，上の α を

$$\alpha = \min_{1 \leq j \leq k} \left\{ \frac{\alpha_j}{\mu_j} \;\middle|\; \mu_j > 0 \right\}$$

とおく．このとき，$\alpha = \dfrac{\alpha_{i^*}}{\mu_{i^*}}$ となる i^* が存在する．よって，もし $\mu_j \leq 0$ となる j については，$\alpha_j - \alpha\mu_j \geq 0$ となり，$\mu_j > 0$ となる j については，

$$\frac{\alpha_j}{\mu_j} \geq \frac{\alpha_{i^*}}{\mu_{i^*}} = \alpha > 0$$

となるので，$\alpha_j - \alpha\mu_j \geq 0$．したがって，

$$\boldsymbol{x} = \sum_{j=1}^{k} (\alpha_j - \alpha\mu_j) \boldsymbol{x}_j, \alpha_j - \alpha\mu_j \geq 0, \alpha_{i^*} - \alpha\mu_{i^*} = 0, \sum_{j=1}^{k} (\alpha_j - \alpha\mu_j) = 1$$

が成り立つ．

よって，$\boldsymbol{x}$ は S のベクトルの高々$k-1$ 個の凸結合で表されることになる．

この操作は $k-1=n$ まで続けられることより，$\boldsymbol{x}$ が S の $n+1$ 個の凸結合で表されることになり，証明は終わる． □

4.2　凸集合の内部と閉包

定理 4.2. S を E^n の内点をもつ凸集合とし，ベクトル $\boldsymbol{x}_1 \in \mathrm{cl}S$ ，ベクトル $\boldsymbol{x}_2 \in \mathrm{int}S$ とするとき，すべての実数 α $(0 \leq \alpha < 1)$ に対して，次が成り立つ．

$$\alpha \boldsymbol{x}_1 + (1-\alpha)\boldsymbol{x}_2 \in \mathrm{int}S$$

証明. $\alpha = 0$ のとき，明らかに成立する．そこで，$0 < \alpha < 1$ の場合にのみ以下で証明を与える．$\boldsymbol{x}_2 \in \mathrm{int}S$ であるから，ある実数 $\varepsilon > 0$ に対して，

$$N_\varepsilon(\boldsymbol{x}_2) = \{\boldsymbol{z} \in E^n \mid \|\boldsymbol{z} - \boldsymbol{x}_2\| < \varepsilon\} \subset S$$

となる ε-近傍が存在する．次に，任意の α $(0 < \alpha < 1)$ に対して，

$$\boldsymbol{y} = \alpha \boldsymbol{x}_1 + (1-\alpha)\boldsymbol{x}_2$$

とおくと，任意のベクトル $\boldsymbol{z} \in N_{(1-\alpha)\varepsilon}(\boldsymbol{y})$ に対して，

$$\|\boldsymbol{z} - \boldsymbol{y}\| < (1-\alpha)\varepsilon$$

となり，かつ，$\boldsymbol{x}_1 \in \mathrm{cl}S$ であるから，

$$\left\{\boldsymbol{x} \in E^n \;\middle|\; \|\boldsymbol{x} - \boldsymbol{x}_1\| < \frac{(1-\alpha)\varepsilon - \|\boldsymbol{z} - \boldsymbol{y}\|}{\alpha}\right\} \cap S \neq \emptyset$$

が成立する．よって，

$$\|\boldsymbol{z}_1 - \boldsymbol{x}_1\| < \frac{(1-\alpha)\varepsilon - \|\boldsymbol{z} - \boldsymbol{y}\|}{\alpha}$$

を満たす $\boldsymbol{z}_1 \in S$ が存在するので，

$$\boldsymbol{z}_2 = \frac{\boldsymbol{z} - \alpha \boldsymbol{z}_1}{1-\alpha}$$

とおくと，

$$\begin{aligned}\|\boldsymbol{z}_2 - \boldsymbol{x}_2\| &= \left\| \frac{\boldsymbol{z} - \alpha \boldsymbol{z}_1}{1-\alpha} - \boldsymbol{x}_2 \right\| \\ &= \left\| \frac{(\boldsymbol{z} - \alpha \boldsymbol{z}_1) - (\boldsymbol{y} - \alpha \boldsymbol{x}_1)}{1-\alpha} \right\|\end{aligned}$$

$$
\begin{aligned}
&= \frac{1}{1-\alpha} \|(\boldsymbol{z}-\boldsymbol{y})+\alpha(\boldsymbol{x}_1-\boldsymbol{z}_1)\| \\
&\leq \frac{1}{1-\alpha}(\|\boldsymbol{z}-\boldsymbol{y}\|+\alpha\|\boldsymbol{x}_1-\boldsymbol{z}_1\|) \\
&< \varepsilon
\end{aligned}
$$

より，$\boldsymbol{z}_2 \in S$ となる．したがって，S は凸集合であることから，$\boldsymbol{z}_1 \in S, \boldsymbol{z}_2 \in S$ より，$\boldsymbol{z} = \alpha\boldsymbol{z}_1 + (1-\alpha)\boldsymbol{z}_2 \in S$ が得られる．すなわち，$\boldsymbol{y} = \alpha\boldsymbol{x}_1 + (1-\alpha)\boldsymbol{x}_2$ に対して，$N_{(1-\alpha)\varepsilon}(\boldsymbol{y})$ に含まれる任意の $\boldsymbol{z}$ は S に含まれるので $N_{(1-\alpha)\varepsilon}(\boldsymbol{y}) \subset S$ が成立する．よって，内点の定義から，$\boldsymbol{y} \in \mathrm{int}S$ となることが示され，証明は終わる． □

以上の証明を簡単に図示すると，図 4.4 のように書ける．

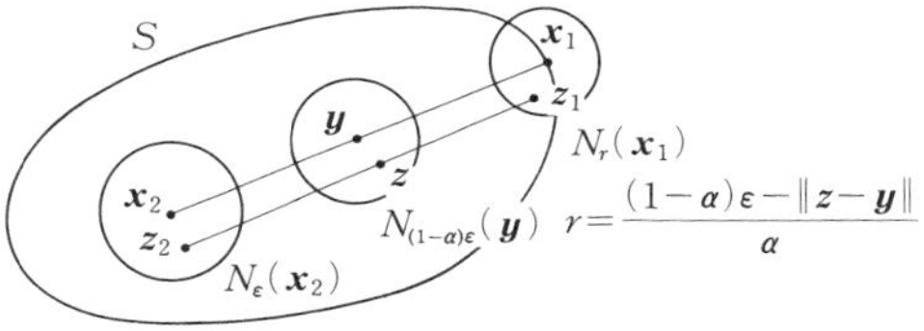

図 4.4 定理 4.2 の証明の幾何学的説明

定理 4.3. S を E^n の凸集合とする．このとき，$\mathrm{cl}S$ は凸集合である．

証明. $\mathrm{cl}S = \emptyset$ ならば，$\emptyset$ は凸集合であるから，$\mathrm{cl}S$ は凸集合となる．$\mathrm{cl}S \neq \emptyset$ のとき，任意のベクトル $\boldsymbol{x}_0, \boldsymbol{y}_0 \in \mathrm{cl}S$ と，任意の実数 $\alpha\,(0 < \alpha < 1)$ に対して，$\alpha\boldsymbol{x}_0 + (1-\alpha)\boldsymbol{y}_0 \in \mathrm{cl}S$ を示せば証明は終わる．

そこで，$\boldsymbol{x}_0, \boldsymbol{y}_0 \in \mathrm{cl}S$ より，任意の正の実数 $\varepsilon > 0$ に対して，$\|\boldsymbol{x}-\boldsymbol{x}_0\| < \varepsilon$, $\|\boldsymbol{y}-\boldsymbol{y}_0\| < \varepsilon$ を満たす $\boldsymbol{x}, \boldsymbol{y} \in S$ が存在する．よって，

$$\|\alpha\boldsymbol{x} + (1-\alpha)\boldsymbol{y} - (\alpha\boldsymbol{x}_0 + (1-\alpha)\boldsymbol{y}_0)\| \leq \alpha\|\boldsymbol{x}-\boldsymbol{x}_0\| + (1-\alpha)\|\boldsymbol{y}-\boldsymbol{y}_0\| < \varepsilon$$

となる．ここで，S が凸集合であることから，$\alpha\boldsymbol{x} + (1-\alpha)\boldsymbol{y} \in S$ となり，

$$N_\varepsilon(\alpha\boldsymbol{x}_0 + (1-\alpha)\boldsymbol{y}_0) \cap S \neq \emptyset$$

が成立する．したがって，閉包の定義から，$\alpha\boldsymbol{x}_0 + (1-\alpha)\boldsymbol{y}_0 \in \mathrm{cl}S$ が示され，証明は終わる． □

定理 4.4. S を E^n の凸集合とする．このとき，int$S$ は凸集合である．

証明. int$S=\emptyset$ ならば，$\emptyset$ は凸集合であるから，int$S$ は凸集合となる．int$S\neq\emptyset$ のとき，任意のベクトル $\boldsymbol{x}_0,\boldsymbol{y}_0\in\text{int}S$ と，任意の実数 α $(0<\alpha<1)$ に対して，$\boldsymbol{z}_0=\alpha\boldsymbol{x}_0+(1-\alpha)\boldsymbol{y}_0\in\text{int}S$ を示せばよいことになる．そこで，$\boldsymbol{x}_0,\boldsymbol{y}_0\in\text{int}S$ より，$N_\varepsilon(\boldsymbol{x}_0)\subset S, N_\varepsilon(\boldsymbol{y}_0)\subset S$ を満たす正の実数 $\varepsilon>0$ が存在する．このとき，任意のベクトル $\boldsymbol{z}\in N_\varepsilon(\boldsymbol{z}_0)$ に対して，$\|\boldsymbol{z}-\boldsymbol{z}_0\|<\varepsilon$ で，

$$\boldsymbol{x}_0+\boldsymbol{z}-\boldsymbol{z}_0\in N_\varepsilon(\boldsymbol{x}_0)\subset S$$

$$\boldsymbol{y}_0+\boldsymbol{z}-\boldsymbol{z}_0\in N_\varepsilon(\boldsymbol{y}_0)\subset S$$

が成立している．よって，

$$\boldsymbol{z}=\alpha(\boldsymbol{x}_0+\boldsymbol{z}-\boldsymbol{z}_0)+(1-\alpha)(\boldsymbol{y}_0+\boldsymbol{z}-\boldsymbol{z}_0)\in S$$

が得られ，$N_\varepsilon(\boldsymbol{z}_0)\subset S$ が成り立つので，$\boldsymbol{z}_0\in\text{int}S$ が示され，証明は終わる．

□

すでに，凸集合のスカラー倍集合や，凸集合の和集合が凸集合になることは示してきたが，以下ではそれらの集合の内部や閉包について考察することにする．

定理 4.5. S を E^n の凸集合とし，int$S$ が空でないとき，任意の実数 $\alpha\neq 0$ に対して，次が成り立つ．

$$\text{int}(\alpha S)=\alpha\text{int}S$$

$$\text{cl}(\alpha S)=\alpha\text{cl}S$$

上の定理は $\alpha S, S$ の内部 intS, S の閉包 cl$S$ の定義より容易に証明が与えられる．

定理 4.6. S_1, S_2 を E^n の凸集合とし，intS_1 が空でないとき，次が成り立つ．

$$\text{int}(S_1+S_2)=\text{int}S_1+S_2$$

さらに，intS_2 も空でないときには，次が成り立つ．

$$\begin{aligned}\text{int}(S_1+S_2)&=\text{int}S_1+S_2\\&=S_1+\text{int}S_2\\&=\text{int}S_1+\text{int}S_2\end{aligned}$$

証明. まず，$\mathrm{int}S_1 + S_2 \subset \mathrm{int}(S_1 + S_1)$ を示す．明らかに

$$\mathrm{int}S_1 + S_2 = \bigcup_{\boldsymbol{x} \in S_2} (\mathrm{int}S_1 + \boldsymbol{x})$$

であるので，$\mathrm{int}S_1 + S_2$ は開集合であり，

$$\mathrm{int}S_1 + S_2 \subset S_1 + S_2$$

となる．よって，

$$\mathrm{int}S_1 + S_2 \subset \mathrm{int}(S_1 + S_2)$$

が成立する．

次に，$\mathrm{int}(S_1 + S_2) \subset \mathrm{int}S_1 + S_2$ を示す．任意のベクトル $\boldsymbol{x} \in \mathrm{int}(S_1 + S_2)$ に対して，ある正の実数 $\varepsilon > 0$ が存在して，$N_\varepsilon(\boldsymbol{x}) \subset S_1 + S_2$ となる．また，あるベクトル $\boldsymbol{x}_1 \in S_1, \boldsymbol{x}_2 \in S_2$ が存在して，$\boldsymbol{x} = \boldsymbol{x}_1 + \boldsymbol{x}_2$ と表せる．$\mathrm{int}S_1 \neq \emptyset$ の仮定より，$\boldsymbol{y} \in \mathrm{int}S_1$ となるベクトル $\boldsymbol{y}$ が存在するので，定理 4.2 より，任意の $\lambda\,(0 < \lambda < 1)$ に対して，

$$\lambda\boldsymbol{y} + (1-\lambda)\boldsymbol{x}_1 \in \mathrm{int}S_1$$

を満たす．特に，

$$0 < \lambda < \min\{1, \frac{\varepsilon}{\|\boldsymbol{y} - \boldsymbol{x}_1\|}\}$$

を満たす正の実数 λ をとり，$\lambda\boldsymbol{y} + (1-\lambda)\boldsymbol{x}_1 = \boldsymbol{z}_\lambda$ とおくと，

$$\boldsymbol{z}_\lambda - \boldsymbol{x}_1 = \lambda(\boldsymbol{y} - \boldsymbol{x}_1)$$

より

$$\|\boldsymbol{z}_\lambda - \boldsymbol{x}_1\| = \lambda\|\boldsymbol{y} - \boldsymbol{x}_1\| < \varepsilon, \quad \boldsymbol{z}_\lambda \in N_\varepsilon(\boldsymbol{x}_1)$$

となり，$\boldsymbol{z}_\lambda - \boldsymbol{x}_1 \in N_\varepsilon(\boldsymbol{\theta})$ が成り立つので，$\boldsymbol{x}_1 - \boldsymbol{z}_\lambda \in N_\varepsilon(\boldsymbol{\theta})$ が得られる．したがって，

$$\boldsymbol{x}_1 - \boldsymbol{z}_\lambda + \boldsymbol{x} \in N_\varepsilon(\boldsymbol{x}) \subset S_1 + S_2$$

これより，あるベクトル $\boldsymbol{w}_1 \in S_1, \boldsymbol{w}_2 \in S_2$ が存在して，

$$\boldsymbol{x}_1 - \boldsymbol{z}_\lambda + \boldsymbol{x} = \boldsymbol{w}_1 + \boldsymbol{w}_2$$

と書けて，$\boldsymbol{x}_1 = \boldsymbol{x} - \boldsymbol{x}_2$ より，

$$2\boldsymbol{x} = \boldsymbol{z}_\lambda + \boldsymbol{x}_2 + \boldsymbol{w}_1 + \boldsymbol{w}_2$$

よって，

$$\boldsymbol{x} = \frac{\boldsymbol{z}_\lambda + \boldsymbol{w}_1}{2} + \frac{\boldsymbol{x}_2 + \boldsymbol{w}_2}{2}$$

を得る．ここで，$\boldsymbol{z}_\lambda \in \mathrm{int}S_1, \boldsymbol{w}_1 \in S_1$ に対して，定理 4.2 を適用すると，$\dfrac{\boldsymbol{z}_\lambda + \boldsymbol{w}_1}{2} \in \mathrm{int}S_1$ が得られ，また，S_2 の凸性より $\dfrac{\boldsymbol{x}_2 + \boldsymbol{w}_2}{2} \in S_2$ となり，$\boldsymbol{x} \in \mathrm{int}S_1 + S_2$ が成り立つので $\mathrm{int}(S_1 + S_2) = \mathrm{int}S_1 + S_2$ が示される．

定理の後半を証明するには，

$$\mathrm{int}S_1 + S_2 = \mathrm{int}S_1 + \mathrm{int}S_2$$

だけを示せばよい．定理の前半を用いて，

$$\begin{aligned}\mathrm{int}S_1 + S_2 &= \mathrm{int}(\mathrm{int}S_1) + S_2 \\ &= \mathrm{int}(\mathrm{int}S_1 + S_2) \\ &= \mathrm{int}(S_2 + \mathrm{int}S_1) \\ &= \mathrm{int}S_2 + \mathrm{int}S_1\end{aligned}$$

が得られる．□

一般には，任意の凸集合 S_1, S_2 に対して，常に

$$\mathrm{cl}(S_1 + S_2) \supset \mathrm{cl}S_1 + \mathrm{cl}S_2$$

は成り立つが，

$$\mathrm{cl}(S_1 + S_2) = \mathrm{cl}S_1 + \mathrm{cl}S_2$$

は必ずしも成立するとは限らない．これに対応する例をあげることは，読者の演習問題として残す．

系 4.1. $S_1, S_2, \cdots, S_m$ を E^n の凸集合とし，$1 \leq k \leq m$ なる任意の自然数 k に対して $\mathrm{int}S_k$ が空でなく，$\alpha_k \neq 0$ のとき，次が成り立つ．

$$\mathrm{int}(\sum_{k=1}^{m} \alpha_k S_k) = \sum_{k=1}^{m} \alpha_k \mathrm{int}S_k$$

第 5 章

超平面とその応用

この章では，最適化問題の中で基本的な中核となっている問題，ある点から凸集合への最短距離を求める問題について考察するが，この問題は射影定理を用いて点から平面への距離の最小値を求める最適化問題の拡張になっている．この解法で中心的な役割を演ずるものが超平面の概念である．この章では，超平面の重要な性質，特に共通部分をもたない 2 つの凸集合の超平面によるいろいろな形の分離定理を論じ，さらには凸錐，極錐，凸多面体等についても述べる．

5.1 超 平 面

定理 5.1. S を E^n における閉凸集合とし，$\boldsymbol{y} \notin S$ とする．このとき，$\boldsymbol{y}$ から S への最短距離を与えるベクトル $\boldsymbol{x}_0 \in S$ がただ 1 つ存在する．さらに，ベクトル $\boldsymbol{x}_0$ が $\boldsymbol{y}$ から S への距離を最小にする**最小点**であるための必要十分条件は，すべての ベクトル $\boldsymbol{x} \in S$ に対して，$\langle \boldsymbol{x} - \boldsymbol{x}_0, \boldsymbol{x}_0 - \boldsymbol{y} \rangle \geq 0$ が成り立つことである．

証明. $\inf_{\boldsymbol{x} \in S} \|\boldsymbol{x} - \boldsymbol{y}\| = r$ とおくと，S は閉集合であるから，$r > 0$ となる．$\lim_{k \to \infty} \|\boldsymbol{x}_k - \boldsymbol{y}\| = r$ となる無限ベクトル列 $\{\boldsymbol{x}_k\} \subset S$ が作れるので，$\lim_{k \to \infty} \boldsymbol{x}_k = \boldsymbol{x}_0$ となる $\boldsymbol{x}_0 \in S$ が存在することを示せば，ノルムの連続性より，$\|\boldsymbol{x}_0 - \boldsymbol{y}\| = r$ となり，ベクトル $\boldsymbol{x}_0$ が求める最小点となる．

ここで，無限ベクトル列に平行四辺形の法則を適用すると，

$$\begin{aligned}\|\boldsymbol{x}_k - \boldsymbol{x}_m\|^2 &= 2\|\boldsymbol{x}_k - \boldsymbol{y}\|^2 + 2\|\boldsymbol{x}_m - \boldsymbol{y}\|^2 - \|\boldsymbol{x}_k + \boldsymbol{x}_m - 2\boldsymbol{y}\|^2 \\ &= 2\|\boldsymbol{x}_k - \boldsymbol{y}\|^2 + 2\|\boldsymbol{x}_m - \boldsymbol{y}\|^2 - 4\left\|\frac{\boldsymbol{x}_k + \boldsymbol{x}_m}{2} - \boldsymbol{y}\right\|^2\end{aligned}$$

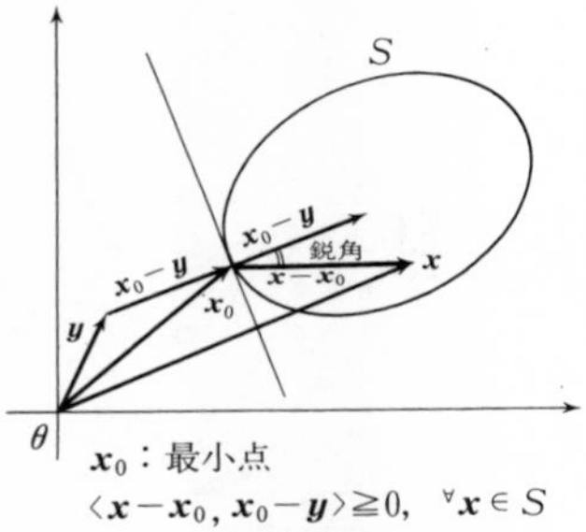

図 5.1　定理 5.1 の幾何学的説明

が得られる．このとき，S は凸集合であるから $\dfrac{\boldsymbol{x}_k+\boldsymbol{x}_m}{2}\in S$ となることと r の定義より

$$\left\|\frac{\boldsymbol{x}_k+\boldsymbol{x}_m}{2}-\boldsymbol{y}\right\|^2 \geq r^2$$

したがって，

$$\|\boldsymbol{x}_k-\boldsymbol{x}_m\|^2 \leq 2\|\boldsymbol{x}_k-\boldsymbol{y}\|^2+2\|\boldsymbol{x}_m-\boldsymbol{y}\|^2-4r^2$$

が成立する．ここで，

$$\lim_{k\to\infty}\|\boldsymbol{x}_k-\boldsymbol{y}\|=r,\quad \lim_{m\to\infty}\|\boldsymbol{x}_m-\boldsymbol{y}\|=r$$

であるから，無限ベクトル列 $\{\boldsymbol{x}_k\}$ はコーシー列となり，E^n は完備で S は閉集合であるから，$\displaystyle\lim_{k\to\infty}\boldsymbol{x}_k=\boldsymbol{x}_0\in S$ となる極限ベクトル $\boldsymbol{x}_0$ が存在する．

次に，$\boldsymbol{x}_0\in S$ がただ1つであることを示すために，$\|\boldsymbol{y}-\boldsymbol{x}_0\|=\|\boldsymbol{y}-\boldsymbol{x}_1\|=r$ とすると，$\dfrac{\boldsymbol{x}_0+\boldsymbol{x}_1}{2}\in S$ より

$$\left\|\boldsymbol{y}-\frac{\boldsymbol{x}_0+\boldsymbol{x}_1}{2}\right\| \leq \frac{1}{2}\|\boldsymbol{y}-\boldsymbol{x}_0\|+\frac{1}{2}\|\boldsymbol{y}-\boldsymbol{x}_1\|=r$$

が得られる．したがって，r の定義より

$$\left\|\boldsymbol{y}-\frac{\boldsymbol{x}_0+\boldsymbol{x}_1}{2}\right\| = \frac{1}{2}\|\boldsymbol{y}-\boldsymbol{x}_0\|+\frac{1}{2}\|\boldsymbol{y}-\boldsymbol{x}_1\|$$

となるので，$\boldsymbol{y}-\boldsymbol{x}_0=\lambda(\boldsymbol{y}-\boldsymbol{x}_1)$ となる実数 λ が存在する．よって，$\|\boldsymbol{y}-\boldsymbol{x}_0\|=\|\boldsymbol{y}-\boldsymbol{x}_1\|=r$ より，$|\lambda|=1$ となり，$\lambda=1$ と $\lambda=-1$ の場合が考えられる．そこで，$\lambda=-1$ とすると，$\boldsymbol{y}-\boldsymbol{x}_0=(-1)(\boldsymbol{y}-\boldsymbol{x}_1)$ となることから，$\boldsymbol{y}=\dfrac{\boldsymbol{x}_0+\boldsymbol{x}_1}{2}\in S$ となり，$\boldsymbol{y}\notin S$ であることに矛盾する．したがって，$\lambda=1$ となり，$\boldsymbol{x}_0=\boldsymbol{x}_1$ が示せる．

次に，定理の後半を示すために，あるベクトル $\boldsymbol{x}_0 \in S$ と，すべてのベクトル $\boldsymbol{x} \in S$ に対して，$\langle \boldsymbol{x} - \boldsymbol{x}_0, \boldsymbol{x}_0 - \boldsymbol{y} \rangle \ \geq 0$ が成り立つと仮定する．このとき，

$$
\begin{aligned}
\|\boldsymbol{y} - \boldsymbol{x}\|^2 &= \|\boldsymbol{y} - \boldsymbol{x}_0 + \boldsymbol{x}_0 - \boldsymbol{x}\|^2 \\
&= \|\boldsymbol{y} - \boldsymbol{x}_0\|^2 + \|\boldsymbol{x}_0 - \boldsymbol{x}\|^2 + 2\langle \boldsymbol{x}_0 - \boldsymbol{x}, \boldsymbol{y} - \boldsymbol{x}_0 \rangle \\
(\langle \boldsymbol{x}_0 - \boldsymbol{x}, \boldsymbol{y} - \boldsymbol{x}_0 \rangle &= \langle \boldsymbol{x} - \boldsymbol{x}_0, \boldsymbol{x}_0 - \boldsymbol{y} \rangle \geq 0 \text{ より}) \\
&\geq \|\boldsymbol{y} - \boldsymbol{x}_0\|^2
\end{aligned}
$$

となり，$\|\boldsymbol{y} - \boldsymbol{x}\| \geq \|\boldsymbol{y} - \boldsymbol{x}_0\|$ となるので，ベクトル $\boldsymbol{x}_0 \in S$ は最小点となる．

最後に，ベクトル $\boldsymbol{x}_0 \in S$ が最小点であると仮定する．すなわち，すべてのベクトル $\boldsymbol{z} \in S$ に対して，$\|\boldsymbol{y}-\boldsymbol{z}\|^2 \geq \|\boldsymbol{y}-\boldsymbol{x}_0\|^2$ が成り立つとする．よって，任意の実数 $\alpha\ (0 < \alpha < 1)$ と任意のベクトル $\boldsymbol{x} \in S$ に対して，$\boldsymbol{z} = \alpha\boldsymbol{x} + (1-\alpha)\boldsymbol{x}_0$ とおくと，S が凸より $\boldsymbol{z} \in S$ となるから，

$$
\|\alpha\boldsymbol{x} + (1-\alpha)\boldsymbol{x}_0 - \boldsymbol{y}\|^2 \geq \|\boldsymbol{y} - \boldsymbol{x}_0\|^2
$$

が成立する．一方

$$
\begin{aligned}
\|\boldsymbol{x}_0 + \alpha(\boldsymbol{x} - \boldsymbol{x}_0) - \boldsymbol{y}\|^2 &= \|\boldsymbol{x}_0 - \boldsymbol{y} + \alpha(\boldsymbol{x} - \boldsymbol{x}_0)\|^2 \\
&= \|\boldsymbol{y} - \boldsymbol{x}_0\|^2 + \alpha^2\|\boldsymbol{x} - \boldsymbol{x}_0\|^2 + 2\alpha\langle \boldsymbol{x} - \boldsymbol{x}_0, \boldsymbol{x}_0 - \boldsymbol{y} \rangle \\
&\geq 0
\end{aligned}
$$

より，

$$
\alpha^2\|\boldsymbol{x} - \boldsymbol{x}_0\|^2 + 2\alpha\langle \boldsymbol{x} - \boldsymbol{x}_0, \boldsymbol{x}_0 - \boldsymbol{y} \rangle \ \geq 0
$$

が得られ，両辺を $\alpha\ (0 < \alpha < 1)$ で割ると，

$$
\alpha\|\boldsymbol{x} - \boldsymbol{x}_0\|^2 + 2\langle \boldsymbol{x} - \boldsymbol{x}_0, \boldsymbol{x}_0 - \boldsymbol{y} \rangle \ \geq 0
$$

が示せる．ここで，$1 > \alpha > 0$ は任意に小さくできるから $\alpha \downarrow 0$ とすると，$\langle \boldsymbol{x} - \boldsymbol{x}_0, \boldsymbol{x}_0 - \boldsymbol{y} \rangle \ \geq 0$ が示せるので，証明は終わる． □

定義 5.1. E^n の部分集合 H が次の 2 つの条件を満たすとき H を**超平面** (hyperplane) と呼ぶ．

1. H は線形多様体である．
2. H の次元は $n-1$ である．

定理 5.2. E^n の任意の非零ベクトル $\boldsymbol{a}$ と任意の実数 $c \in E^1$ に対して，次の集合

$$H = \{\boldsymbol{x} \in E^n \mid \langle \boldsymbol{a}, \boldsymbol{x} \rangle = c\}$$

は超平面となる．

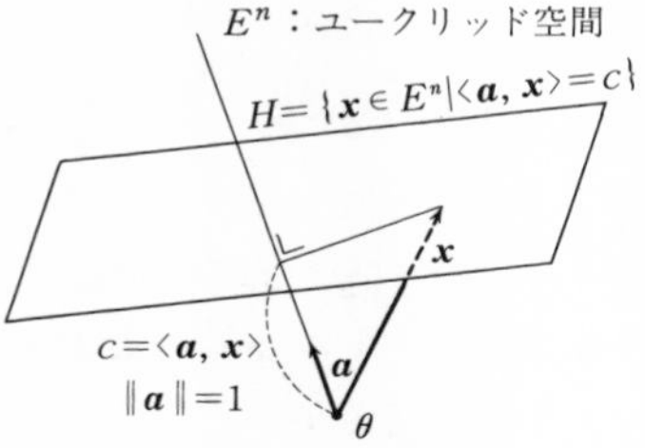

図 5.2　超平面の幾何学的説明

証明. 任意のベクトル $\boldsymbol{x}_1 \in H$ をとり，$M = H - \boldsymbol{x}_1$ とおくとき，M は E^n の部分空間となり，$H = M + \boldsymbol{x}_1$ と表される．ここで，任意の $\boldsymbol{m} \in M$ は，$\boldsymbol{m} = \boldsymbol{y} - \boldsymbol{x}_1, \boldsymbol{y} \in H$ と表されるので，

$$\begin{aligned}\langle \boldsymbol{a}, \boldsymbol{m} \rangle &= \langle \boldsymbol{a}, \boldsymbol{y} - \boldsymbol{x}_1 \rangle \\ &= \langle \boldsymbol{a}, \boldsymbol{y} \rangle - \langle \boldsymbol{a}, \boldsymbol{x}_1 \rangle \\ &= c - c \\ &= 0\end{aligned}$$

となる．また，逆も成立するので，$M = \{\boldsymbol{x} \in E^n \mid \langle \boldsymbol{a}, \boldsymbol{x} \rangle = 0\}$ となる．よって，M は $n-1$ 次元の部分空間であるから，H も $n-1$ 次元となり，$H = M + \boldsymbol{x}_1$ は線形多様体となる．よって，H は超平面となり，証明は終わる．□

定理 5.3. H を E^n の超平面とする．このとき，$H = \{\boldsymbol{x} \in E^n \mid \langle \boldsymbol{a}, \boldsymbol{x} \rangle = c\}$ と表せる非零ベクトル $\boldsymbol{a} \in E^n$ と実数 $c \in E^1$ が存在する．

証明. 任意のベクトル $\boldsymbol{x}_1 \in H$ をとり，$M = H - \boldsymbol{x}_1$ とおくと，H は超平面であるから，M は $n-1$ 次元の部分空間である．よって，定理 3.2 より非零ベクトル $\boldsymbol{a} \in M^{\perp}$ が存在し，$M = \{\boldsymbol{x} \in E^n \mid \langle \boldsymbol{a}, \boldsymbol{x} \rangle = 0\}$ となる．ここで，$c = \langle \boldsymbol{a}, \boldsymbol{x}_1 \rangle$ とおくと，任意のベクトル $\boldsymbol{x}_2 \in H$ に対して，$\boldsymbol{x}_2 - \boldsymbol{x}_1 \in M$

であるから，$\langle \boldsymbol{a}, \boldsymbol{x}_2 - \boldsymbol{x}_1 \rangle = 0$，すなわち，$\langle \boldsymbol{a}, \boldsymbol{x}_2 \rangle = \langle \boldsymbol{a}, \boldsymbol{x}_1 \rangle = c$ となり，$H = \{\boldsymbol{x} \in E^n | \langle \boldsymbol{a}, \boldsymbol{x} \rangle = c\}$ と表され，証明は終わる． □

ここで，超平面 $H = \{\boldsymbol{x} \in E^n \mid \langle \boldsymbol{a}, \boldsymbol{x} \rangle = c\}$ に対して，2つの**閉半空間** (closed half space) と呼ばれる集合 $H_+ = \{\boldsymbol{x} \in E^n \mid \langle \boldsymbol{a}, \boldsymbol{x} \rangle \geq c\}$，$H_- = \{\boldsymbol{x} \in E^n \mid \langle \boldsymbol{a}, \boldsymbol{x} \rangle \leq c\}$ が常に存在する．さらに，2つの**開半空間** (open half space) と呼ばれる集合 $\mathrm{int}H_+ = \{\boldsymbol{x} \in E^n \mid \langle \boldsymbol{a}, \boldsymbol{x} \rangle > c\}$，$\mathrm{int}H_- = \{\boldsymbol{x} \in E^n \mid \langle \boldsymbol{a}, \boldsymbol{x} \rangle < c\}$ が常に存在することも容易に示される．

定義 5.2. S_1 と S_2 を E^n の2つの部分集合とする．このとき，超平面 $H = \{\boldsymbol{x} \in E^n \mid \langle \boldsymbol{a}, \boldsymbol{x} \rangle = c\}$ が，すべてのベクトル $\boldsymbol{x} \in S_1$ に対して $\boldsymbol{x} \in H_+$ で，すべてのベクトル $\boldsymbol{x} \in S_2$ に対して $\boldsymbol{x} \in H_-$，すなわち，$S_1 \subset H_+$ と $S_2 \subset H_-$ を満たすとき，H は S_1 と S_2 を分離すると呼び，この H を S_1 と S_2 の**分離超平面**と呼ぶ．

定理 5.4. S を E^n の閉凸集合で，$\boldsymbol{y} \notin S$ とする．このとき，$\langle \boldsymbol{a}, \boldsymbol{y} \rangle > c$ が成立し，すべての ベクトル $\boldsymbol{x} \in S$ に対して，$\langle \boldsymbol{a}, \boldsymbol{x} \rangle \leq c$ を満たす非零ベクトル $\boldsymbol{a} \in E^n$ と実数 $c \in E^1$ が存在する．

証明. 定理 5.1 より，すべてのベクトル $\boldsymbol{x} \in S$ に対して，$\langle \boldsymbol{x} - \boldsymbol{x}_0, \boldsymbol{x}_0 - \boldsymbol{y} \rangle \geq 0$ となるただ1つの最小点 $\boldsymbol{x}_0 \in S$ が存在する．よって，

$$0 \leq \langle \boldsymbol{x} - \boldsymbol{x}_0, \boldsymbol{x}_0 - \boldsymbol{y} \rangle = \langle \boldsymbol{x}, \boldsymbol{x}_0 - \boldsymbol{y} \rangle - \langle \boldsymbol{x}_0, \boldsymbol{x}_0 - \boldsymbol{y} \rangle$$

すなわち，

$$\langle \boldsymbol{x}_0, \boldsymbol{x}_0 - \boldsymbol{y} \rangle \leq \langle \boldsymbol{x}, \boldsymbol{x}_0 - \boldsymbol{y} \rangle$$

が得られる．一方，$\boldsymbol{y} \notin S$ より，

$$\begin{aligned} 0 < \|\boldsymbol{y} - \boldsymbol{x}_0\|^2 &= \langle \boldsymbol{y} - \boldsymbol{x}_0, \boldsymbol{y} - \boldsymbol{x}_0 \rangle \\ &= \langle \boldsymbol{y}, \boldsymbol{y} - \boldsymbol{x}_0 \rangle - \langle \boldsymbol{x}_0, \boldsymbol{y} - \boldsymbol{x}_0 \rangle \\ &= \langle \boldsymbol{y}, \boldsymbol{y} - \boldsymbol{x}_0 \rangle + \langle \boldsymbol{x}_0, \boldsymbol{x}_0 - \boldsymbol{y} \rangle \end{aligned}$$

も得られる．このとき，上の2つの式から，すべての $\boldsymbol{x} \in S$ に対して

$$\begin{aligned} \|\boldsymbol{y} - \boldsymbol{x}_0\|^2 &\leq \langle \boldsymbol{y}, \boldsymbol{y} - \boldsymbol{x}_0 \rangle + \langle \boldsymbol{x}, \boldsymbol{x}_0 - \boldsymbol{y} \rangle \\ &= \langle \boldsymbol{y} - \boldsymbol{x}_0, \boldsymbol{y} - \boldsymbol{x} \rangle \end{aligned}$$

が示されるので，$\boldsymbol{a} = \boldsymbol{y} - \boldsymbol{x}_0$ とおくと，$\boldsymbol{a}$ は非零ベクトルであり，上式を書き

換えて

$$\begin{aligned}\|\boldsymbol{a}\|^2 &= \|\boldsymbol{y}-\boldsymbol{x}_0\|^2\\ &\le \langle \boldsymbol{a}, \boldsymbol{y}-\boldsymbol{x}\rangle\\ &= \langle \boldsymbol{a}, \boldsymbol{y}\rangle - \langle \boldsymbol{a}, \boldsymbol{x}\rangle\end{aligned}$$

が得られる．すなわち，すべての $x \in S$ に対して，

$$\langle \boldsymbol{a}, \boldsymbol{y}\rangle \ \ge \|\boldsymbol{y}-\boldsymbol{x}_0\|^2 + \langle \boldsymbol{a}, \boldsymbol{x}\rangle$$

このとき，$c = \sup_{\boldsymbol{x}\in S}\langle \boldsymbol{a}, \boldsymbol{x}\rangle$ とおくと，上式より c は有限な実数となる．また，$\|\boldsymbol{y}-\boldsymbol{x}_0\| > 0$ より，

$$\begin{aligned}\langle \boldsymbol{a}, \boldsymbol{y}\rangle &\ge \|\boldsymbol{y}-\boldsymbol{x}_0\|^2 + c\\ &> c\end{aligned}$$

が得られ，c の定義より，すべての $\boldsymbol{x} \in S$ に対して，$\langle \boldsymbol{a}, \boldsymbol{x}\rangle \ \le\ c$ となるので，定理の証明は終わる．□

定理 5.5. S を E^n の閉凸集合とするとき，S は S を含むすべての閉半空間の共通部分となる．すなわち，

$$S = \bigcap\{H_- \mid S \subset H_-, H_- は閉半空間\ \}$$

と表される．

証明. S を含むすべての閉半空間の共通部分を D とおくと，$S \subset D$ となる．

そこで，$S \neq D$ と仮定すると，$\boldsymbol{y} \in D$ で $\boldsymbol{y} \notin S$となる $\boldsymbol{y}$ が存在することになる．よって定理 5.4 より，$S \subset H_-, \boldsymbol{y} \in \mathrm{int}H_+$ を満たす超平面 H が存在する．ところが，D の定義より，$D \subset H_-$ であり，$\boldsymbol{y} \in D \subset H_-$ となり $\boldsymbol{y} \in \mathrm{int}H_+$ より，$\mathrm{int}H_+ \cap H_- = \emptyset$ に矛盾する．したがって，$S = D$ となる．□

系 5.1. S を E^n の部分集合とするとき，$\mathrm{cl}H(S)$ は S を含むすべての閉半空間の共通部分となる．すなわち，

$$\mathrm{cl}H(S) = \bigcap\{H_- \mid S \subset H_-, H_- は閉半空間\ \}$$

と表される．ただし，$H(S)$ は S の凸体を示している．

証明. 命題 4.4 より，$H(S)$ は S を含む最小の凸集合となるので，$\mathrm{cl}H(S)$ は S を含む最小の閉凸集合である．したがって，定理 5.5 より

$$\mathrm{cl}H(S) = \bigcap\{H_- \mid \mathrm{cl}H(S) \subset H_-, H_- \text{は閉半空間}\}$$

が成立している．ここで，$S \subset \mathrm{cl}H(S)$ より $\mathrm{cl}H(S)$ を含む任意の閉半空間 H_- は S も含んでいる．逆に，S を含んでいる任意の閉半空間 H_- は閉集合かつ凸集合であることより，$\mathrm{cl}H(S)$ を含んでいる．すなわち，$\mathrm{cl}H(S) \subset H_-$ が成立する．よって，

$$\bigcap\{H_- \mid S \subset H_-, H_- \text{は閉半空間}\} = \bigcap\{H_- \mid \mathrm{cl}H(S) \subset H_-, H_- \text{は閉半空間}\}$$

が得られ，定理の証明は終わる． □

5.2 ファルカスの定理

次に，E^n の 2 つのベクトル $\boldsymbol{x}$ と $\boldsymbol{y}$ の間に次の定義による大小関係 $\geq$ を導入する．

$$\boldsymbol{x} \geq \boldsymbol{y} \quad \Longleftrightarrow \quad x_i \geq y_i \ (i = 1, 2, \cdots, n)$$

$$\boldsymbol{x} > \boldsymbol{y} \quad \Longleftrightarrow \quad x_i > y_i \ (i = 1, 2, \cdots, n)$$

このとき，E^n の任意の 2 つのベクトル $\boldsymbol{x}, \boldsymbol{y}$ を上の大小関係 $\geq$ によって比較するとき，比較できる場合とできない場合とがある．したがって，E^n はこの大小関係 $\geq$ によって半順序，すなわち，E^n は任意のベクトル $\boldsymbol{x}, \boldsymbol{y}, \boldsymbol{z}$ に対して

1. $\boldsymbol{x} \geq \boldsymbol{x}$ （反射律）
2. $\boldsymbol{x} \geq \boldsymbol{y}, \boldsymbol{y} \geq \boldsymbol{x} \Longrightarrow \boldsymbol{x} = \boldsymbol{y}$ （反対称律）
3. $\boldsymbol{x} \geq \boldsymbol{y}, \boldsymbol{y} \geq \boldsymbol{z} \Longrightarrow \boldsymbol{x} \geq \boldsymbol{z}$ （推移律）

が定義されている**半順序集合**となっている．

以下，このような関係 $\geq$ によって記述される有名なファルカスの定理を示し，その応用を考察する．

定理 5.6. **(ファルカス** (Farkas) **の定理)**
$m \times n$ 行列 A とベクトル $\boldsymbol{c} \in E^n$ に対して，

1. $A\boldsymbol{x} \leq \boldsymbol{\theta}, \langle \boldsymbol{c}, \boldsymbol{x} \rangle > 0$ を満たすあるベクトル $\boldsymbol{x} \in E^n$ が存在する．

2. $A^t\boldsymbol{y} = \boldsymbol{c}, \boldsymbol{y} \geq \boldsymbol{\theta}$ を満たすあるベクトル $\boldsymbol{y} \in E^m$ が存在する．

のいずれか一方は必ず成り立つが，両方同時に成り立つことはない．ただし，A^t は行列 A の転置行列を表したもので，付録 A.6 参照．

証明. まず，2. が成り立つと仮定する．すなわち，$A^t\boldsymbol{y} = \boldsymbol{c}$, $\boldsymbol{y} \geq \boldsymbol{\theta}$ を満たすある $\boldsymbol{y} \in E^m$ が存在する．このとき，$A\boldsymbol{x} \leq \boldsymbol{\theta}$ となる $\boldsymbol{x} \in E^n$ が存在したとすると，

$$\begin{aligned}\langle \boldsymbol{c}, \boldsymbol{x} \rangle &= \langle A^t\boldsymbol{y}, \boldsymbol{x} \rangle \\ &= \langle \boldsymbol{y}, A\boldsymbol{x} \rangle \ \leq \ 0\end{aligned}$$

となり，1. は成り立たないことになる．

次に，$S = \{\boldsymbol{x} \in E^n \mid \boldsymbol{x} = A^t\boldsymbol{y}, \boldsymbol{y} \geq \boldsymbol{\theta}\}$ とおくと，この S は閉凸集合となることは容易に示される．ここで，2. が成り立たないとすると，$\boldsymbol{c} \notin S$ であるから，定理 5.4 より，$\langle \boldsymbol{a}, \boldsymbol{c} \rangle > \alpha$ で，すべての $\boldsymbol{x} \in S$ に対して，$\langle \boldsymbol{a}, \boldsymbol{x} \rangle \leq \alpha$ が成り立つような非零ベクトル $\boldsymbol{a}$ と実数 α が存在する．ここで，零ベクトル $\boldsymbol{\theta} \in S$ であるから，$\boldsymbol{x} = \boldsymbol{\theta}$ とおくと $\langle \boldsymbol{a}, \boldsymbol{\theta} \rangle = 0$ となる．よって，$\alpha \geq 0$ となることから，$\langle \boldsymbol{a}, \boldsymbol{c} \rangle > 0$ となる．

次に，任意の $\boldsymbol{y} \geq \boldsymbol{\theta}$ に対して，$\alpha \geq \langle \boldsymbol{a}, \boldsymbol{x} \rangle = \langle \boldsymbol{a}, A^t\boldsymbol{y} \rangle = \langle A\boldsymbol{a}, \boldsymbol{y} \rangle$ が成立しているので，もし $A\boldsymbol{a} \leq \boldsymbol{\theta}$ が成立しないときは，$A\boldsymbol{a}$ の成分で正の要素が存在するために $\langle \boldsymbol{y}, A\boldsymbol{a} \rangle \leq \alpha$ が十分大きな $\boldsymbol{y}$ で成立しなくなる．よって，$A\boldsymbol{a} \leq \boldsymbol{\theta}$ となり，1. が成り立つことが示され，証明は終わる． □

系 5.2. $m \times n$ 行列 A と ベクトル $\boldsymbol{c} \in E^n$ に対して，

1. $A\boldsymbol{x} \leq \boldsymbol{\theta}$, $\boldsymbol{x} \geq \boldsymbol{\theta}$, $\langle \boldsymbol{c}, \boldsymbol{x} \rangle > 0$ を満たすあるベクトル $\boldsymbol{x} \in E^n$ が存在する．

2. $A^t\boldsymbol{y} \geq \boldsymbol{c}$, $\boldsymbol{y} \geq \boldsymbol{\theta}$ を満たすあるベクトル $\boldsymbol{y} \in E^m$ が存在する．

のいずれか一方は必ず成り立つが，両方同時に成り立つことはない．

証明. 単位行列 I を用いて，定理 5.6 の A^t を $[A^t, -I]$ とおくと，定理 5.6 の 1. は，

$$[A^t, -I]^t \boldsymbol{x} \leq \boldsymbol{\theta},\ \langle \boldsymbol{c}, \boldsymbol{x} \rangle > 0$$

と書けることから，

$$A\boldsymbol{x} \leq \boldsymbol{\theta},\ -\boldsymbol{x} \leq \boldsymbol{\theta},\ \langle \boldsymbol{c}, \boldsymbol{x} \rangle > 0$$

すなわち，

$$A\boldsymbol{x} \leq \boldsymbol{\theta},\ \boldsymbol{x} \geq \boldsymbol{\theta},\ \langle \boldsymbol{c}, \boldsymbol{x} \rangle > 0$$

を満たすベクトル $\boldsymbol{x} \in E^n$ が存在することより系の 1. が成立する．

また，定理 5.6 の 2. から，

$$[A^t, -I] \begin{pmatrix} \boldsymbol{y} \\ \boldsymbol{z} \end{pmatrix} = A^t\boldsymbol{y} - I\boldsymbol{z} = \boldsymbol{c}$$

を満たす $\boldsymbol{y} \in E^m$, $\boldsymbol{z} \in E^n$, $\boldsymbol{y} \geq \boldsymbol{\theta}$, $\boldsymbol{z} \geq \boldsymbol{\theta}$ が存在することより，$\boldsymbol{z} \geq \boldsymbol{\theta}$ と $A^t\boldsymbol{y} \geq \boldsymbol{c}$ が成立し，系の 2. が示され，証明は終わる． □

系 5.3. A を $m \times n$ 行列，B を $l \times n$ 行列とする．任意のベクトル $\boldsymbol{c} \in E^n$ に対して，

1. $A\boldsymbol{x} \leq \boldsymbol{\theta}$, $B\boldsymbol{x} = \boldsymbol{\theta}$, $\langle \boldsymbol{c}, \boldsymbol{x} \rangle > 0$ を満たすあるベクトル $\boldsymbol{x} \in E^n$ が存在する．
2. $A^t\boldsymbol{y} + B^t\boldsymbol{z} = \boldsymbol{c}$, $\boldsymbol{y} \geq \boldsymbol{\theta}$ を満たすあるベクトル $\boldsymbol{y} \in E^m$ とあるベクトル $\boldsymbol{z} \in E^l$ が存在する．

のいずれか一方は必ず成り立つが，両方同時に成り立つことはない．

証明. 定理 5.6 の 2. の A^t を $[A^t, B^t, -B^t]$ とおくと，あるベクトル $\boldsymbol{y} \in E^m, \boldsymbol{x} \in E^l, \boldsymbol{w} \in E^l$ が

$$[A^t, B^t, -B^t] \begin{pmatrix} \boldsymbol{y} \\ \boldsymbol{x} \\ \boldsymbol{w} \end{pmatrix} = A^t\boldsymbol{y} + B^t\boldsymbol{x} - B^t\boldsymbol{w} = \boldsymbol{c},\ \boldsymbol{y} \geq \boldsymbol{\theta},\ \boldsymbol{x} \geq \boldsymbol{\theta},\ \boldsymbol{w} \geq \boldsymbol{\theta}$$

を満たす．よって，$\boldsymbol{z} = \boldsymbol{x} - \boldsymbol{w}$ とおくことにより，

$$A^t\boldsymbol{y} + B^t\boldsymbol{z} = \boldsymbol{c},\ \boldsymbol{y} \geq \boldsymbol{\theta}$$

が得られ，系の 2. が成立する．

次に，定理 5.6 の 1. の A を $[A^t, B^t, -B^t]^t$ とおくと，あるベクトル $\boldsymbol{x} \in E^n$ が，

$$[A^t, B^t, -B^t]^t \boldsymbol{x} \leq \boldsymbol{\theta},\ \langle \boldsymbol{c}, \boldsymbol{x} \rangle > 0$$

を満たす．すなわち，

$$A\boldsymbol{x} \leq \boldsymbol{\theta},\ B\boldsymbol{x} \leq \boldsymbol{\theta},\ -B\boldsymbol{x} \leq \boldsymbol{\theta},\ \langle \boldsymbol{c}, \boldsymbol{x} \rangle > 0$$

となる．したがって，

$$A\boldsymbol{x} \leq \boldsymbol{\theta},\ B\boldsymbol{x} = \boldsymbol{\theta},\ \langle \boldsymbol{c}, \boldsymbol{x} \rangle > 0$$

が得られ，系の 1. が示されて証明は終わる． □

5.3　支持超平面と分離定理

定義 5.3. S は E^n の部分集合で，ベクトル $\boldsymbol{x}_0 \in \mathrm{bd}S$ ($\mathrm{bd}S$ は S のすべての境界点の集合) とする．このとき，超平面 $H = \{\boldsymbol{x} \in E^n \mid \langle \boldsymbol{a}, \boldsymbol{x} - \boldsymbol{x}_0 \rangle = 0\}$ が下記のどちらか一方を満たすとき，H を $\boldsymbol{x}_0$ での S の**支持超平面** (supporting hyperplane) と呼ぶ．

1. $S \subset H_+$, すなわち，すべてのベクトル $\boldsymbol{x} \in S$ に対して，$\langle \boldsymbol{a}, \boldsymbol{x} - \boldsymbol{x}_0 \rangle \geq 0$
2. $S \subset H_-$, すなわち，すべてのベクトル $\boldsymbol{x} \in S$ に対して，$\langle \boldsymbol{a}, \boldsymbol{x} - \boldsymbol{x}_0 \rangle \leq 0$

図 5.3 は支持超平面の幾何学的な説明を与えている．

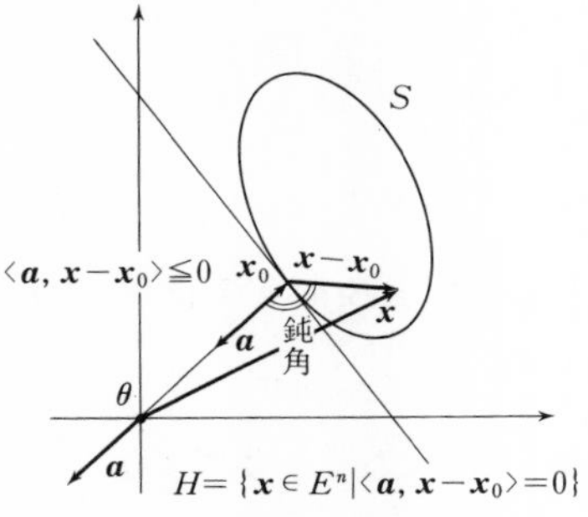

図 5.3　集合 S の支持超平面

定理 5.7. S は E^n の凸集合で，$\boldsymbol{x}_0$ は S の境界点とする．このとき，$\boldsymbol{x}_0$ で S を支持する超平面が存在する．すなわち，すべてのベクトル $\boldsymbol{x} \in \mathrm{cl}S$ に対して，

$$\langle \boldsymbol{a}, \boldsymbol{x} - \boldsymbol{x}_0 \rangle \leq 0$$

を満たす非零ベクトル $\boldsymbol{a} \in E^n$ が存在する．

証明. $\boldsymbol{x}_0 \in \mathrm{bd}S$ より，$\boldsymbol{y}_k \notin \mathrm{cl}S$ かつ $\boldsymbol{y}_k \to \boldsymbol{x}_0$ となる無限ベクトル列 $\{\boldsymbol{y}_k\} \subset E^n$ がとれる．このとき，各 k に対して，$\boldsymbol{y}_k \notin \mathrm{cl}S$ であるから，定理 5.4 よりすべての $\boldsymbol{x} \in \mathrm{cl}S$ について，

$$\langle \boldsymbol{a}_k, \boldsymbol{y}_k \rangle > \langle \boldsymbol{a}_k, \boldsymbol{x} \rangle$$

を満たす非零ベクトル $\boldsymbol{a}_k \in E^n$ が存在する．そこで，$\boldsymbol{a}_k/\|\boldsymbol{a}_k\|$ を改めてベクトル $\boldsymbol{a}_k$ とおくことで，$\|\boldsymbol{a}_k\| = 1$ とできる．ここで，無限ベクトル列 $\{\boldsymbol{a}_k\}$ はコンパクト集合

$$\{\boldsymbol{z} \in E^n \mid \|\boldsymbol{z}\| = 1\}$$

に含まれ，ノルム関数は連続である．このことから定理 2.4 を用いると，$\|\boldsymbol{a}\| = 1$ なるあるベクトル $\boldsymbol{a}$ に収束する部分ベクトル列 $\{\boldsymbol{a}_{k'}\} \subset \{\boldsymbol{a}_k\}$ が存在する．よって，命題 2.11 より，すべての $\boldsymbol{x} \in \mathrm{cl}S$ に対して，

$$\langle \boldsymbol{a}, \boldsymbol{x}_0 \rangle = \lim_{k' \to \infty} \langle \boldsymbol{a}_{k'}, \boldsymbol{y}_{k'} \rangle \geq \lim_{k' \to \infty} \langle \boldsymbol{a}_{k'}, \boldsymbol{x} \rangle = \langle \boldsymbol{a}, \boldsymbol{x} \rangle$$

が得られる．この式の変形から，すべての $\boldsymbol{x} \in \mathrm{cl}S$ に対して，$\langle \boldsymbol{a}, \boldsymbol{x} - \boldsymbol{x}_0 \rangle \leq 0$ が成り立つことが示され，証明は終わる． □

系 5.4. S を E^n の凸集合，ベクトル $\boldsymbol{x}_0 \notin S$ とする．このとき，すべてのベクトル $\boldsymbol{x} \in \mathrm{cl}S$ に対して，

$$\langle \boldsymbol{a}, \boldsymbol{x} - \boldsymbol{x}_0 \rangle \leq 0$$

を満たす非零ベクトル $\boldsymbol{a} \in E^n$ が存在する．

証明. もし，ベクトル $\boldsymbol{x}_0 \notin \mathrm{bd}S$ ならば，$\boldsymbol{x}_0 \notin \mathrm{cl}S$ となるから，定理 5.4 より，すべての $\boldsymbol{x} \in \mathrm{cl}S$ に対して，$\langle \boldsymbol{a}, \boldsymbol{x} - \boldsymbol{x}_0 \rangle < 0$ が成り立つ非零ベクトル $\boldsymbol{a} \in E^n$ が存在する．

一方，$\boldsymbol{x}_0 \in \mathrm{bd}S$ ならば，定理 5.7 より，すべての $\boldsymbol{x} \in \mathrm{cl}S$ に対して，$\langle \boldsymbol{a}, \boldsymbol{x} -$

$\boldsymbol{x}_0\rangle \leq 0$ が成り立つ非零ベクトル $\boldsymbol{a} \in E^n$ が存在することが示され，証明は終わる． □

定理 5.8. S_1, S_2 は E^n の凸集合で $S_1 \cap S_2 = \emptyset$ とする．このとき，S_1 と S_2 を**分離する超平面** H が存在する．すなわち，

$$\inf_{\boldsymbol{x} \in S_1} \langle \boldsymbol{a}, \boldsymbol{x} \rangle \ \geq \ c \ \geq \ \sup_{\boldsymbol{x} \in S_2} \langle \boldsymbol{a}, \boldsymbol{x} \rangle$$

を満たす実数 $c \in E^1$ と非零ベクトル $\boldsymbol{a} \in E^n$ が存在する．

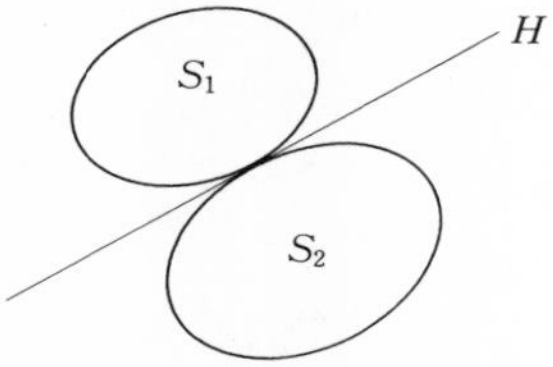

図 5.4 H：S_1 と S_2 を分離

証明. $S = S_1 - S_2$ とおくと，S は凸集合となり，$S_1 \cap S_2 = \emptyset$ より，$\boldsymbol{\theta} \notin S$ となる．よって，上の系 5.4 で，$\boldsymbol{x}_0 = \boldsymbol{\theta}$ とすると，すべての $\boldsymbol{x} \in S$ に対して，$\langle \boldsymbol{a}, \boldsymbol{x} \rangle \geq 0$ を満たす非零ベクトル $\boldsymbol{a} \in E^n$ が存在する．

よって，任意のベクトル $\boldsymbol{x}_1 \in S_1$, $\boldsymbol{x}_2 \in S_2$ に対して，$\boldsymbol{x}_1 - \boldsymbol{x}_2 \in S$ となるので，$\langle \boldsymbol{a}, \boldsymbol{x}_1 - \boldsymbol{x}_2 \rangle \geq 0$，すなわち，

$$\langle \boldsymbol{a}, \boldsymbol{x}_1 \rangle \ \geq \ \langle \boldsymbol{a}, \boldsymbol{x}_2 \rangle$$

が得られる．したがって，任意の $\boldsymbol{x}_1 \in S_1$ に対して，

$$\langle \boldsymbol{a}, \boldsymbol{x}_1 \rangle \ \geq \ \sup_{\boldsymbol{x} \in S_2} \langle \boldsymbol{a}, \boldsymbol{x} \rangle$$

となることより，

$$\inf_{\boldsymbol{x} \in S_1} \langle \boldsymbol{a}, \boldsymbol{x} \rangle \ \geq \ \sup_{\boldsymbol{x} \in S_2} \langle \boldsymbol{a}, \boldsymbol{x} \rangle$$

が成り立つ．そこで，上の不等式で

$$\inf_{\boldsymbol{x} \in S_1} \langle \boldsymbol{a}, \boldsymbol{x} \rangle \ \geq \ c \ \geq \ \sup_{\boldsymbol{x} \in S_2} \langle \boldsymbol{a}, \boldsymbol{x} \rangle$$

を満たす実数 c が存在する．したがって，求める超平面

$$H = \{\boldsymbol{x} \in E^n \mid \langle \boldsymbol{a}, \boldsymbol{x} \rangle = c\}$$

が存在し，証明は終わる． □

系 5.5. S_1, S_2 は E^n の凸集合で，$\mathrm{int}S_2 \neq \emptyset$ とする．このとき，$S_1 \cap \mathrm{int}S_2 = \emptyset$ ならば，

$$\inf_{\boldsymbol{x} \in S_1} \langle \boldsymbol{a}, \boldsymbol{x} \rangle \ \geq \ \sup_{\boldsymbol{x} \in S_2} \langle \boldsymbol{a}, \boldsymbol{x} \rangle$$

を満たす非零ベクトル $\boldsymbol{a} \in E^n$ が存在する．

証明. 上限の性質と内積が連続であることより，

$$\sup_{\boldsymbol{x} \in S_2} \langle \boldsymbol{a}, \boldsymbol{x} \rangle \ = \ \sup_{\boldsymbol{x} \in \mathrm{int}S_2} \langle \boldsymbol{a}, \boldsymbol{x} \rangle$$

が成り立つ．よって，定理 5.8 の結果を適用して，

$$\inf_{\boldsymbol{x} \in S_1} \langle \boldsymbol{a}, \boldsymbol{x} \rangle \ \geq \ \sup_{\boldsymbol{x} \in S_2} \langle \boldsymbol{a}, \boldsymbol{x} \rangle$$

が示され，証明は終わる． □

定理 5.9. (**強い分離** (strong separation) **定理**)

S_1, S_2 は E^n の閉凸集合で，S_1 は有界であるとする．このとき，$S_1 \cap S_2 = \emptyset$ ならば，

$$\inf_{\boldsymbol{x} \in S_1} \langle \boldsymbol{a}, \boldsymbol{x} \rangle \ \geq \ \varepsilon + \sup_{\boldsymbol{x} \in S_2} \langle \boldsymbol{a}, \boldsymbol{x} \rangle$$

を満たす非零ベクトル $\boldsymbol{a} \in E^n$ と実数 $\varepsilon > 0$ が存在する．

証明. $S = S_1 - S_2$ とおくと，S は凸集合となることは明らかに成立してい

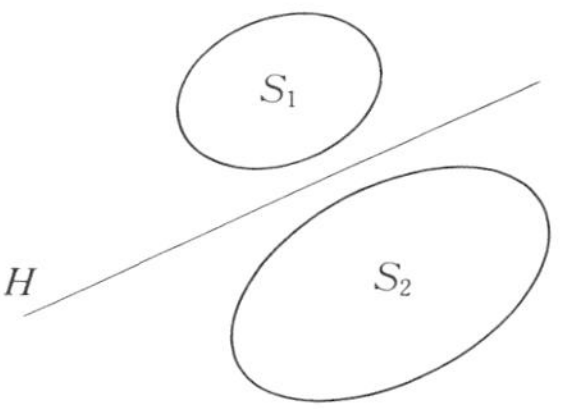

図 5.5 H：S_1 と S_2 の強い分離

る．次に，S が閉集合となることを以下で示す．そこで，$\boldsymbol{x}_k \longrightarrow \boldsymbol{x}$ となる無限ベクトル列 $\{\boldsymbol{x}_k\} \subset S$ をとると，S の定義より，各 k に対して，

$$\boldsymbol{x}_k = \boldsymbol{y}_k - \boldsymbol{z}_k, \ \ \boldsymbol{y}_k \in S_1, \ \boldsymbol{z}_k \in S_2$$

と表せる．S_1 は有界閉集合であることから，コンパクト集合となり，S_1 の無限ベクトル列 $\{\boldsymbol{y}_k\}$ の中に収束する部分列 $\{\boldsymbol{y}_{k'}\} \subset \{\boldsymbol{y}_k\}$ が存在し，その極限ベクトルを $\boldsymbol{y} = \lim_{k' \to \infty} \boldsymbol{y}_{k'}$ とおくと，$\boldsymbol{y} \in S_1$ となる．

このとき，

$$\boldsymbol{z} = \lim_{k' \to \infty} \boldsymbol{z}_{k'} = \lim_{k' \to \infty} (\boldsymbol{y}_{k'} - \boldsymbol{x}_{k'}) = \boldsymbol{y} - \boldsymbol{x}$$

となるベクトル $\boldsymbol{z}$ が存在し，S_2 は閉集合であるから，$\boldsymbol{z} \in S_2$ となる．

よって，$\boldsymbol{x} = \boldsymbol{y} - \boldsymbol{z}$, $\boldsymbol{y} \in S_1$, $\boldsymbol{z} \in S_2$ と表されることから，$\boldsymbol{x} \in S$ となり，S は閉集合となる．

次に，$S_1 \cap S_2 = \emptyset$ より，$\boldsymbol{\theta} \notin S$ であるから，定理 5.4 より，すべての $\boldsymbol{x} \in S$ に対して，$\langle \boldsymbol{a}, \boldsymbol{x} \rangle > 0$ となる非零ベクトル $\boldsymbol{a}$ が存在する．

したがって，ある正の実数 $\varepsilon > 0$ に対して，

$$\langle \boldsymbol{a}, \boldsymbol{x} \rangle - \varepsilon \ \geq \ 0$$

が成立する．すなわち，任意のベクトル $\boldsymbol{x}_1 \in S_1$, $\boldsymbol{x}_2 \in S_2$ に対して，

$$\langle \boldsymbol{a}, \boldsymbol{x}_1 \rangle \ \geq \ \varepsilon + \langle \boldsymbol{a}, \boldsymbol{x}_2 \rangle$$

となる．よって，任意のベクトル $\boldsymbol{x}_1 \in S_1$ に対して，

$$\langle \boldsymbol{a}, \boldsymbol{x}_1 \rangle \ \geq \ \varepsilon + \sup_{\boldsymbol{x} \in S_2} \langle \boldsymbol{a}, \boldsymbol{x} \rangle$$

となるから，

$$\inf_{\boldsymbol{x} \in S_1} \langle \boldsymbol{a}, \boldsymbol{x} \rangle \ \geq \ \varepsilon + \sup_{\boldsymbol{x} \in S_2} \langle \boldsymbol{a}, \boldsymbol{x} \rangle$$

が成立し，証明は終わる．□

定理 5.10. (**ゴルダン** (Gordan) **の定理**)

A を $m \times n$ 行列とするとき，

1. $A\boldsymbol{x} \ < \ \boldsymbol{\theta}$ となるあるベクトル $\boldsymbol{x} \in E^n$ が存在する．

> 2. $A^t\boldsymbol{y}=\boldsymbol{\theta}$ となるある非零ベクトル $\boldsymbol{y}\in E^m$, $\boldsymbol{y}\ \geq\ \boldsymbol{\theta}$ が存在する.
>
> のいずれか一方は必ず成り立つが，両方同時に成り立つことはない.

証明. 1. が成り立つとすると，$A\boldsymbol{x}_0<\boldsymbol{\theta}$ を満たすベクトル $\boldsymbol{x}_0$ が存在する．このとき，もし 2. が成り立つと仮定すると，$A^t\boldsymbol{y}=\boldsymbol{\theta}$ となり，かつ $\boldsymbol{y}\geq\boldsymbol{\theta}$ を満たす非零ベクトル $\boldsymbol{y}$ ($\boldsymbol{y}\neq\boldsymbol{\theta}$) が存在する．$A\boldsymbol{x}_0<\boldsymbol{\theta}$, $\boldsymbol{y}\neq\boldsymbol{\theta}$, $\boldsymbol{y}\geq\boldsymbol{\theta}$ であることから，$0>\langle\boldsymbol{y},A\boldsymbol{x}_0\rangle=\langle A^t\boldsymbol{y},\boldsymbol{x}_0\rangle$ が成り立つ．これは，$A^t\boldsymbol{y}=\boldsymbol{\theta}$ より，$\langle A^t\boldsymbol{y},\boldsymbol{x}_0\rangle=0$ となることに矛盾する．したがって，2. は成り立たない.

次に，もし 1. が成り立たないと仮定する．すなわち，すべてのベクトル $\boldsymbol{x}$ に対して，$A\boldsymbol{x}\not<\boldsymbol{\theta}$ となると仮定する．ここで，$S_1=\{\boldsymbol{z}\in E^m\mid\boldsymbol{z}=A\boldsymbol{x},\ \boldsymbol{x}\in E^n\}$, $S_2=\{\boldsymbol{z}\in E^m\mid\boldsymbol{z}<\boldsymbol{\theta}\}$ とおくと，$S_1\neq\emptyset$, $S_2\neq\emptyset$ で，S_1, S_2 は凸集合となり，$S_1\cap S_2=\emptyset$ となる．よって，定理 5.8 を適用すると，任意の $\boldsymbol{u}\in S_1$, $\boldsymbol{v}\in S_2$ に対して，$\langle\boldsymbol{y},\boldsymbol{u}\rangle\geq\langle\boldsymbol{y},\boldsymbol{v}\rangle$ となる非零ベクトル $\boldsymbol{y}\in E^m$ が存在する．これは，S_1,S_2 の定義より，任意の $\boldsymbol{x}\in E^n$, $\boldsymbol{v}\in\mathrm{cl}S_2$ に対して，

$$\langle\boldsymbol{y},A\boldsymbol{x}\rangle\geq\langle\boldsymbol{y},\boldsymbol{v}\rangle$$

が成り立つことを示している．よって，上式において，もし $\boldsymbol{y}\ngeq\boldsymbol{\theta}$ と仮定すると，$\langle\boldsymbol{y},\boldsymbol{v}\rangle$ をいくらでも大きくするように $\boldsymbol{v}$ を $\boldsymbol{v}\in\mathrm{cl}S_2$ の中からとれるが，これは $\boldsymbol{v}$ と無関係に定まる有限な $\langle\boldsymbol{y},A\boldsymbol{x}\rangle$ に矛盾する．したがって，$\boldsymbol{y}\geq\boldsymbol{\theta}$ となる.

また，S_2 の定義より，$\boldsymbol{\theta}\in\mathrm{cl}S_2$ となることから，$\langle\boldsymbol{y},\boldsymbol{\theta}\rangle=0$ が得られ，任意のベクトル $\boldsymbol{x}\in E^n$ に対して，$\langle\boldsymbol{y},A\boldsymbol{x}\rangle\geq0$ が成立する．そこで，$\boldsymbol{x}=-A^t\boldsymbol{y}\in E^n$ とおくと，

$$0\leq\langle\boldsymbol{y},A\boldsymbol{x}\rangle=\langle A^t\boldsymbol{y},\boldsymbol{x}\rangle=\langle A^t\boldsymbol{y},-A^t\boldsymbol{y}\rangle=-\|A^t\boldsymbol{y}\|^2\leq0$$

となる．よって，$\|A^t\boldsymbol{y}\|=0$, ゆえに $A^t\boldsymbol{y}=\boldsymbol{\theta}$ となり，2. が成り立つことより証明は終わる. □

5.4 凸錐と極錐

定義 5.4. C を E^n の部分集合とするとき，すべてのベクトル $\boldsymbol{x}\in C$ と非負の実数 $\alpha\geq0$ に対して，$\alpha\boldsymbol{x}\in C$ が成り立つとき，集合 C を**錐** (cone) と呼

ぶ．ここで，特にこの集合 C が凸であるとき，**凸錐** (convex cone) と呼ぶ．

上の定義で $\alpha=0$ とおくと，すべてのベクトル $\boldsymbol{x}$ に対して，$\alpha\boldsymbol{x}=\boldsymbol{\theta}$ となることから凸錐は常に零ベクトル $\boldsymbol{\theta}$ を含んでいる．さらに，E^n の第1象限に対応する

$$E^n_+=\{\boldsymbol{x}=(x_1,x_2,\cdots,x_n)\in E^n\mid x_i\geq 0\,(\text{すべての } i=1,2,\cdots,n)\}$$

は凸錐であり**正象限** (positive orthant) と呼んでいる．

図 5.6 は，凸錐と非凸錐の例を示したものである．

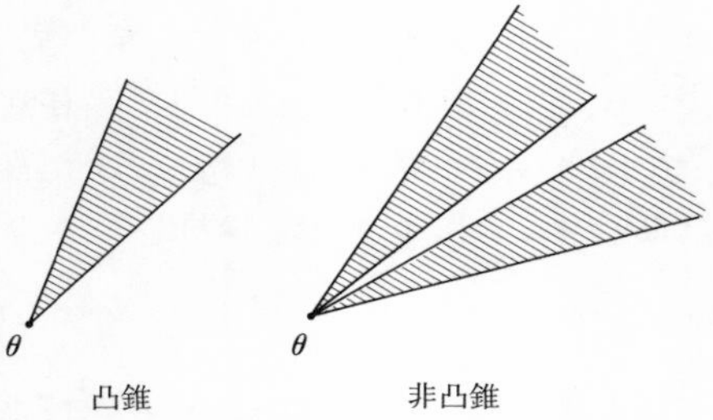

図 5.6

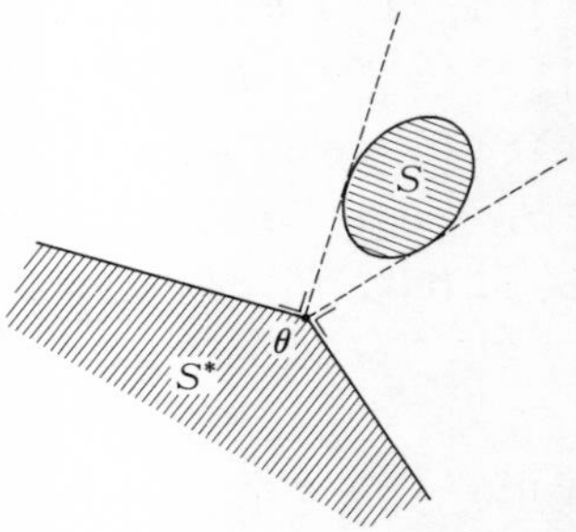

図 5.7　集合 S の極錐 S^*

いろいろな凸錐の中で特に大切な凸錐の1つは，以下で定義する極錐と呼ばれるものである．

定義 5.5. S を E^n の部分集合とするとき，S の**極錐**(polar cone) S^* を次のように定義する．

$$S^*=\{\boldsymbol{y}\in E^n\mid\langle\boldsymbol{y},\boldsymbol{x}\rangle\leq 0,\ \text{すべての } \boldsymbol{x}\in S\}$$

特に，$S=\emptyset$ のときは，$S^*=E^n$ とする．

図 5.7 は，極錐の例を示したものである．

命題 5.1. S, S_1, S_2 を E^n の部分集合とするとき，次の事柄が成り立つ．

1. S^* は閉凸錐である．
2. $S\subset S^{**}$ となる，ただし，S^{**} は S^* の極錐とする．

3. $S_1 \subset S_2$ のとき，$S_2^* \subset S_1^*$ が成り立つ．

証明.

1. S^* が錐であることを示す．そこで，任意の非負の実数 $\alpha \geq 0$ と任意のベクトル $\boldsymbol{y} \in S^*$ に対して，すべてのベクトル $\boldsymbol{x} \in S$ について，$\langle \boldsymbol{y}, \boldsymbol{x} \rangle \leq 0$ となることより，

$$\langle \alpha \boldsymbol{y}, \boldsymbol{x} \rangle = \alpha \langle \boldsymbol{y}, \boldsymbol{x} \rangle \leq 0$$

となる．よって，$\alpha \boldsymbol{y} \in S^*$ となり，S^* は錐である．

次に，S^* が閉集合であることを示す．$\{\boldsymbol{y}_k\} \subset S^*$，$\boldsymbol{y}_k \to \boldsymbol{y}_0$ となる無限ベクトル列 $\{\boldsymbol{y}_k\} \subset S^*$ をとると，S^* の定義からすべての $\boldsymbol{x} \in S$ に対して，

$$0 \geq \lim_{k \to \infty} \langle \boldsymbol{y}_k, \boldsymbol{x} \rangle = \langle \boldsymbol{y}_0, \boldsymbol{x} \rangle$$

となる．よって，$\boldsymbol{y}_0 \in S^*$ となり，S^* は閉集合であることが結論される．

最後に，S^* が凸集合であることを示す．任意のベクトル $\boldsymbol{y}_1$，$\boldsymbol{y}_2 \in S^*$ と任意の正の実数 $\alpha\,(0 < \alpha < 1)$ に対して，任意のベクトル $\boldsymbol{x} \in S$ について，

$$\langle \alpha \boldsymbol{y}_1 + (1-\alpha)\boldsymbol{y}_2, \boldsymbol{x} \rangle = \alpha \langle \boldsymbol{y}_1, \boldsymbol{x} \rangle + (1-\alpha)\langle \boldsymbol{y}_2, \boldsymbol{x} \rangle \leq 0$$

となる．よって，$\alpha \boldsymbol{y}_1 + (1-\alpha)\boldsymbol{y}_2 \in S^*$ となることから，S^* は凸集合である．

2. $S^{**} = (S^*)^*$ より，

$$S^{**} = \{\boldsymbol{z} \in E^n \mid \langle \boldsymbol{z}, \boldsymbol{y} \rangle \leq 0,\ \text{すべての}\ \boldsymbol{y} \in S^*\}$$

で与えられる．また，S^* の定義より任意のベクトル $\boldsymbol{x} \in S, \boldsymbol{y} \in S^*$ に対して，$\langle \boldsymbol{x}, \boldsymbol{y} \rangle \leq 0$ となることと，上の S^{**} の定義より，$\boldsymbol{x} \in S^{**}$ が得られる．よって，$S \subset S^{**}$ が成立する．

3. 任意のベクトル $\boldsymbol{y} \in S_2^*, \boldsymbol{x} \in S_2$ に対して，$\langle \boldsymbol{x}, \boldsymbol{y} \rangle \leq 0$ となる．そこで，任意のベクトル $\boldsymbol{z} \in S_1 \subset S_2$ に対して，$\langle \boldsymbol{z}, \boldsymbol{y} \rangle \leq 0$ となるから，$\boldsymbol{y} \in S_1^*$ が成り立つ．したがって，$S_2^* \subset S_1^*$ が示される． □

定理 5.11. C を E^n の閉凸錐とするとき，次が成り立つ．

$$C = C^{**}$$

証明. 命題 5.1 の 2. より，$C \subset C^{**}$ となるから，$C^{**} \subset C$ を示せば証明

は終わる．そこで，C^{**} が C に含まれない，すなわち，$C^{**} \not\subset C$ と仮定すると，$C^{**} \cap C^c \neq \emptyset$ より，$\boldsymbol{x} \in C^{**}$ かつ $\boldsymbol{x} \notin C$ となるベクトル $\boldsymbol{x} \in E^n$ が存在することになる．定理 5.4 を適用して，ベクトル $\boldsymbol{x}$ と閉凸錐 C を分離する超平面が得られることから，$\langle \boldsymbol{a}, \boldsymbol{x} \rangle > \alpha_1$ で，かつすべての $\boldsymbol{y} \in C$ に対して，$\langle \boldsymbol{a}, \boldsymbol{y} \rangle \leq \alpha_1$ を満たす非零ベクトル $\boldsymbol{a}$ と実数 α_1 が存在する．ここで，C は錐であることから，$\boldsymbol{\theta} \in C$ で $\langle \boldsymbol{a}, \boldsymbol{\theta} \rangle = 0$ となり，$\alpha_1 \geq 0$ が成り立つ．よって，$\langle \boldsymbol{a}, \boldsymbol{x} \rangle > 0$ が成り立つ．

次に，このベクトル $\boldsymbol{a}$ が $\boldsymbol{a} \in C^*$ を 満たすことを示すために，$\boldsymbol{a} \notin C^*$ と仮定すると，$\langle \boldsymbol{a}, \boldsymbol{y}_0 \rangle > 0$ となる $\boldsymbol{y}_0 \in C$ が存在することになる．このとき，C は錐であるから，任意の実数 $\alpha \geq 0$ について，$\alpha \boldsymbol{y}_0 \in C$ が成立する．

よって，$\langle \boldsymbol{a}, \alpha \boldsymbol{y}_0 \rangle = \alpha \langle \boldsymbol{a}, \boldsymbol{y}_0 \rangle$ となるから $\alpha \to \infty$ とすると，$\langle \boldsymbol{a}, \boldsymbol{y}_0 \rangle > 0$ であることから $\langle \boldsymbol{a}, \alpha \boldsymbol{y}_0 \rangle \to \infty$ となり，すべての $\boldsymbol{y} \in C$ に対して，$\langle \boldsymbol{a}, \boldsymbol{y} \rangle \leq \alpha_1$ となることに矛盾する．したがって，$\boldsymbol{a} \in C^*$ が成り立つ．

ところが，$\boldsymbol{x} \in C^{**}$ であることから，$\langle \boldsymbol{a}, \boldsymbol{x} \rangle \leq 0$ となり，$\langle \boldsymbol{a}, \boldsymbol{x} \rangle > 0$ であることに矛盾する．ゆえに，$C^{**} \subset C$ が示されたので，$C = C^{**}$ が得られ，証明は終わる．□

上の定理 5.11 の応用としてファルカスの定理を導くことにする．

A を $m \times n$ 行列とするとき，

$$C = \{A^t \boldsymbol{y} \mid \boldsymbol{y} \geq \boldsymbol{\theta}\}$$

とおくと，C は閉凸錐となり

$$\begin{aligned} C^* &= \{\boldsymbol{x} \in E^n \mid \langle \boldsymbol{x}, A^t \boldsymbol{y} \rangle \leq 0,\ \boldsymbol{y} \geq \boldsymbol{\theta}\} \\ &= \{\boldsymbol{x} \in E^n \mid \langle A\boldsymbol{x}, \boldsymbol{y} \rangle \leq 0,\ \boldsymbol{y} \geq \boldsymbol{\theta}\} \\ &= \{\boldsymbol{x} \in E^n \mid A\boldsymbol{x} \leq \boldsymbol{\theta}\} \end{aligned}$$

が成立する．ここで，上の定理 5.11 の $C^{**} = C$ より，$\boldsymbol{c} \in C^{**}$ は $\boldsymbol{c} \in C$ と同値であるから，$\boldsymbol{c} \in C^{**}$ より，すべての $\boldsymbol{x} \in C^*$ に対して，$\langle \boldsymbol{c}, \boldsymbol{x} \rangle \leq 0$ となる．すなわち，$A\boldsymbol{x} \leq \boldsymbol{\theta}$ となるベクトル $\boldsymbol{x}$ に対して，$\langle \boldsymbol{c}, \boldsymbol{x} \rangle \leq 0$ となる．

次に，$\boldsymbol{c} \in C$ とすると，C の定義から $\boldsymbol{c} = A^t \boldsymbol{y}$ となる $\boldsymbol{y} \geq \boldsymbol{\theta}$ が存在する．よって，上の定理 5.11 よりある $\boldsymbol{y} \in E^m$ が $A^t \boldsymbol{y} = \boldsymbol{c}$, $\boldsymbol{y} \geq \boldsymbol{\theta}$ を満たすことと，$A\boldsymbol{x} \leq \boldsymbol{\theta}$ となる $\boldsymbol{x}$ に対して，$\langle \boldsymbol{c}, \boldsymbol{x} \rangle \leq 0$ が成り立つことは同値となる．

したがって，上に述べた同値関係より $\boldsymbol{c} \notin C^{**} = C$ が満たされる場合は

$A\boldsymbol{x} \leq \boldsymbol{\theta}$ となる $\boldsymbol{x}$ に対して，$\langle \boldsymbol{c}, \boldsymbol{x} \rangle > 0$ となり，ファルカスの定理の 1. が成立する．また，$\boldsymbol{c} \in C^{**} = C$ が満たされる場合には $A^t\boldsymbol{y} = \boldsymbol{c}, \boldsymbol{y} \geq \boldsymbol{\theta}$ を満たすある $\boldsymbol{y} \in E^m$ が存在することは 2. が成立することに対応している．$\boldsymbol{c}$ は $C^{**} = C$ に含まれるか含まれないかのいずれかであるから，ファルカスの定理の 1.,2. の一方が必ず成立し，他方は同時に成立しないことが示されている．

定義 5.6. 有限個の閉半空間の共通部分として表される E^n の空でない部分集合 S を**凸多面集合** (polyhedral convex set) と呼ぶ (図 5.8)．すなわち，有限個の非零ベクトル $\boldsymbol{a}_i$ と実数 α_i $(i = 1, 2, \cdots, m)$ に対して，

$$S = \{\boldsymbol{x} \in E^n \mid \langle \boldsymbol{a}_i, \boldsymbol{x} \rangle \leq \alpha_i \ (i = 1, 2, \cdots, m)\}$$

と表される．

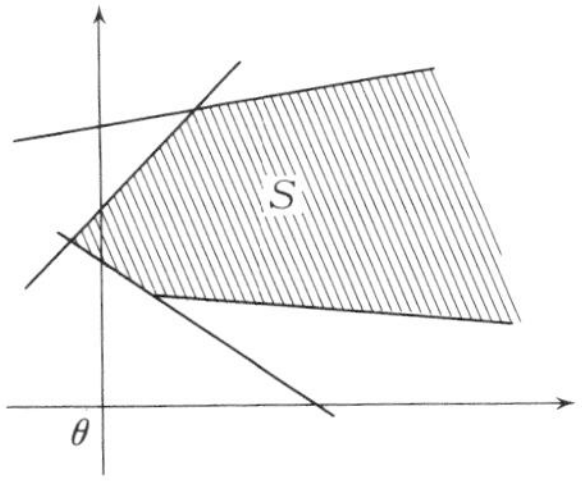

図 5.8 凸多面集合

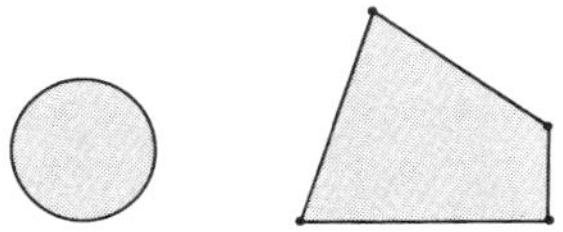

図 5.9 端点

この定義より凸多面集合は閉凸集合となることは容易に確かめられる．有限個のベクトルで生成される凸包，すなわち，凸多面体は凸多面集合の有界な特別なもので，常に有界閉集合でコンパクトである．

定義 5.7. C は E^n の凸集合で，ベクトル $\boldsymbol{x} \in C$ とする．このとき，$\boldsymbol{x}$ と異なるどんな 2 つのベクトル $\boldsymbol{x}_1, \boldsymbol{x}_2 \in C$ $(\boldsymbol{x}_1 \neq \boldsymbol{x}_2)$ とどんな実数 α $(0 < \alpha < 1)$ をとっても，1 次結合

$$\boldsymbol{x} = \alpha \boldsymbol{x}_1 + (1 - \alpha)\boldsymbol{x}_2$$

と表せないとき，$\boldsymbol{x}$ を C の**端点** (extreme point) と呼ぶ (図 5.9)．

> **定理 5.12.** C は E^n の凸集合で C の支持超平面 H に対して，$T = H \cap C$ とおくとき，T の端点は C の端点となる．

証明. ここでは，対偶で証明する．すなわち，T のあるベクトルが C の端点でなければ，T の端点でもないことを示すことにする．ベクトル $\boldsymbol{x}_0 \in T = H \cap C$ が C の端点でないとすると，$\boldsymbol{x}_0 = \alpha\boldsymbol{x}_1 + (1-\alpha)\boldsymbol{x}_2$ と表せるあるベクトル $\boldsymbol{x}_1, \boldsymbol{x}_2 \in C\,(\boldsymbol{x}_1 \neq \boldsymbol{x}_2)$ とある実数 $\alpha\ (0 < \alpha < 1)$ が存在する．ここで，C の支持超平面 H は $H = \{\boldsymbol{x} \in E^n |\ \langle \boldsymbol{a}, \boldsymbol{x}\rangle = c\}$ と表せる非零ベクトル $\boldsymbol{a}$ と実数 c が存在し，$C \subset H_+$ を満たしているとする．よって，$\boldsymbol{x}_1, \boldsymbol{x}_2 \in C$ より，$\langle \boldsymbol{a}, \boldsymbol{x}_1\rangle \ \geq c, \langle \boldsymbol{a}, \boldsymbol{x}_2\rangle \geq c$ となり，また，$\boldsymbol{x}_0 \in H$ より，$c = \langle \boldsymbol{a}, \boldsymbol{x}_0\rangle = \alpha\langle \boldsymbol{a}, \boldsymbol{x}_1\rangle + (1-\alpha)\langle \boldsymbol{a}, \boldsymbol{x}_2\rangle$ を満たしている．このことより，$\langle \boldsymbol{a}, \boldsymbol{x}_1\rangle = c, \langle \boldsymbol{a}, \boldsymbol{x}_2\rangle = c$ が求められるので，$\boldsymbol{x}_1 \in H, \boldsymbol{x}_2 \in H$ となり，$\boldsymbol{x}_1 \in T, \boldsymbol{x}_2 \in T$ を満たす．したがって，$\boldsymbol{x}_0$ は T の端点ではないことになり，証明は終わる．　□

次の定理では，上の定理を用いて有界な凸多面集合は凸多面体となることを示している．

定理 5.13. C は E^n の有界な凸多面集合とするとき，C は C のすべての端点から作られる凸包で表される．

証明. K を C のすべての端点から作られる凸包とし，E^n の次元に関する帰納法で，$K = C$ を示すことにする．まず，$n = 1$ のとき，C は有界な閉区間となりその両端の点が端点となり，C のすべての点は両端の点の凸結合で表されることは明らかに成立する．そこで，$n-1$ 次元まで定理が成り立つと仮定する．すなわち，$n-1$ 次元までの有界な凸多面集合 M には端点が存在し，M は M のすべての端点から作られる凸包になると仮定する．

次に，n 次元で定理が成立することを示す．このとき一般には，$K \subset C$ が成り立つので，K が C の真部分集合であると仮定し矛盾を導くことにする．このとき，K が C の真部分集合であるとすると，$K^c \cap C \neq \emptyset$ より $\boldsymbol{y} \in C$ かつ $\boldsymbol{y} \notin K$ となるベクトル $\boldsymbol{y}$ が存在する．そこで定理 5.4 を用いると，K と $\boldsymbol{y}$ を分離する超平面が存在することになり，$\langle \boldsymbol{a}, \boldsymbol{y}\rangle < \inf_{\boldsymbol{x}\in K}\langle \boldsymbol{a}, \boldsymbol{x}\rangle$ を満たす非零ベクトル $\boldsymbol{a}$ が存在する．C は E^n の有界閉集合でコンパクトである．よって，$c_0 = \inf_{\boldsymbol{x}\in C}\langle \boldsymbol{a}, \boldsymbol{x}\rangle$ とおくと，$\langle \boldsymbol{a}, \boldsymbol{x}\rangle$ は $\boldsymbol{x}$ の連続関数であることから，$c_0 = \langle \boldsymbol{a}, \boldsymbol{x}_0\rangle$ となる $\boldsymbol{x}_0 \in C$ が存在する．以上のことより，$H = \{\boldsymbol{x} \in E^n \mid \langle \boldsymbol{a}, \boldsymbol{x}\rangle = c_0\}$ は C の支持超平面となり，$\boldsymbol{x}_0 \in H$ となる．ここで，$C \subset H_+$ となり，$\boldsymbol{y} \in C$ で

$$c_0 = \langle \boldsymbol{a}, \boldsymbol{x}_0\rangle = \inf_{\boldsymbol{x}\in C}\langle \boldsymbol{a}, \boldsymbol{x}\rangle \ \leq\ \langle \boldsymbol{a}, \boldsymbol{y}\rangle\ <\ \inf_{\boldsymbol{x}\in K}\langle \boldsymbol{a}, \boldsymbol{x}\rangle$$

となる．よって，$\boldsymbol{x}_0 \notin K$ であり，$K \cap H = \emptyset$ となる．

ここで，$T = H \cap C$ とおくと，T は $n-1$ 次元以下の凸多面体となり端点が存在し，帰納法の仮定から，T は T のすべての端点から作られる凸包で表されている．このとき，$\boldsymbol{x}_0 \in T$ より，$T \neq \emptyset$, $\boldsymbol{x}_0$ は T の端点の凸結合で表され，H は C の支持超平面であるから，定理 5.12 より T の端点は C の端点となる．

よって，$\boldsymbol{x}_0$ は C の端点の凸結合で表されることになる．すなわち，$\boldsymbol{x}_0 \in K$ となり，$\boldsymbol{x}_0 \notin K$ であることに矛盾する．したがって，$K = C$ が成り立つことが示され，証明は終わる．□

演 習 問 題 5

1. S を E^n の空でない部分集合とするとき，S が凸錐 (定義 5.4 参照) となるための必要十分条件は任意の $\boldsymbol{x}, \boldsymbol{y} \in S$ と任意の $\lambda_1, \lambda_2 \geq 0$ に対して，$\lambda_1 \boldsymbol{x} + \lambda_2 \boldsymbol{y} \in S$ が成立することであることを証明せよ．

2. E^n の 2 つの凸錐 S_1, S_2 に対して，$S_1 \cap S_2$ と $S_1 + S_2$ は凸錐となることを証明せよ．次に，$S_1 + S_2 = H(S_1 \cup S_2)$ が成り立つことを証明せよ．

3. E^2 の次の 2 つの集合の極錐 (定義 5.5 参照) を求めよ．

(1) $S = \{(x, y)^t \in E^2 \mid 0 \leq y \leq x\}$

(2) $S = \{(x, y)^t \in E^2 \mid y \leq -|x|\}$

4. S を E^n の空でない閉凸錐とし，S の極錐を S^* とするとき，$S + S^* = E^n$ となることを証明せよ．すなわち，E^n の任意のベクトルは S と S^* のベクトルの和で表される．このとき，この表現は一意か？

5. 次の各集合の端点を求めよ．

(1) $S = \{(x, y, z)^t \in E^3 \mid x + y + z \leq 10, -x + 2y = 4, x, y, z \geq 0\}$

(2) $S = \{(x, y)^t \in E^2 \mid x + 2y \geq 2, -x + y = 4, x, y \geq 0\}$

6. E^2 の集合 $S = \{(x, y)^t \in E^2 \mid x^2 + y^2 \leq 1\}$ を閉半空間の共通部分として表し，その閉半空間を求めよ．

第 6 章

上半および下半連続関数とその応用

この章では，凸解析理論や非線形解析理論を基礎にして最適化理論を考察するときに必要となる解析的な性質，上半連続関数と下半連続関数の性質を第 2 章の連続関数からの続きとして調べることにする．最後に，次の第 7 章の縮小写像に関する不動点定理を論ずるときに基本的な手法となるエークランドの定理の解説を与える．

6.1 上半および下半連続関数

定義 6.1. 実関数 $f : E^n \to E^1$ とする．任意の正の実数 $\varepsilon > 0$ について，ある正の実数 $\delta > 0$ が存在して，$\|\boldsymbol{x} - \boldsymbol{x}_0\| < \delta$ を満たすすべてのベクトル $\boldsymbol{x}$，すなわち，$\boldsymbol{x} \in N_\delta(\boldsymbol{x}_0)$ に対して

$$f(\boldsymbol{x}) - f(\boldsymbol{x}_0) < \varepsilon$$

が成り立つとき， f は ベクトル $\boldsymbol{x}_0$ で**上半連続** (upper semicontinuous) と呼び，記号で u.s.c. と書く．このとき，もし f が任意のベクトル $\boldsymbol{x} \in E^n$ で上半連続ならば，f は単に上半連続と呼ぶ．また，$-f$ が $\boldsymbol{x}_0$ で上半連続ならば，f は $\boldsymbol{x}_0$ で**下半連続** (lower semicontinuous) と呼び，記号で l.s.c. と書く．さらに，任意のベクトル $\boldsymbol{x} \in E^n$ で下半連続ならば，f は単に下半連続と呼ぶ．

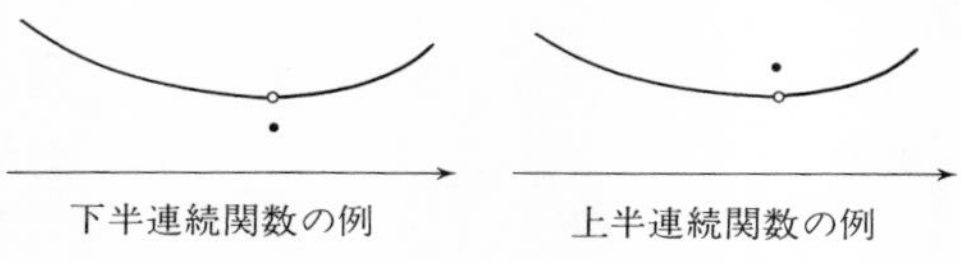

図 6.1

命題 6.1. 実関数 $f : E^n \to E^1$ とする．このとき，f がベクトル $\boldsymbol{x}_0$ で上半連続 (u.s.c.) であるための必要十分条件は，$k \to \infty$ のとき $\boldsymbol{x}_k \to \boldsymbol{x}_0$ を満たす任意の無限ベクトル列 $\{\boldsymbol{x}_k\}$ に対して

$$\limsup_{k\to\infty} f(\boldsymbol{x}_k) \leq f(\boldsymbol{x}_0)$$

が成り立つことである．

証明. f が $\boldsymbol{x}_0$ で上半連続であるとすると，任意の正の実数 $\varepsilon > 0$ に対して，ある正の実数 $\delta > 0$ が存在して，$\|\boldsymbol{x} - \boldsymbol{x}_0\| < \delta$ を満たすすべてのベクトル $\boldsymbol{x}$ に対して，

$$f(\boldsymbol{x}) - f(\boldsymbol{x}_0) < \varepsilon$$

が成立する．

よって，$\boldsymbol{x}_k \to \boldsymbol{x}_0$ より，十分大きな正の整数 N が存在し，すべての整数 $k \geq N$ について，$\|\boldsymbol{x}_k - \boldsymbol{x}_0\| < \delta$ となることより，$f(\boldsymbol{x}_k) < f(\boldsymbol{x}_0) + \varepsilon$ が成り立つ．したがって，任意の正の実数 $\varepsilon > 0$ に対して

$$\limsup_{k\to\infty} f(\boldsymbol{x}_k) \leq f(\boldsymbol{x}_0) + \varepsilon$$

が成立し，ε は任意の正の実数であるから，$\varepsilon \downarrow 0$ とすると，

$$\limsup_{k\to\infty} f(\boldsymbol{x}_k) \leq f(\boldsymbol{x}_0)$$

が得られる．

逆を対偶で証明するために，f は上半連続でないと仮定すると，定義 6.1 よりある正の実数 $\varepsilon > 0$ が存在して，どんな正の実数 $\delta > 0$ に対しても，$\|\boldsymbol{x} - \boldsymbol{x}_0\| < \delta$ で $f(\boldsymbol{x}) - f(\boldsymbol{x}_0) \geq \varepsilon$ を満たすベクトル $\boldsymbol{x}$ が存在する．ここで $\delta = 1, 1/2, 1/3, \cdots, 1/k, \cdots$ とおき，各 k に対してベクトル $\boldsymbol{x}_k$ で $\boldsymbol{x}_0$ に収束する無限ベクトル列 $\{\boldsymbol{x}_k\}$ がとれる．しかし，$f(\boldsymbol{x}_k) - f(\boldsymbol{x}_0) < \varepsilon$ に矛盾することになり，証明は終わる． □

上の命題で，$g = -f$ とおくと g は下半連続となることより，一般に，$g : E^n \to E^1$ が $\boldsymbol{x}_0 \in E^n$ で下半連続となるための必要十分条件は，

$$\liminf_{k\to\infty} g(\boldsymbol{x}_k) \geq g(\boldsymbol{x}_0)$$

が成立することである．

もちろん，上半連続でかつ下半連続な実数値関数は連続関数になることは定義より明らかである．このことにより，連続関数はこれから議論する上半連続関数と下半連続関数の両方の性質を持ち合わせていることが理解されるであろう．

命題 6.2. 実関数 $f : E^n \to E^1$ が上半連続 (u.s.c.) であるための必要十分条件は，任意の実数 $a \in E^1$ に対して，**レベル集合**

$$S_a = \{\boldsymbol{x} \in E^n \mid f(\boldsymbol{x}) \geq a\}$$

が閉集合となることである．

証明. まず，f が E^n で上半連続とする．このとき，任意の実数 a に対応するレベル集合 S_a に含まれ，収束する任意の無限ベクトル列 $\{\boldsymbol{x}_k\}$ とその極限ベクトル $\boldsymbol{x}_0$ について考察する．このとき，$\boldsymbol{x}_k \in S_a$ より，$f(\boldsymbol{x}_k) \geq a$ が成り立つことと，f が上半連続であることより，

$$a \leq \limsup_{k\to\infty} f(\boldsymbol{x}_k) \leq f(\boldsymbol{x}_0)$$

よって，$\boldsymbol{x}_0 \in S_a$ となり，S_a は閉集合となる．

逆に，任意の実数 a に対して，S_a が閉集合であると仮定し，ベクトル $\boldsymbol{x}_0$ について，$\boldsymbol{x}_k \to \boldsymbol{x}_0$ となる任意の無限ベクトル列 $\{\boldsymbol{x}_k\} \subset S_a$ に対して，

$$b = \limsup_{k\to\infty} f(\boldsymbol{x}_k)$$

とおく．このとき，もし $b = \infty$ ならば，ある無限部分ベクトル列 $\{\boldsymbol{x}_{k'}\} \subset \{\boldsymbol{x}_k\}$ が存在して，

$$b = \lim_{k'\to\infty} f(\boldsymbol{x}_{k'})$$

を満たしている．ここで，$\boldsymbol{x}_{k'} \to \boldsymbol{x}_0$ が成立することより，十分大きな正の整数 N が存在し，すべての正の整数 $k' \geq N$ に対して，$\boldsymbol{x}_{k'} \in S_a$ が成立し，さらに S_a は閉集合であるから，$\boldsymbol{x}_0 \in S_a$ となる．ここで，a は任意の実数であるから，$a \uparrow \infty$ とできるので $f(\boldsymbol{x}_0) < \infty$ なることに矛盾する．よって，$b < \infty$ である．

したがって，上の議論と同様に，任意の実数 $\varepsilon > 0$ に対して，

$$b = \lim_{k'\to\infty} f(\boldsymbol{x}_{k'})$$

と，$\boldsymbol{x}_{k'} \to \boldsymbol{x}_0$ を満たすある無限部分ベクトル列 $\{\boldsymbol{x}_{k'}\} \subset \{\boldsymbol{x}_k\}$ が存在する．そこで，すべての整数 $k' \geq N$ に対して，

$$f(\boldsymbol{x}_{k'}) > b - \varepsilon$$

となる十分大きな正の整数 N が存在する．よって，

$$\boldsymbol{x}_{k'} \in S_{b-\varepsilon}$$

ここで，$S_{b-\varepsilon} = \{\boldsymbol{z} \in E^n \mid f(\boldsymbol{z}) \geq b - \varepsilon\}$ で与えられている．

仮定より，$S_{b-\varepsilon}$ は閉集合であるから

$$\boldsymbol{x}_0 \in \mathrm{cl}\{\boldsymbol{z} \in E^n \mid f(\boldsymbol{z}) \geq b - \varepsilon\} = \{\boldsymbol{z} \in E^n \mid f(\boldsymbol{z}) \geq b - \varepsilon\}$$

が成立している．よって，$f(\boldsymbol{x}_0) \geq b - \varepsilon$ が成立する．ここで，$\varepsilon > 0$ は任意であるから，$\varepsilon \downarrow 0$ とすることで $f(\boldsymbol{x}_0) \geq b$，すなわち $\limsup_{k \to \infty} f(\boldsymbol{x}_k) \leq f(\boldsymbol{x}_0)$ が示され，f が上半連続 (u.s.c.) であることの証明は終わる． □

この命題の議論から，$f : E^n \to E^1$ が下半連続 (l.s.c.) であるための必要十分条件は，任意の実数 a に対して，レベル集合

$$S_a = \{\boldsymbol{x} \in E^n \mid f(\boldsymbol{x}) \leq a\}$$

が閉集合となることは容易に理解できるであろう．

命題 6.3. 上半連続 (u.s.c.) の任意個の実関数 $f_i : E^n \to E^1$，$i \in I$ (添字集合) に対して

$$f(\boldsymbol{x}) = \inf_{i \in I} f_i(\boldsymbol{x})$$

で定義される関数が有限であるならば，f は E^n において上半連続 (u.s.c.) となる．

証明. f および f_i $(i \in I)$ のレベル集合をそれぞれ S_a, S_a^i とおくと，

$$S_a = \{\boldsymbol{x} \in E^n \mid f_i(\boldsymbol{x}) \geq a,\ i \in I\} = \bigcap_{i \in I} S_a^i$$

が成立する．このとき，任意個の閉集合の共通部分は閉集合となるから，S_a は閉集合となり，命題 6.2 より f は上半連続となる． □

上の命題から下半連続 (l.s.c.) の任意個の関数 $f_i : E^n \to E^1$, $i \in I$ (添字集合) に対して

$$f(\boldsymbol{x}) = \sup_{i \in I} f_i(\boldsymbol{x})$$

で定義される関数が有限であるならば，f は E^n において下半連続 (l.s.c.) となる．

定理 6.1. (**ワイエルシュトラス** (Weierstrass) **の定理**)
　K を E^n のコンパクトな部分集合とする．このとき，K 上の上半連続な関数 f は最大値をもっている．すなわち，次の等式を満たすベクトル $\boldsymbol{x}_0 \in K$ が存在する．

$$f(\boldsymbol{x}_0) = \max_{\boldsymbol{x} \in K} f(\boldsymbol{x})$$

証明. $M = \sup_{\boldsymbol{x} \in K} f(\boldsymbol{x})$ とおくと，$f(\boldsymbol{x}_m) \to M \ \ (m \to \infty)$ となる無限ベクトル列 $\{\boldsymbol{x}_m\} \subset K$ がとれる．このとき，K はコンパクト集合であることから，$\boldsymbol{x}_{m'} \to \boldsymbol{x}_0 \in K$ となる無限部分ベクトル列 $\{\boldsymbol{x}_{m'}\} \subset \{\boldsymbol{x}_m\}$ が存在し，明らかに，$f(\boldsymbol{x}_{m'}) \to M$ が成立している．ここで，f は上半連続であることから

$$f(\boldsymbol{x}_0) \geq \limsup_{m' \to \infty} f(\boldsymbol{x}_{m'}) = M$$

となる．よって，M は有限となり，M の定義から $f(\boldsymbol{x}_0) = M$ が成立し，証明は終わる．□

上の定理の議論より，コンパクト集合上の下半連続関数は，そこで最小値をもつことが容易に理解される．このことより，コンパクト集合上で連続関数は最大値と最小値の両方をもつことになるのでその関数は有界となり，定理 2.5 の内容は成立することが理解できる．

6.2　エークランドの定理

ここでは，下半連続関数の応用として，特に制御理論や不動点定理の証明に利用すると抜群な威力を発揮するエークランドの ε-**変分不等式**のユークリッド空間版について述べる．

定理 6.2. (エークランド (Ekeland) の定理)
実関数 $f : E^n \to E^1$ が下半連続で下に有界とする．このとき，正の実数 $\varepsilon > 0$ と

$$f(\boldsymbol{u}) \leq \inf_{\boldsymbol{x} \in E^n} f(\boldsymbol{x}) + \varepsilon$$

となる $\boldsymbol{u} \in E^n$ に対して，次の 3 条件を満たす $\boldsymbol{x}^* \in E^n$ が存在する．

1. $f(\boldsymbol{x}^*) \leq f(\boldsymbol{u})$
2. $\|\boldsymbol{u} - \boldsymbol{x}^*\| \leq 1$
3. $\boldsymbol{x}^*$ と異なるすべての $\boldsymbol{y} \in E^n$ に対して，次が成り立つ．

$$f(\boldsymbol{y}) > f(\boldsymbol{x}^*) - \varepsilon\|\boldsymbol{y} - \boldsymbol{x}^*\|$$

証明. 無限ベクトル列 $\{\boldsymbol{x}_0, \boldsymbol{x}_1, \cdots, \boldsymbol{x}_k, \boldsymbol{x}_{k+1}, \cdots\}$ を，$\boldsymbol{x}_0 = \boldsymbol{u}$ として以下のように帰納的に作る．まず，$\boldsymbol{x}_k \in E^n$ が作られたとして，

$$S_k = \{\boldsymbol{z} \in E^n \mid \boldsymbol{z} \neq \boldsymbol{x}_k, f(\boldsymbol{z}) \leq f(\boldsymbol{x}_k) - \varepsilon\|\boldsymbol{z} - \boldsymbol{x}_k\|\}$$

を用いて以下のように $\boldsymbol{x}_{k+1}$ を作る．まず，$S_k = \emptyset$ のときには，$\boldsymbol{x}_{k+1} = \boldsymbol{x}_k$ とおく．次に，$S_k \neq \emptyset$ のときには，任意のベクトル $\boldsymbol{z} \in S_k$ に対して

$$0 < \varepsilon\|\boldsymbol{z} - \boldsymbol{x}_k\| \leq f(\boldsymbol{x}_k) - f(\boldsymbol{z}) \leq f(\boldsymbol{x}_k) - \inf_{\boldsymbol{x} \in S_k} f(\boldsymbol{x})$$

が成り立ち，$f(\boldsymbol{x}_k) - \inf_{\boldsymbol{x} \in S_k} f(\boldsymbol{x}) > 0$ であるから，下限の定義より

$$f(\boldsymbol{x}_{k+1}) \leq \inf_{\boldsymbol{x} \in S_k} f(\boldsymbol{x}) + \frac{1}{2}\{f(\boldsymbol{x}_k) - \inf_{\boldsymbol{x} \in S_k} f(\boldsymbol{x})\}$$

が成立するように $\boldsymbol{x}_{k+1} \in S_k$ を作れる．このように作られた無限ベクトル列 $\{\boldsymbol{x}_k\}$ は

$$0 \leq \varepsilon\|\boldsymbol{x}_k - \boldsymbol{x}_{k+1}\| \leq f(\boldsymbol{x}_k) - f(\boldsymbol{x}_{k+1})$$

を満たしているので，任意の正の整数 $m > k$ に対して，

$$\begin{aligned}
\varepsilon\|\boldsymbol{x}_k - \boldsymbol{x}_m\| &\leq \sum_{j=k}^{m-1} \varepsilon\|\boldsymbol{x}_j - \boldsymbol{x}_{j+1}\| \\
&\leq \sum_{j=k}^{m-1} \{f(\boldsymbol{x}_j) - f(\boldsymbol{x}_{j+1})\} \\
&\leq f(\boldsymbol{x}_k) - f(\boldsymbol{x}_m)
\end{aligned}$$

が成立している．よって，列 $\{f(\boldsymbol{x}_k)\}$ は単調減少列となり，しかも仮定から下に有界であるので，この数列は収束する．収束する数列はコーシー列となることから，ベクトル列 $\{\boldsymbol{x}_k\}$ もコーシー列となることが容易に理解される．ここで，E^n は完備であることより，このベクトル列 $\{\boldsymbol{x}_k\}$ はあるベクトル $\boldsymbol{x}^*$ に収束する．

以下で，ベクトル $\boldsymbol{x}^*$ が定理の 1, 2, および 3 を満たすことを示す．まず，$f(\boldsymbol{x}_k) \leq f(\boldsymbol{u})$ と f の下半連続性を用いて

$$f(\boldsymbol{x}^*) \leq \liminf_{k\to\infty} f(\boldsymbol{x}_k) = \lim_{k\to\infty} f(\boldsymbol{x}_k) \leq f(\boldsymbol{u})$$

が得られ，定理の 1. の事実が示される．

次に，$m > k$ を満たす任意の正の整数 k, m に対して，

$$\varepsilon\|\boldsymbol{x}_k - \boldsymbol{x}_m\| \leq f(\boldsymbol{x}_k) - f(\boldsymbol{x}_m) \leq f(\boldsymbol{x}_k) - \inf_{\boldsymbol{x}\in E^n} f(\boldsymbol{x}) \leq \varepsilon$$

が成り立つので，この不等式に $k=0$ とおき $m \to \infty$ とすると，$\boldsymbol{x}_0 = \boldsymbol{u}$ で $\lim_{m\to\infty} \boldsymbol{x}_m = \boldsymbol{x}^*$ より，

$$\varepsilon\|\boldsymbol{u} - \boldsymbol{x}^*\| \leq \varepsilon$$

が得られ，定理の 2. の結果が示される．

最後に，定理の 3. が成り立つことを示す．ある番号 k に対して $S_k = \emptyset$ のときは，$S_{k+1} = S_{k+2} = \cdots = \emptyset$ となるから，$\{\boldsymbol{x}_k\}$ は次の 2 つの場合に分類される．

(1) $\boldsymbol{x}_k \neq \boldsymbol{x}_{k+1}$ となる k が有限個しかないとき．

(2) $\boldsymbol{x}_k \neq \boldsymbol{x}_{k+1}$ となる k が無限個のとき．

(1) のとき，ある N が存在して $\boldsymbol{x}^* = \lim_{k\to\infty} \boldsymbol{x}_k = \boldsymbol{x}_N$ であり，かつ $S_N = \emptyset$ となることより 3. の結果が明らかに成立する．

(2) のとき，定理の 3. の結果が成り立たないと仮定して矛盾を導くことにする．そこで，$\boldsymbol{x}^* \neq \boldsymbol{z}$ となるあるベクトル $\boldsymbol{z}$ に対して

$$f(\boldsymbol{z}) \leq f(\boldsymbol{x}^*) - \varepsilon\|\boldsymbol{x}^* - \boldsymbol{z}\|$$

が成立すると仮定する．また，一方，任意の k に対して

$$\varepsilon\|\boldsymbol{x}_k - \boldsymbol{x}^*\| \leq f(\boldsymbol{x}_k) - \lim_{m\to\infty} f(\boldsymbol{x}_m)$$

が成り立つ．よって，$f(\boldsymbol{x}^*) \leq \lim_{k\to\infty} f(\boldsymbol{x}_k)$ より

$$\begin{aligned} f(\boldsymbol{z}) &\leq f(\boldsymbol{x}^*) - \varepsilon\|\boldsymbol{x}^* - \boldsymbol{z}\| \\ &\leq f(\boldsymbol{x}^*) - \varepsilon\|\boldsymbol{x}^* - \boldsymbol{z}\| + f(\boldsymbol{x}_k) - \lim_{k\to\infty} f(\boldsymbol{x}_k) - \varepsilon\|\boldsymbol{x}^* - \boldsymbol{x}_k\| \\ &\leq f(\boldsymbol{x}_k) - \varepsilon\{\|\boldsymbol{x}^* - \boldsymbol{x}_k\| + \|\boldsymbol{x}^* - \boldsymbol{z}\|\} \\ &\leq f(\boldsymbol{x}_k) - \varepsilon\|\boldsymbol{x}_k - \boldsymbol{z}\| \end{aligned}$$

となるから

$$\boldsymbol{z} \in S_k \quad (k = 1, 2, \cdots) \qquad \text{すなわち} \qquad \boldsymbol{z} \in \bigcap_{k=1}^{\infty} S_k$$

となる．

また，一方上式および $\boldsymbol{x}_{k+1} \in S_k$ の選び方の条件より

$$\begin{aligned} 2f(\boldsymbol{x}_{k+1}) - f(\boldsymbol{x}_k) &\leq \inf_{\boldsymbol{x}\in S_k} f(\boldsymbol{x}) \\ &\leq f(\boldsymbol{z}) \end{aligned}$$

であるから，$k \to \infty$ とすると，

$$f(\boldsymbol{x}^*) \leq f(\boldsymbol{z})$$

が成立し，最初の仮定

$$f(\boldsymbol{z}) \leq f(\boldsymbol{x}^*) - \varepsilon\|\boldsymbol{x}^* - \boldsymbol{z}\|$$

に矛盾することが示され，証明は終わる． □

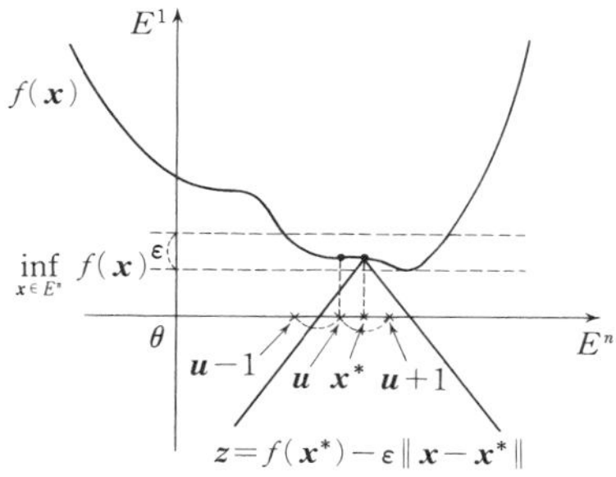

図 6.2 エークランドの定理の幾何学的説明

図 6.2 は定理の幾何学的な説明を与えている．

この定理より，E^n 上の関数 f を $F(\boldsymbol{x}) = f(\boldsymbol{x}) + \varepsilon\|\boldsymbol{x} - \boldsymbol{x}^*\|$ とおくとき，この F は $\boldsymbol{x}^*$ で最小値をとり $F(\boldsymbol{x}^*) = f(\boldsymbol{x}^*)$ が成立している．このことは，最適化問題で正確な解が存在しないときに上のような摂動が重要な意味をもつことが想像されるであろう．

上の定理から導かれる系を次の定理の形で与える．

定理 6.3. 実関数 $f : E^n \to E^1$ が下半連続で下に有界とする．このとき，正の実数 $\varepsilon > 0$ に対して，次の 2 条件を満たす $\boldsymbol{x}^* \in E^n$ が存在する．

1. $f(\boldsymbol{x}^*) \leq \inf_{\boldsymbol{x} \in E^n} f(\boldsymbol{x}) + \varepsilon$

2. すべての $\boldsymbol{y} \in E^n$ に対して，次が成り立つ．

$$f(\boldsymbol{y}) \geq f(\boldsymbol{x}^*) - \varepsilon \|\boldsymbol{y} - \boldsymbol{x}^*\|$$

証明． 下極限の定義より，任意の $\varepsilon > 0$ に対して

$$f(\boldsymbol{u}) \leq \inf_{\boldsymbol{x} \in E^n} f(\boldsymbol{x}) + \varepsilon$$

を満たす $\boldsymbol{u} \in E^n$ が存在する．そこで，この $\boldsymbol{u}$ に対して定理 6.2 を適用することによって，この定理の結果が容易に示される． □

演 習 問 題 6

1. S を E^n の空でない閉集合とする．このとき，E^n から E^1 への実関数 f を

$$f(\boldsymbol{x}) = \begin{cases} 1 & (\boldsymbol{x} \in S) \\ 2 & (\boldsymbol{x} \notin S) \end{cases}$$

とおくと，f は下半連続関数 (定義 6.1参照) となることを証明せよ．

2. S を E^n の空でない有界な閉集合とする．このとき，$\boldsymbol{x} \in E^n$ に対して，E^n から E^1 への実関数 f を

$$f(\boldsymbol{z}) = \begin{cases} \|\boldsymbol{x} - \boldsymbol{z}\| & (\boldsymbol{z} \in S) \\ M & (\boldsymbol{z} \notin S) \end{cases}$$

とおき，実数 M は $M \geq \max_{\boldsymbol{z} \in S} \|\boldsymbol{x} - \boldsymbol{z}\|$ を満たしているとすると，f は下半連続関数となることを証明せよ．

第 7 章

不動点定理とその周辺

この章では，最適化問題の解析でも重要な役割を演ずる縮小写像に関する不動点定理とその性質をエークランドの定理を適用して解く方法で解説を与える．なお，集合値関数の不動点定理についても同様の手法で解説を与えることにする．

7.1 縮小写像と不動点

定義 7.1. $f : E^n \to E^n$ とする．このとき，あるベクトル $\boldsymbol{x}^* \in E^n$ が

$$\boldsymbol{x}^* = f(\boldsymbol{x}^*)$$

を満たすとき，ベクトル $\boldsymbol{x}^* \in E^n$ を関数 f の**不動点** (fixed point) と呼ぶ．

上の定義で $n = 1$ のときの例として，不動点を幾何学的に考えると，不動点は実関数 $f : E^1 \to E^1$ を表す曲線 $y = f(x)$ と，原点を通り x-軸と 45 度の勾配をなす直線 $y = x$ との交点の x-座標となる．

上のことの幾何学的な説明を図 7.1 で与える．次に，エークランドの ε-変分

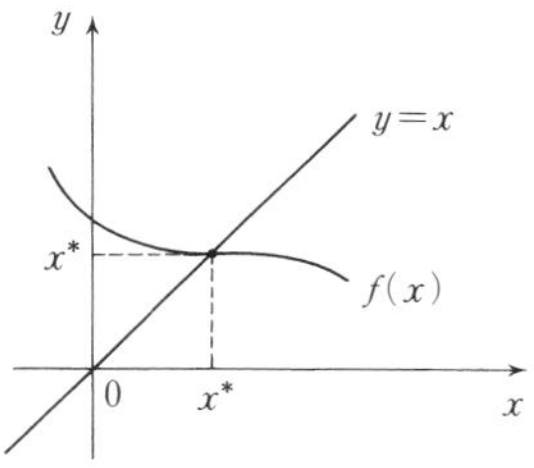

図 7.1　不動点 $\boldsymbol{x}^*$

不等式を用いて縮小写像には常にただ1つの不動点が存在することを示す．そこで，まず縮小写像の定義を与える．

定義 7.2. $f : E^n \to E^n$ とする．このとき，ある実数 $r\ (0 \leq r < 1)$ が存在し，任意のベクトル $\boldsymbol{x}, \boldsymbol{y} \in E^n$ に対して，

$$\|f(\boldsymbol{x}) - f(\boldsymbol{y})\| \leq r\|\boldsymbol{x} - \boldsymbol{y}\|$$

が常に成り立つとき，f は E^n 上の**縮小写像**であると呼ぶ．

定理 7.1.（縮小写像の不動点定理）
$f : E^n \to E^n$ が縮小写像の条件を満たすとする．このとき，E^n の中に f の不動点がただ1つ存在する．

証明. まず，$F(\boldsymbol{x}) = \|\boldsymbol{x} - f(\boldsymbol{x})\|$ とおく．このとき，$F : E^n \to E^1$ なる実関数は，f の縮小写像の定義とノルムの連続性より連続で，もちろん下半連続であり，さらにノルムの性質より非負であるので，下に有界となる．よって，エークランドの定理 6.2 を，$1 - r > \varepsilon > 0$ を満たす任意の正の実数 ε に適用すると，任意のベクトル $\boldsymbol{x} \in E^n$ に対して，

$$F(\boldsymbol{x}) \geq F(\boldsymbol{x}^*) - \varepsilon\|\boldsymbol{x} - \boldsymbol{x}^*\|$$

を満たすベクトル $\boldsymbol{x}^*$ が存在する．そこで，$\boldsymbol{x} = f(\boldsymbol{x}^*)$ とすると，

$$F(f(\boldsymbol{x}^*)) \geq F(\boldsymbol{x}^*) - \varepsilon\|f(\boldsymbol{x}^*) - \boldsymbol{x}^*\|$$

が得られ，F の定義と f の条件より

$$\begin{aligned}\|\boldsymbol{x}^* - f(\boldsymbol{x}^*)\| &\leq \|f(\boldsymbol{x}^*) - f(f(\boldsymbol{x}^*))\| + \varepsilon\|\boldsymbol{x}^* - f(\boldsymbol{x}^*)\| \\ &\leq r\|\boldsymbol{x}^* - f(\boldsymbol{x}^*)\| + \varepsilon\|\boldsymbol{x}^* - f(\boldsymbol{x}^*)\|\end{aligned}$$

すなわち，

$$(1 - r - \varepsilon)\|\boldsymbol{x}^* - f(\boldsymbol{x}^*)\| \leq 0$$

が成立している．ここで，$1 - r > \varepsilon$ より

$$\|\boldsymbol{x}^* - f(\boldsymbol{x}^*)\| = 0$$

が成り立つことから，$\boldsymbol{x}^* = f(\boldsymbol{x}^*)$ が得られ，$\boldsymbol{x}^*$ は f の1つの不動点となる．

次に，$\overline{\boldsymbol{x}}$ も f のもう1つの不動点であるとすると，

$$\|\boldsymbol{x}^* - \overline{\boldsymbol{x}}\| = \|f(\boldsymbol{x}^*) - f(\overline{\boldsymbol{x}})\| \leq r\|\boldsymbol{x}^* - \overline{\boldsymbol{x}}\|,$$

$$(1-r)\|\boldsymbol{x}^* - \overline{\boldsymbol{x}}\| \leq 0$$

が得られる．ここで，$1-r>0$ より

$$\|\boldsymbol{x}^* - \overline{\boldsymbol{x}}\| = 0$$

が成り立つことから，$\boldsymbol{x}^* = \overline{\boldsymbol{x}}$ が得られ，f の不動点はただ1つであることが示され，証明は終わる． □

定理 7.2. (**カリスティ**(Caristi) **の定理**)

$F : E^n \to E^1$ を下に有界な下半連続関数とし，$f : E^n \to E^n$ を，すべての $\boldsymbol{x} \in E^n$ に対して

$$\|\boldsymbol{x} - f(\boldsymbol{x})\| \leq F(\boldsymbol{x}) - F(f(\boldsymbol{x}))$$

を満たす写像とするとき，E^n の中に f の不動点が存在する．

証明． F にエークランドの定理を $1 > \varepsilon > 0$ を満たす任意の正の実数 ε で適用すると，すべてのベクトル $\boldsymbol{x} \in E^n$ に対して，

$$F(\boldsymbol{x}^*) \leq F(\boldsymbol{x}) + \varepsilon\|\boldsymbol{x} - \boldsymbol{x}^*\|$$

を満たすベクトル $\boldsymbol{x}^*$ が存在する．ここで，$\boldsymbol{x} = f(\boldsymbol{x}^*)$ とすると，

$$F(\boldsymbol{x}^*) \leq F(f(\boldsymbol{x}^*)) + \varepsilon\|f(\boldsymbol{x}^*) - \boldsymbol{x}^*\|$$

を得る．また，F の条件より

$$\|\boldsymbol{x}^* - f(\boldsymbol{x}^*)\| \leq F(\boldsymbol{x}^*) - F(f(\boldsymbol{x}^*))$$

これらの上の2式から

$$\|\boldsymbol{x}^* - f(\boldsymbol{x}^*)\| \leq \varepsilon\|\boldsymbol{x}^* - f(\boldsymbol{x}^*)\|$$

となる．$1 > \varepsilon > 0$ を満たしていることより

$$\|\boldsymbol{x}^* - f(\boldsymbol{x}^*)\| = 0$$

が成り立つので，$x^* = f(x^*)$ が得られ，x^* は f の不動点となり，定理は証明される．□

次に，クラーク (F.H.Clarke) による弱方向縮小写像の不動点定理について考察を進める．まず始めに，E^n における弱方向縮小写像の定義を与える．

定義 7.3. S は E^nの空でない閉凸集合で，$f: S \to S$ は連続関数とする．このとき，ある実数 σ $(0 \leq \sigma < 1)$ が存在して，すべてのベクトル $\boldsymbol{u} \in S$ とある実数 $t \in (0, 1]$ に対して，

$$\|f(\boldsymbol{u}_t) - f(\boldsymbol{u})\| \leq \sigma \|\boldsymbol{u}_t - \boldsymbol{u}\|$$

を満たすとき，f を**弱方向縮小写像**と呼ぶ．ここで，$\boldsymbol{u}_t = tf(\boldsymbol{u}) + (1-t)\boldsymbol{u}$ とし，このベクトル $\boldsymbol{u}_t$ は t が 0 から 1 まで変化して行くにつれて，$\boldsymbol{u}$ から $f(\boldsymbol{u})$ へ線分を描くことを示している．この縮小のようすは図 7.2 で与える．

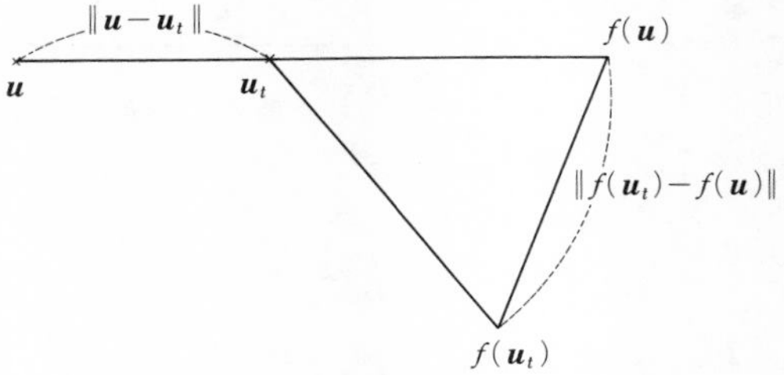

図 7.2　弱方向縮小写像

定理 7.3. S は E^n の空でない閉凸集合で，$f: S \to S$ は連続関数とする．このとき，f が弱方向縮小写像であれば，S に f の不動点が存在する．

証明. まず，$F(\boldsymbol{w}) = \|\boldsymbol{w} - f(\boldsymbol{w})\|$ とおく．このとき，$F: E^n \to E^1$ なる実関数は f の連続性とノルムの連続性より連続で，もちろん下半連続であり，さらにノルムの性質より非負であるので，下に有界となる．また，S は閉集合で完備である．よって，エークランドの定理を $1 - \sigma > \varepsilon > 0$ を満たす任意の正の実数 ε に適用すると，すべてのベクトル $\boldsymbol{w} \in S$ に対して，

$$F(\boldsymbol{w}) \geq F(\boldsymbol{v}) - \varepsilon \|\boldsymbol{w} - \boldsymbol{v}\|$$

が成り立つベクトル $\boldsymbol{v}$ が存在する．

ここで， f は弱方向縮小写像であるから，$\boldsymbol{v}$ に対して，ある実数 $t \in (0,1]$ が存在し，この t で

$$\boldsymbol{v}_t = tf(\boldsymbol{v}) + (1-t)\boldsymbol{v}$$

とすると，S は凸集合であるから $\boldsymbol{v}_t \in S$ となる．また，

$$\begin{aligned}\|f(\boldsymbol{v}_t) - f(\boldsymbol{v})\| &\leq \sigma\|\boldsymbol{v}_t - \boldsymbol{v}\| \\ &= \sigma\|tf(\boldsymbol{v}) + (1-t)\boldsymbol{v} - \boldsymbol{v}\| \\ &= \sigma\|tf(\boldsymbol{v}) - t\boldsymbol{v}\| \\ &= \sigma t\|f(\boldsymbol{v}) - \boldsymbol{v}\|\end{aligned}$$

が成り立つ．よって，最初の不等式で $\boldsymbol{w} = \boldsymbol{v}_t$ とすると，

$$\begin{aligned}\|\boldsymbol{v} - f(\boldsymbol{v})\| &\leq \|\boldsymbol{v}_t - f(\boldsymbol{v}_t)\| + \varepsilon\|\boldsymbol{v}_t - \boldsymbol{v}\| \\ &\leq \|\boldsymbol{v}_t - f(\boldsymbol{v})\| + \|f(\boldsymbol{v}) - f(\boldsymbol{v}_t)\| + \varepsilon\|\boldsymbol{v}_t - \boldsymbol{v}\| \\ &\leq \|\boldsymbol{v}_t - f(\boldsymbol{v})\| + \sigma t\|f(\boldsymbol{v}) - \boldsymbol{v}\| + \varepsilon t\|f(\boldsymbol{v}) - \boldsymbol{v}\|\end{aligned}$$

が得られる．さらに，$\boldsymbol{v}_t$ は線分 $[\boldsymbol{v}, f(\boldsymbol{v})]$ に含まれるから，

$$\begin{aligned}\|\boldsymbol{v} - f(\boldsymbol{v})\| &= \|\boldsymbol{v} - \boldsymbol{v}_t\| + \|\boldsymbol{v}_t - f(\boldsymbol{v})\| \\ &= t\|f(\boldsymbol{v}) - \boldsymbol{v}\| + \|\boldsymbol{v}_t - f(\boldsymbol{v})\|\end{aligned}$$

かくて，上の 2 式より

$$t\|\boldsymbol{v} - f(\boldsymbol{v})\| \leq \sigma t\|f(\boldsymbol{v}) - \boldsymbol{v}\| + \varepsilon t\|f(\boldsymbol{v}) - \boldsymbol{v}\|$$

が成立し，$t > 0$ であることから，

$$(1 - \sigma - \varepsilon)\|f(\boldsymbol{v}) - \boldsymbol{v}\| \leq 0$$

が得られ，$1 - \sigma > \varepsilon$ が満たされていることより，

$$\|f(\boldsymbol{v}) - \boldsymbol{v}\| = 0$$

が成り立つ．そこで，$\boldsymbol{v} = f(\boldsymbol{v})$ が得られ，$\boldsymbol{v}$ は f の不動点であることが示され，証明は終わる． □

[例題] $X=E^2$ とし，ベクトル $(x_1,x_2)\in X$ のノルムを $\|(x_1,x_2)\|=|x_1|+|x_2|$ とする．このとき，

$$\rho((x_1,x_2),(y_1,y_2))=\|(x_1-y_1,x_2-y_2)\|$$

とおくと，(X,ρ) は完備距離空間になる．この空間で写像 $f:X\to X$ を

$$f(x_1,x_2)=(\frac{3}{2}x_1-\frac{1}{3}x_2,x_1+\frac{1}{3}x_2)$$

と定義すると， f は縮小ではないが，弱方向縮小になっている．実際には，任意のベクトル $(x_1,x_2)\in X$ に対して，

$$(u_1,u_2)=tf(x_1,x_2)+(1-t)(x_1,x_2)$$

を計算すると，

$$\rho(f(u_1,u_2),f(x_1,x_2))=\frac{5}{6}\rho((u_1,u_2),(x_1,x_2))$$

となり，$\sigma=\frac{5}{6}<1$ と選ぶと定義 7.3 の不等式が成立し f は弱方向縮小であることが確認できる．しかし，f の不動点は $(x,\frac{3}{2}x)$ の形になり 1 個ではない．

7.2　ハウスドルフの距離

次に，集合値関数に対して不動点が存在することを考察するために，以下に準備となる記号と命題を与える．まず，任意の空でない部分集合 $A,B\subset E^n$ に対して，

$$\delta(A,B)=\sup_{\boldsymbol{x}\in A}\rho(\boldsymbol{x},B)$$

を定義する．ただし， $\rho(\boldsymbol{x},B)$ はベクトル $\boldsymbol{x}$ と集合 B との距離関数である．このとき，$\delta(A,B)$ に関する性質を次の命題でまとめて述べておく．

命題 7.1. 2^{E^n} の空でない有界な任意の集合 A,B,C に対して，次のことが成立する．

1. $\delta(A,B)=0\Leftrightarrow A\subset \mathrm{cl}B$

2. $\delta(A,B)\leq\delta(A,C)+\delta(C,B)$

ただし，記号 2^{E^n} は E^n のすべての部分集合の全体を表している．

証明. 1. の証明を与える．そこで，まず，$\delta(A,B)=0$ とおくと，任意のベクトル $\boldsymbol{x}\in A$ に対して $\rho(\boldsymbol{x},B)=0$ となる．よって，任意のベクトル $\boldsymbol{x}\in A$ に対して定理 2.7 より $\boldsymbol{x}\in \mathrm{cl}B$ が成立し，$A\subset \mathrm{cl}B$ が示される．

逆に，$A\subset \mathrm{cl}B$ とすると，任意のベクトル $\boldsymbol{x}\in A$ に対して $\rho(\boldsymbol{x},B)=0$ となるから，$\delta(A,B)=0$ が示される．

2. を示すために，任意のベクトル $\boldsymbol{a}\in A$, $\boldsymbol{b}\in B$, $\boldsymbol{c}\in C$ に対して，

$$\|\boldsymbol{a}-\boldsymbol{b}\|\le\|\boldsymbol{a}-\boldsymbol{c}\|+\|\boldsymbol{c}-\boldsymbol{b}\|$$

が成り立つことを利用する．ここで，$\boldsymbol{b}$ は B の任意のベクトルであるから，上式を B 上で $\boldsymbol{b}$ についての下限をとることで，

$$\rho(\boldsymbol{a},B)\le\|\boldsymbol{a}-\boldsymbol{c}\|+\rho(\boldsymbol{c},B)$$

が得られ， B は有界な集合であるから $\rho(\boldsymbol{c},B)<\infty$ であり

$$\rho(\boldsymbol{a},B)-\rho(\boldsymbol{c},B)\le\|\boldsymbol{a}-\boldsymbol{c}\|$$

と書き換えることができる．ここで，$\boldsymbol{c}$ は集合 C の任意のベクトルであるから，両辺の $\boldsymbol{c}$ についての下限をとると，右辺は $\rho(\boldsymbol{a},C)$ となり，左辺は $\rho(\boldsymbol{a},B)-\delta(C,B)$ となることから

$$\rho(\boldsymbol{a},B)\le\rho(\boldsymbol{a},C)+\delta(C,B)$$

が得られる．このとき，$\boldsymbol{a}$ は集合 A の任意のベクトルであることより，上式の両辺を $\boldsymbol{a}$ について A 上で上限をとると，

$$\delta(A,B)\le\delta(A,C)+\delta(C,B)$$

が得られ，証明は終わる． □

定理 7.4. Z を E^n の空でない有界閉集合の全体とする．このとき，任意の集合 $A,B\in Z$ に対して，A と B の間の距離を

$$H(A,B)=\max\{\delta(A,B),\delta(B,A)\}$$

と定義するとき，空間 (Z,H) は距離空間となる．ただし，記号 (Z,H) は Z の集合に H の距離が導入されている空間を示している．

証明. まず，最初に任意の集合 $A,B\in Z$ に対して，$H(A,B)$ が有限値であることを示す．定理 2.7 より $\rho(\boldsymbol{x},B)$ は $\boldsymbol{x}$ に関して連続であり，A は有界閉集

合であるから，$\rho(\boldsymbol{x}, B)$ は A で最大値をもつ．よって，$\delta(A, B)$ は有限値である．同様に $\delta(B, A)$ もまた有限値であることが確かめられる．

次に，H が定義 1.7 の距離の 3 条件を満たすことを示す．そこで，まず，$H(A, B) \geq 0$ は H の定義より明らかに成立する．また $H(A, B) = 0$ のときには H の定義より $\delta(A, B) = \delta(B, A) = 0$ であるから，$A \subset B = \mathrm{cl}B$ と $B \subset A = \mathrm{cl}A$ から，$A = B$ が成り立つ．さらに，H の定義より $H(A, B) = H(B, A)$ も明らかに成り立つ．よって，H が三角不等式を満たすことを示すことが必要となる．そこで，命題 7.1 を用いて

$$\begin{aligned}
H(A, B) &= \max\{\delta(A, B), \delta(B, A)\} \\
&\leq \max\{\delta(A, C) + \delta(C, B), \delta(B, C) + \delta(C, A)\} \\
&= \max\{\delta(A, C) + \delta(C, B), \delta(C, A) + \delta(B, C)\} \\
&\leq \max\{\delta(A, C), \delta(C, A)\} + \max\{\delta(C, B), \delta(B, C)\} \\
&= H(A, C) + H(C, B)
\end{aligned}$$

が得られ，(Z, H) は距離空間となることが示され，証明は終わる．□

ここで，定義した集合間の距離 H を**ハウスドルフの距離** (Hausdorff metric) と呼び，この距離 H に関する性質を次の命題で述べる．

命題 7.2. Z を E^n の空でない有界閉集合の全体とし，H を Z のハウスドルフの距離とおく．このとき，任意の $\boldsymbol{x} \in E^n$ と $B, C \in Z$ に対して次の不等式が成立する．

$$|\rho(\boldsymbol{x}, B) - \rho(\boldsymbol{x}, C)| \leq H(B, C)$$

証明. まず，$\rho(\boldsymbol{x}, C)$ の定義より

$$\rho(\boldsymbol{x}, C) = \inf_{\boldsymbol{c} \in C} d(\boldsymbol{x}, \boldsymbol{c})$$

ただし，$d(\boldsymbol{x}, \boldsymbol{y}) = \|\boldsymbol{x} - \boldsymbol{y}\|$ を表している．よって，下限の定義より任意の正の実数 $\varepsilon > 0$ に対して， $d(\boldsymbol{x}, \boldsymbol{c}) < \rho(\boldsymbol{x}, C) + \varepsilon$ となるベクトル $\boldsymbol{c} \in C$ が存在する．そこで，

$$\begin{aligned}
\rho(\boldsymbol{x}, B) - \rho(\boldsymbol{x}, C) &< d(\boldsymbol{x}, \boldsymbol{b}) - d(\boldsymbol{x}, \boldsymbol{c}) + \varepsilon \\
&\leq d(\boldsymbol{b}, \boldsymbol{c}) + \varepsilon
\end{aligned}$$

が成り立ち，$\boldsymbol{b} \in B$ は任意であるから上式の右辺の $\boldsymbol{b}$ についての下限をとると，

$$\rho(\boldsymbol{x}, B) - \rho(\boldsymbol{x}, C) \leq \rho(\boldsymbol{c}, B) + \varepsilon \leq \delta(C, B) + \varepsilon$$
$$\leq H(C, B) + \varepsilon$$

が成立する．ここで，ε は任意であるから，$\varepsilon \downarrow 0$ とすることによって

$$\rho(\boldsymbol{x}, B) - \rho(\boldsymbol{x}, C) \leq H(C, B)$$

が得られ，同様にして，B と C の役割を入れ換えて

$$\rho(\boldsymbol{x}, C) - \rho(\boldsymbol{x}, B) \leq H(C, B)$$

が得られる．よって，

$$|\rho(\boldsymbol{x}, B) - \rho(\boldsymbol{x}, C)| \leq H(C, B)$$

が成立し，証明は終わる． □

7.3 集合値縮小写像と不動点

定義 7.4. $F : E^n \to 2^{E^n}$ を集合値関数とする．このとき，あるベクトル $\boldsymbol{x}^* \in E^n$ が

$$\boldsymbol{x}^* \in F(\boldsymbol{x}^*)$$

を満たすとき，$\boldsymbol{x}^*$ を**集合値関数 F の不動点** (fixed point) と呼ぶ．ただし，記号 2^{E^n} は空でない E^n の部分集合の全体の集合を表している．

上の定義で $n = 1$ の例として集合値関数 $f : E^1 \to 2^{E^1}$ の不動点を幾何学的に考察すると，2 次元ユークリッド空間における集合値関数の表す集合の帯 $\{(x, F(x)) \,|\, x \in E^1\}$ (F のグラフと呼ぶ) と，原点を通り x-軸と 45 度の勾配を

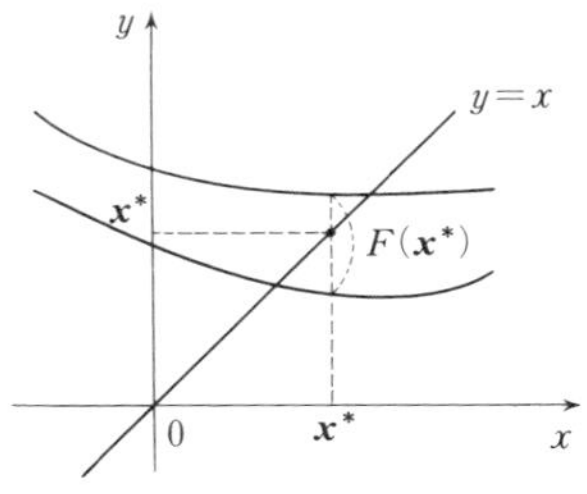

図 7.3 集合値関数の不動点 $\boldsymbol{x}^*$

なす直線 $y = x$ との交点の x-座標となる．しかし，一般に集合値関数の不動点はただ1つとは限らない．図 7.3 で集合値関数の不動点の幾何学的な図を与える．

以下で，この距離 H を用いて集合値関数の不動点定理を考察するために，まず集合値縮小写像の定義を与える．ただし，以下では前にも述べたように，記号 Z は E^n の空でない有界閉部分集合の全体の集合とする．

定義 7.5. $F : E^n \to Z$　とする．このとき，ある実数 r $(0 \leq r < 1)$ が存在し，任意のベクトル $\boldsymbol{x}, \boldsymbol{y} \in E^n$ に対して，

$$H(F(\boldsymbol{x}), F(\boldsymbol{y})) \leq r\|\boldsymbol{x} - \boldsymbol{y}\|$$

が常に成り立つとき，F は**集合値縮小写像**であると呼ぶ．

命題 7.3. $F : E^n \to Z$ を集合値縮小写像とするとき，すべての $\boldsymbol{x} \in E^n$ に対して

$$G(\boldsymbol{x}) = \rho(\boldsymbol{x}, F(\boldsymbol{x}))$$

と定義される写像 $G : E^n \to E^1$ は連続写像となる．

証明. 任意のベクトル $\boldsymbol{x}, \boldsymbol{y} \in E^n$ に対して

$$\begin{aligned}|G(\boldsymbol{x}) - G(\boldsymbol{y})| &= |\rho(\boldsymbol{x}, F(\boldsymbol{x})) - \rho(\boldsymbol{y}, F(\boldsymbol{y}))| \\ &\leq |\rho(\boldsymbol{x}, F(\boldsymbol{x})) - \rho(\boldsymbol{y}, F(\boldsymbol{x}))| + |\rho(\boldsymbol{y}, F(\boldsymbol{x})) - \rho(\boldsymbol{y}, F(\boldsymbol{y}))|\end{aligned}$$

定理 2.7 と命題 7.2 より

$$\leq \|\boldsymbol{x} - \boldsymbol{y}\| + H(F(\boldsymbol{x}), F(\boldsymbol{y}))$$

が得られる．ここで，F は集合値縮小写像であるから

$$\leq (1 + r)\|\boldsymbol{x} - \boldsymbol{y}\|$$

が成立している．よって，$G(\boldsymbol{x}) = \rho(\boldsymbol{x}, F(\boldsymbol{x}))$ は $(1 + r)$-リプシッツ条件を満たすことより連続が得られ，証明は終わる．□

定理 7.5.（集合値縮小写像の不動点定理）
　$F : E^n \to Z$　が縮小写像の条件を満たしているとする．このとき，E^n に F の不動点が存在する．

証明． まず，$G(\boldsymbol{x}) = \rho(\boldsymbol{x}, F(\boldsymbol{x}))$ とおくと，命題 7.3 より G は連続関数である．さらに，明らかに G は非負で下に有界である．このとき，G にエークランドの定理を $1 - r > \varepsilon > 0$ を満たす任意の正の実数 ε に対して適用すると，すべてのベクトル $\boldsymbol{x} \in E^n$ に対して，

$$\rho(\boldsymbol{x}, F(\boldsymbol{x})) \geq \rho(\boldsymbol{x}_0, F(\boldsymbol{x}_0)) - \varepsilon\|\boldsymbol{x} - \boldsymbol{x}_0\|$$

が成り立つ ベクトル $\boldsymbol{x}_0$ が存在する．ここで，$\boldsymbol{x} \in F(\boldsymbol{x}_0)$ を満たす任意のベクトルに対して，H の定義から明らかに

$$\rho(\boldsymbol{x}, F(\boldsymbol{x})) \leq H(F(\boldsymbol{x}_0), F(\boldsymbol{x}))$$

が成り立つ．よって，上式は任意のベクトル $\boldsymbol{x} \in F(\boldsymbol{x}_0)$ について成り立つこととハウスドルフの距離 H の定義より

$$\begin{aligned}\rho(\boldsymbol{x}_0, F(\boldsymbol{x}_0)) &\leq \rho(\boldsymbol{x}, F(\boldsymbol{x})) + \varepsilon\|\boldsymbol{x}_0 - \boldsymbol{x}\| \\ &\leq H(F(\boldsymbol{x}_0), F(\boldsymbol{x})) + \varepsilon\|\boldsymbol{x}_0 - \boldsymbol{x}\| \\ &\leq r\|\boldsymbol{x}_0 - \boldsymbol{x}\| + \varepsilon\|\boldsymbol{x}_0 - \boldsymbol{x}\| \\ &= (r + \varepsilon)\|\boldsymbol{x}_0 - \boldsymbol{x}\|\end{aligned}$$

が得られる．ゆえに

$$\rho(\boldsymbol{x}_0, F(\boldsymbol{x}_0)) \leq (r + \varepsilon)\|\boldsymbol{x}_0 - \boldsymbol{x}\|$$

が得られ，$\boldsymbol{x}$ は $F(\boldsymbol{x}_0)$ の任意のベクトルであるから

$$\rho(\boldsymbol{x}_0, F(\boldsymbol{x}_0)) \leq (r + \varepsilon)\rho(\boldsymbol{x}_0, F(\boldsymbol{x}_0))$$

が成立する．よって

$$(1 - r - \varepsilon)\rho(\boldsymbol{x}_0, F(\boldsymbol{x}_0)) \leq 0$$

となるから，$1 - r > \varepsilon > 0$ より

$$\rho(\boldsymbol{x}_0, F(\boldsymbol{x}_0)) = 0$$

となり

$$\boldsymbol{x}_0 \in F(\boldsymbol{x}_0)$$

が得られることから $\boldsymbol{x}_0$ が F の不動点であることが示され，証明は終わる．□

次に，$F : E^n \to Z$ に対して次の条件が成立するときのようすを考察する．

「ある実数 k $(0 \leq k < \frac{1}{2})$ が存在して，すべての $\boldsymbol{x}, \boldsymbol{y} \in E^n$ に対して

$$H(F(\boldsymbol{x}), F(\boldsymbol{y})) \leq k\{\rho(\boldsymbol{x}, F(\boldsymbol{x})) + \rho(\boldsymbol{y}, F(\boldsymbol{y}))\}$$

が成立する.」

上の条件は縮小の条件を拡張したものである. 実際に, 任意の $\boldsymbol{x} \in E^n$ に対してベクトル $\boldsymbol{y} \in F(\boldsymbol{x})$ をとるとき, もし $\boldsymbol{x} \in F(\boldsymbol{y})$ が満たされていれば

$$\rho(\boldsymbol{x}, F(\boldsymbol{x})) \leq \|\boldsymbol{x} - \boldsymbol{y}\|, \ \ \rho(\boldsymbol{y}, F(\boldsymbol{y})) \leq \|\boldsymbol{x} - \boldsymbol{y}\|$$

であるから,

$$\begin{aligned} H(F(\boldsymbol{x}), F(\boldsymbol{y})) &\leq k\{\rho(\boldsymbol{x}, F(\boldsymbol{x})) + \rho(\boldsymbol{y}, F(\boldsymbol{y}))\} \\ &\leq k\{\|\boldsymbol{x} - \boldsymbol{y}\| + \|\boldsymbol{x} - \boldsymbol{y}\|\} \\ &= 2k\|\boldsymbol{x} - \boldsymbol{y}\| \end{aligned}$$

$0 \leq 2k < 1$ であるから, この場合には縮小写像の条件になっている.

また, $F : E^n \to Z$ が縮小写像のとき $G(\boldsymbol{x}) = \rho(\boldsymbol{x}, F(\boldsymbol{x}))$ が連続関数になることは, 命題 7.3 により証明しているが, F が上の条件を満たすときに G の連続性を与えていない. そこで, まず, 次のようにして集合値写像の連続性の定義を与える.

定義 7.6. $F : E^n \to Z$ が $\boldsymbol{x}$ で連続であるとは, 任意の $\varepsilon > 0$ に対して, ある $\delta = \delta(\boldsymbol{x}, \varepsilon) > 0$ が存在して, $\|\boldsymbol{x} - \boldsymbol{y}\| < \delta$ を満たす任意のベクトル $\boldsymbol{y}$ に対して $H(F(\boldsymbol{x}), F(\boldsymbol{y})) < \varepsilon$ が常に成り立つとき, F はベクトル $\boldsymbol{x}$ で**連続**であると呼ぶ. また, すべてのベクトル $\boldsymbol{x} \in E^n$ で F が連続になるとき, F は単に連続であると呼ぶ.

命題 7.4. $F : E^n \to Z$ が連続のとき

$$G(\boldsymbol{x}) = \rho(\boldsymbol{x}, F(\boldsymbol{x}))$$

とおくと, G は連続になる.

証明. 任意のベクトル $\boldsymbol{x}, \boldsymbol{y} \in E^n$ に対して,

$$\begin{aligned} |G(\boldsymbol{x}) - G(\boldsymbol{y})| &= |\rho(\boldsymbol{x}, F(\boldsymbol{x})) - \rho(\boldsymbol{y}, F(\boldsymbol{y}))| \\ &\leq |\rho(\boldsymbol{x}, F(\boldsymbol{x})) - \rho(\boldsymbol{y}, F(\boldsymbol{x}))| + |\rho(\boldsymbol{y}, F(\boldsymbol{x})) - \rho(\boldsymbol{y}, F(\boldsymbol{y}))| \\ &\leq \|\boldsymbol{x} - \boldsymbol{y}\| + H(F(\boldsymbol{x}), F(\boldsymbol{y})) \end{aligned}$$

が得られ, F は連続であるから, G が連続となることが示され証明は終わる.

□

定理 7.6. $F : E^n \to Z$ が次の条件を満たす集合値連続写像とし，ある実数 k $(0 \le k < \frac{1}{2})$ が存在して，すべての $\boldsymbol{x}, \boldsymbol{y} \in E^n$ に対して，

$$H(F(\boldsymbol{x}), F(\boldsymbol{y})) \le k\{\rho(\boldsymbol{x}, F(\boldsymbol{x})) + \rho(\boldsymbol{y}, F(\boldsymbol{y}))\}$$

を満たしているとする．このとき，E^n に F の不動点が存在する．

証明. $G(\boldsymbol{x}) = \rho(\boldsymbol{x}, F(\boldsymbol{x}))$ とおくと，命題 7.4 より G は連続関数になる．さらに，明らかに G は下に有界である．よって，G にエークランドの定理を $1 - \frac{k}{1-k} > \varepsilon > 0$ を満たす任意の実数 ε に対して適用すると，すべてのベクトル $\boldsymbol{x} \in E^n$ に対して，

$$\rho(\boldsymbol{x}_0, F(\boldsymbol{x}_0)) \le \rho(\boldsymbol{x}, F(\boldsymbol{x})) + \varepsilon\|\boldsymbol{x} - \boldsymbol{x}_0\|$$

を満たすベクトル $\boldsymbol{x}_0$ が存在する．ここで，上式は $\boldsymbol{x} \in F(\boldsymbol{x}_0)$ を満たすすべてのベクトル $\boldsymbol{x}$ についても成り立ち，すべての $\boldsymbol{x} \in F(\boldsymbol{x}_0)$ に対しても

$$\rho(\boldsymbol{x}, F(\boldsymbol{x})) \le H(F(\boldsymbol{x}_0), F(\boldsymbol{x}))$$

が成り立つ．よって，

$$\begin{aligned}
\rho(\boldsymbol{x}_0, F(\boldsymbol{x}_0)) &\le \rho(\boldsymbol{x}, F(\boldsymbol{x})) + \varepsilon\|\boldsymbol{x}_0 - \boldsymbol{x}\| \\
&\le H(F(\boldsymbol{x}_0), F(\boldsymbol{x})) + \varepsilon\|\boldsymbol{x}_0 - \boldsymbol{x}\| \\
&\le k\rho(\boldsymbol{x}, F(\boldsymbol{x})) + k\rho(\boldsymbol{x}_0, F(\boldsymbol{x}_0)) + \varepsilon\|\boldsymbol{x}_0 - \boldsymbol{x}\| \\
&\le kH(F(\boldsymbol{x}_0), F(\boldsymbol{x})) + k\rho(\boldsymbol{x}_0, F(\boldsymbol{x}_0)) + \varepsilon\|\boldsymbol{x}_0 - \boldsymbol{x}\| \\
&\le k^2\rho(\boldsymbol{x}, F(\boldsymbol{x})) + (k^2 + k)\rho(\boldsymbol{x}_0, F(\boldsymbol{x}_0)) + \varepsilon\|\boldsymbol{x}_0 - \boldsymbol{x}\| \\
&\le k^2H(F(\boldsymbol{x}_0), F(\boldsymbol{x})) + (k^2 + k)\rho(\boldsymbol{x}_0, F(\boldsymbol{x}_0)) + \varepsilon\|\boldsymbol{x}_0 - \boldsymbol{x}\| \\
&\le k^3\rho(\boldsymbol{x}, F(\boldsymbol{x})) + (k^3 + k^2 + k)\rho(\boldsymbol{x}_0, F(\boldsymbol{x}_0)) + \varepsilon\|\boldsymbol{x}_0 - \boldsymbol{x}\| \\
&\ \ \vdots \\
&\le k^m\rho(\boldsymbol{x}, F(\boldsymbol{x})) + (k^m + \cdots + k^2 + k)\rho(\boldsymbol{x}_0, F(\boldsymbol{x}_0)) + \varepsilon\|\boldsymbol{x}_0 - \boldsymbol{x}\|
\end{aligned}$$

ここで，$m \to \infty$ とすると，$0 \le k < \frac{1}{2}$ より

$$\rho(\boldsymbol{x}_0, F(\boldsymbol{x}_0)) \le \frac{k}{1-k}\rho(\boldsymbol{x}_0, F(\boldsymbol{x}_0)) + \varepsilon\|\boldsymbol{x}_0 - \boldsymbol{x}\|$$

が得られ，$\boldsymbol{x}$ は $F(\boldsymbol{x}_0)$ の任意のベクトルであるから，

$$\rho(\boldsymbol{x}_0, F(\boldsymbol{x}_0)) \leq \frac{k}{1-k}\rho(\boldsymbol{x}_0, F(\boldsymbol{x}_0)) + \varepsilon\rho(\boldsymbol{x}_0, F(\boldsymbol{x}_0))$$

ゆえに

$$(1 - \frac{k}{1-k} - \varepsilon)\rho(\boldsymbol{x}_0, F(\boldsymbol{x}_0)) \leq 0$$

が成立する．このとき，上の2式で $1 - \frac{k}{1-k} > \varepsilon > 0$ を満たしていることより

$$\rho(\boldsymbol{x}_0, F(\boldsymbol{x}_0)) = 0$$

が成り立つので，$\boldsymbol{x}_0 \in F(\boldsymbol{x}_0)$ が得られる．よって，$\boldsymbol{x}_0$ は F の不動点となることが示され，証明は終わる．□

この定理の例として，次の例題が N.N.Kaulgud & D.V.Pai [16] で与えられている．

[例題] 全空間を E^1 とし，この空間の部分集合 $[0,1]$ 上に集合値写像 $F(x) = [0, \frac{2}{7}x]$ を定義する．このとき，すべての $x, y \in E^1$ に対して

$$H(F(x), F(y)) \leq \frac{2}{5}\{\rho(x, F(x)) + \rho(y, F(y))\}$$

となり，不動点として $x = 0$ をもつ．

幾何学的な説明は図7.4で与える．

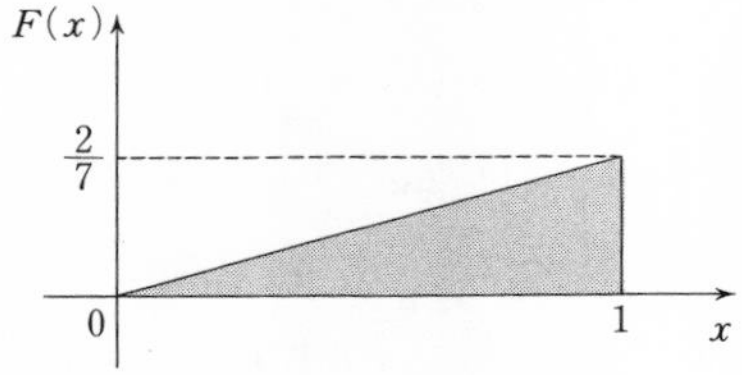

図7.4　例題

次に，前定理の条件を拡張した次の定理を考察しよう．

定理 7.7. $F : E^n \to Z$ が次の条件を満たす集合値連続写像とし，ある2つの実数 k_1, k_2 $(0 < k_1, 0 < k_2, k_1 + k_2 < 1)$ が存在して，すべてのベクトル $\boldsymbol{x}, \boldsymbol{y} \in E^n$ に対して

$$H(F(\boldsymbol{x}), F(\boldsymbol{y})) \leq k_1\rho(\boldsymbol{x}, F(\boldsymbol{x})) + k_2\rho(\boldsymbol{y}, F(\boldsymbol{y}))$$

が成り立つとする．このとき，E^n に F の不動点が存在する．

証明. 前定理と同様に $G(\boldsymbol{x}) = \rho(\boldsymbol{x}, F(\boldsymbol{x}))$ とおき，この G にエークランドの定理を $1 - \frac{k_1}{1-k_2} > \varepsilon > 0$ を満たす任意の実数 ε に対して適用すると，すべてのベクトル $\boldsymbol{x} \in E^n$ に対して，

$$\rho(\boldsymbol{x}_0, F(\boldsymbol{x}_0)) \leq \rho(\boldsymbol{x}, F(\boldsymbol{x})) + \varepsilon\|\boldsymbol{x} - \boldsymbol{x}_0\|$$

を満たす $\boldsymbol{x}_0$ が存在する．前定理の証明と同じように，$\boldsymbol{x} \in F(\boldsymbol{x}_0)$ に対して

$$\begin{aligned}
\rho(\boldsymbol{x}_0, F(\boldsymbol{x}_0)) &\leq \rho(\boldsymbol{x}, F(\boldsymbol{x})) + \varepsilon\|\boldsymbol{x}_0 - \boldsymbol{x}\| \\
&\leq H(F(\boldsymbol{x}_0), F(\boldsymbol{x})) + \varepsilon\|\boldsymbol{x}_0 - \boldsymbol{x}\| \\
&\leq k_1\rho(\boldsymbol{x}_0, F(\boldsymbol{x}_0)) + k_2\rho(\boldsymbol{x}, F(\boldsymbol{x})) + \varepsilon\|\boldsymbol{x}_0 - \boldsymbol{x}\| \\
&\leq k_2 H(F(\boldsymbol{x}_0), F(\boldsymbol{x})) + k_1\rho(\boldsymbol{x}_0, F(\boldsymbol{x}_0)) + \varepsilon\|\boldsymbol{x}_0 - \boldsymbol{x}\| \\
&\leq k_2^2\rho(\boldsymbol{x}, F(\boldsymbol{x})) + (k_2k_1 + k_1)\rho(\boldsymbol{x}_0, F(\boldsymbol{x}_0)) + \varepsilon\|\boldsymbol{x}_0 - \boldsymbol{x}\| \\
&\leq k_2^2 H(F(\boldsymbol{x}_0), F(\boldsymbol{x})) + (k_2k_1 + k_1)\rho(\boldsymbol{x}_0, F(\boldsymbol{x}_0)) + \varepsilon\|\boldsymbol{x}_0 - \boldsymbol{x}\| \\
&\leq k_2^3\rho(\boldsymbol{x}, F(\boldsymbol{x})) + (k_2^2k_1 + k_2k_1 + k_1)\rho(\boldsymbol{x}_0, F(\boldsymbol{x}_0)) + \varepsilon\|\boldsymbol{x}_0 - \boldsymbol{x}\| \\
&\vdots \\
&\leq k_2^{m+1}\rho(\boldsymbol{x}, F(\boldsymbol{x})) + (k_2^m + k_2^{m-1} + \cdots + k_2 + 1)k_1\rho(\boldsymbol{x}_0, F(\boldsymbol{x}_0)) \\
&\quad + \varepsilon\|\boldsymbol{x}_0 - \boldsymbol{x}\|
\end{aligned}$$

ここで，$m \to \infty$ とすると，$0 < k_1, 0 < k_2, k_1 + k_2 < 1$ より

$$\rho(\boldsymbol{x}_0, F(\boldsymbol{x}_0)) \leq \frac{k_1}{1 - k_2}\rho(\boldsymbol{x}_0, F(\boldsymbol{x}_0)) + \varepsilon\|\boldsymbol{x}_0 - \boldsymbol{x}\|$$

が成立し，$\boldsymbol{x}$ は $F(\boldsymbol{x}_0)$ の任意のベクトルであることから，

$$\rho(\boldsymbol{x}_0, F(\boldsymbol{x}_0)) \leq \frac{k_1}{1 - k_2}\rho(\boldsymbol{x}_0, F(\boldsymbol{x}_0)) + \varepsilon\rho(\boldsymbol{x}_0, F(\boldsymbol{x}_0))$$

が成立する．

ゆえに

$$(1 - \frac{k_1}{1 - k_2} - \varepsilon)\rho(\boldsymbol{x}_0, F(\boldsymbol{x}_0)) \leq 0$$

が得られ，上式で $1 - \frac{k_1}{1-k_2} > \varepsilon > 0$ を満たしていることより

$$\rho(\boldsymbol{x}_0, F(\boldsymbol{x}_0)) = 0$$

が成り立つので，$\boldsymbol{x}_0 \in F(\boldsymbol{x}_0)$ が得られ，$\boldsymbol{x}_0$ は F の不動点となることが示され，証明は終わる． □

上の定理で $k_1 = k_2$ とおけば前定理が得られ，さらに条件を拡張することで次の定理が得られる．

定理 7.8. $F : E^n \to Z$ が次の条件を満たす集合値連続写像とし，ある実数 a_i $(i = 1,2,3,4,5)$ $(a_i \geq 0, \sum_{i=1}^{5} a_i < 1)$ が存在して，すべてのベクトル $\boldsymbol{x}, \boldsymbol{y} \in E^n$ に対して

$$
\begin{aligned}
H(F(\boldsymbol{x}), F(\boldsymbol{y})) \leq a_1\rho(\boldsymbol{x}, F(\boldsymbol{x})) + a_2\rho(\boldsymbol{y}, F(\boldsymbol{y})) + a_3\rho(\boldsymbol{x}, F(\boldsymbol{y}))& \\
+a_4\rho(\boldsymbol{y}, F(\boldsymbol{x})) + a_5\|\boldsymbol{x} - \boldsymbol{y}\|&
\end{aligned}
$$

が成り立つとする．このとき，E^n に F の不動点が存在する．

証明. 前定理と同様に $G(\boldsymbol{x}) = \rho(\boldsymbol{x}, F(\boldsymbol{x}))$ とおき，この G にエークランドの定理をある正の実数 $\varepsilon > 0$ に対して適用すると，すべてのベクトル $\boldsymbol{x} \in E^n$ に対して，

$$\rho(\boldsymbol{x}_0, F(\boldsymbol{x}_0)) \leq \rho(\boldsymbol{x}, F(\boldsymbol{x})) + \varepsilon\|\boldsymbol{x} - \boldsymbol{x}_0\|$$

を満たす $\boldsymbol{x}_0$ が存在する．前定理の証明と同じように，$\boldsymbol{x} \in F(\boldsymbol{x}_0)$，すなわち，$\rho(\boldsymbol{x}, F(\boldsymbol{x}_0)) = 0$ として上式を計算すると，

$$
\begin{aligned}
\rho(\boldsymbol{x}_0, F(\boldsymbol{x}_0)) &\leq \rho(\boldsymbol{x}, F(\boldsymbol{x})) + \varepsilon\|\boldsymbol{x}_0 - \boldsymbol{x}\| \\
&\leq H(F(\boldsymbol{x}_0), F(\boldsymbol{x})) + \varepsilon\|\boldsymbol{x}_0 - \boldsymbol{x}\| \\
&\leq a_1\rho(\boldsymbol{x}_0, F(\boldsymbol{x}_0)) + a_2\rho(\boldsymbol{x}, F(\boldsymbol{x})) + a_3\rho(\boldsymbol{x}_0, F(\boldsymbol{x})) \\
&\quad +a_4\rho(\boldsymbol{x}, F(\boldsymbol{x}_0)) + a_5\|\boldsymbol{x}_0 - \boldsymbol{x}\| + \varepsilon\|\boldsymbol{x}_0 - \boldsymbol{x}\| \\
&= a_1\rho(\boldsymbol{x}_0, F(\boldsymbol{x}_0)) + a_2\rho(\boldsymbol{x}, F(\boldsymbol{x})) + a_3\rho(\boldsymbol{x}_0, F(\boldsymbol{x})) \\
&\quad +a_5\|\boldsymbol{x}_0 - \boldsymbol{x}\| + \varepsilon\|\boldsymbol{x}_0 - \boldsymbol{x}\|
\end{aligned}
$$

が得られる．また，上式にさらに $\rho(\boldsymbol{x}_0, F(\boldsymbol{x})) \leq \rho(\boldsymbol{x}_0, F(\boldsymbol{x}_0)) + H(F(\boldsymbol{x}_0), F(\boldsymbol{x}))$ を適用すると，

$$
\begin{aligned}
&\leq a_1\rho(\boldsymbol{x}_0, F(\boldsymbol{x}_0)) + a_2\rho(\boldsymbol{x}, F(\boldsymbol{x})) + a_3\rho(\boldsymbol{x}_0, F(\boldsymbol{x}_0)) + a_3H(F(\boldsymbol{x}_0), F(\boldsymbol{x})) \\
&\quad +a_5\|\boldsymbol{x}_0 - \boldsymbol{x}\| + \varepsilon\|\boldsymbol{x}_0 - \boldsymbol{x}\| \\
&\leq a_1\rho(\boldsymbol{x}_0, F(\boldsymbol{x}_0)) + a_2H(F(\boldsymbol{x}_0), F(\boldsymbol{x})) + a_3\rho(\boldsymbol{x}_0, F(\boldsymbol{x}_0))
\end{aligned}
$$

$$
\begin{aligned}
&+a_3H(F(\boldsymbol{x}_0),F(\boldsymbol{x}))+a_5\|\boldsymbol{x}_0-\boldsymbol{x}\|+\varepsilon\|\boldsymbol{x}_0-\boldsymbol{x}\|\\
&=(a_1+a_3)\rho(\boldsymbol{x}_0,F(\boldsymbol{x}_0))+(a_2+a_3)H(F(\boldsymbol{x}_0),F(\boldsymbol{x}))+a_5\|\boldsymbol{x}_0-\boldsymbol{x}\|\\
&+\varepsilon\|\boldsymbol{x}_0-\boldsymbol{x}\|
\end{aligned}
$$

ここで，さらに $A=(a_1+a_3)\rho(\boldsymbol{x}_0,F(\boldsymbol{x}_0))+a_5\|\boldsymbol{x}_0-\boldsymbol{x}\|$ とおくと，

$$
\begin{aligned}
\text{上式}&=(a_2+a_3)H(F(\boldsymbol{x}_0),F(\boldsymbol{x}))+A+\varepsilon\|\boldsymbol{x}_0-\boldsymbol{x}\|\\
&\leq(a_2+a_3)\{a_1\rho(\boldsymbol{x}_0,F(\boldsymbol{x}_0))+a_2\rho(\boldsymbol{x},F(\boldsymbol{x}))+a_3\rho(\boldsymbol{x}_0,F(\boldsymbol{x}_0))\\
&\quad+a_3H(F(\boldsymbol{x}_0),F(\boldsymbol{x}))+a_5\|\boldsymbol{x}_0-\boldsymbol{x}\|\}+A+\varepsilon\|\boldsymbol{x}_0-\boldsymbol{x}\|
\end{aligned}
$$

が得られ，さらに同様の計算を続けると，

$$
=(a_2+a_3)^2H(F(\boldsymbol{x}_0),F(\boldsymbol{x}))+(a_2+a_3)A+A+\varepsilon\|\boldsymbol{x}_0-\boldsymbol{x}\|
$$

以下，上と同様の計算を繰り返すと，

$$
\begin{aligned}
&=(a_2+a_3)^{m+1}H(F(\boldsymbol{x}_0),F(\boldsymbol{x}))+\{(a_2+a_3)^m+(a_2+a_3)^{m-1}+\cdots+\\
&+(a_2+a_3)+1\}A+\varepsilon\|\boldsymbol{x}_0-\boldsymbol{x}\|
\end{aligned}
$$

が示される．ここで，$m\to\infty$ とすると，$a_i\geq 0,\sum_{i=1}^5 a_i<1$ より

$$
\rho(\boldsymbol{x}_0,F(\boldsymbol{x}_0))\leq\frac{A}{1-a_2-a_3}+\varepsilon\|\boldsymbol{x}_0-\boldsymbol{x}\|
$$

となる．よって記号 A をもとに戻すと，

$$
\rho(\boldsymbol{x}_0,F(\boldsymbol{x}_0))\leq\frac{1}{1-a_2-a_3}\{(a_1+a_3)\rho(\boldsymbol{x}_0,F(\boldsymbol{x}_0))+a_5\|\boldsymbol{x}_0-\boldsymbol{x}\|\}+\varepsilon\|\boldsymbol{x}_0-\boldsymbol{x}\|
$$

このとき，$\boldsymbol{x}$ は $F(\boldsymbol{x}_0)$ の任意のベクトルであるから

$$
\rho(\boldsymbol{x}_0,F(\boldsymbol{x}_0))\leq\frac{a_1+a_3+a_5}{1-a_2-a_3}\rho(\boldsymbol{x}_0,F(\boldsymbol{x}_0))+\varepsilon\rho(\boldsymbol{x}_0,F(\boldsymbol{x}_0))
$$

すなわち，

$$
(1-\frac{a_1+a_3+a_5}{1-a_2-a_3}-\varepsilon)\rho(\boldsymbol{x}_0,F(\boldsymbol{x}_0))\leq 0
$$

が得られ，上式で a_i $(i=1,2,3,4,5)$ の条件より $\frac{a_1+a_4+a_5}{1-a_2-a_3}<1$ が成立してい

る．よって $a_3 \leq a_4$ のときには，

$$\frac{a_1+a_3+a_5}{1-a_2-a_3} \leq \frac{a_1+a_4+a_5}{1-a_2-a_3} < 1$$

となることから

$$1-\frac{a_1+a_3+a_5}{1-a_2-a_3} > 0$$

したがって ε を $1-\frac{a_1+a_3+a_5}{1-a_2-a_3} > \varepsilon > 0$ ととると，上の式より

$$\rho(\boldsymbol{x}_0, F(\boldsymbol{x}_0)) = 0$$

すなわち，$\boldsymbol{x}_0 \in F(\boldsymbol{x}_0)$，かくて $\boldsymbol{x}_0$ は F の不動点となる．

一方，$a_3 \geq a_4$ のときには，$H(F(\boldsymbol{x}_0), F(\boldsymbol{x})) = H(F(\boldsymbol{x}), F(\boldsymbol{x}_0))$ であることより，$\boldsymbol{x}$ と $\boldsymbol{x}_0$ の立場を入れ換えて同様に計算を繰り返すと $\frac{a_2+a_4+a_5}{1-a_1-a_4}$ なる係数が表れ，

$$\frac{a_2+a_4+a_5}{1-a_1-a_4} \leq \frac{a_2+a_3+a_5}{1-a_1-a_4} < 1$$

であることより

$$1-\frac{a_2+a_4+a_5}{1-a_1-a_4} > 0$$

が得られる．したがって，ε を $1-\frac{a_2+a_4+a_5}{1-a_1-a_4} > \varepsilon > 0$ となるようにとると，$a_3 \geq a_4$ のときも F は不動点をもつことが示され，証明は終わる．□

7.4　複数写像と共通不動点

いままでは，1つの集合値写像についての不動点定理を考えてきたが，次に2つの集合値写像の不動点定理を考察する．

定理 7.9.　$F_i : E^n \to Z$ $(i = 1, 2)$ は次の条件を満たす集合値連続写像とし，ある実数 k $(0 \leq k < \frac{1}{3})$ が存在して，すべてのベクトル $\boldsymbol{x}, \boldsymbol{y} \in E^n$ に対して

$$H(F_1(\boldsymbol{x}), F_2(\boldsymbol{y})) \leq k\{\rho(\boldsymbol{x}, F_1(\boldsymbol{x})) + \rho(\boldsymbol{y}, F_2(\boldsymbol{y}))\}$$

が成り立つとする．このとき，F_1, F_2 の共通の不動点が存在する．

証明． $0 \leq k < \frac{1}{3}$ より，

$$1 - \frac{k+k^2}{(1-k)^2} = \frac{1-2k+k^2-k-k^2}{(1-k)^2} = \frac{1-3k}{(1-k)^2} > 0$$

が成立しているから，以前と同様に，$G(\boldsymbol{x}) = \rho(\boldsymbol{x}, F_1(\boldsymbol{x}))$ とおいて，エークランドの定理を $1 - \frac{k+k^2}{(1-k)^2} > \varepsilon > 0$ に対して適用すると，すべての $\boldsymbol{x} \in E^n$ に対して，

$$\rho(\boldsymbol{x}_0, F_1(\boldsymbol{x}_0)) \leq \rho(\boldsymbol{x}, F_1(\boldsymbol{x})) + \varepsilon\|\boldsymbol{x}_0 - \boldsymbol{x}\|$$

となるベクトル $\boldsymbol{x}_0 \in E^n$ が存在する．上式は，すべての $\boldsymbol{x} \in F_1(\boldsymbol{x}_0)$ でも成り立ち，また，すべての $\boldsymbol{x} \in F_1(\boldsymbol{x}_0)$ に対しては

$$\rho(\boldsymbol{x}, F_1(\boldsymbol{x})) \leq H(F_1(\boldsymbol{x}_0), F_1(\boldsymbol{x}))$$

$$\rho(\boldsymbol{x}, F_2(\boldsymbol{x})) \leq H(F_1(\boldsymbol{x}_0), F_2(\boldsymbol{x}))$$

が成り立っている．よって，

$$\begin{aligned}
\rho(\boldsymbol{x}_0, F_1(\boldsymbol{x}_0)) &\leq \rho(\boldsymbol{x}, F_1(\boldsymbol{x})) + \varepsilon\|\boldsymbol{x}_0 - \boldsymbol{x}\| \\
&\leq H(F_1(\boldsymbol{x}_0), F_1(\boldsymbol{x})) + \varepsilon\|\boldsymbol{x}_0 - \boldsymbol{x}\| \\
&\leq H(F_1(\boldsymbol{x}_0), F_2(\boldsymbol{x})) + H(F_2(\boldsymbol{x}), F_1(\boldsymbol{x})) + \varepsilon\|\boldsymbol{x}_0 - \boldsymbol{x}\| \\
&\leq k\rho(\boldsymbol{x}, F_1(\boldsymbol{x})) + 2k\rho(\boldsymbol{x}, F_2(\boldsymbol{x})) + k\rho(\boldsymbol{x}_0, F_1(\boldsymbol{x}_0)) + \varepsilon\|\boldsymbol{x}_0 - \boldsymbol{x}\| \\
&\leq kH(F_1(\boldsymbol{x}_0), F_1(\boldsymbol{x})) + 2kH(F_1(\boldsymbol{x}_0), F_2(\boldsymbol{x})) + k\rho(\boldsymbol{x}_0, F_1(\boldsymbol{x}_0)) \\
&\quad + \varepsilon\|\boldsymbol{x}_0 - \boldsymbol{x}\| \\
&\leq k\{k\rho(\boldsymbol{x}, F_1(\boldsymbol{x})) + 2k\rho(\boldsymbol{x}, F_2(\boldsymbol{x})) + k\rho(\boldsymbol{x}_0, F_1(\boldsymbol{x}_0))\} \\
&\quad + 2k\{k\rho(\boldsymbol{x}_0, F_1(\boldsymbol{x}_0)) + k\rho(\boldsymbol{x}, F_2(\boldsymbol{x}))\} + k\rho(\boldsymbol{x}_0, F_1(\boldsymbol{x}_0)) \\
&\quad + \varepsilon\|\boldsymbol{x}_0 - \boldsymbol{x}\| \\
&= k^2\rho(\boldsymbol{x}, F_1(\boldsymbol{x})) + 4k^2\rho(\boldsymbol{x}, F_2(\boldsymbol{x})) + (3k^2 + k)\rho(\boldsymbol{x}_0, F_1(\boldsymbol{x}_0)) \\
&\quad + \varepsilon\|\boldsymbol{x}_0 - \boldsymbol{x}\|
\end{aligned}$$

以下，同様の計算を繰り返すと，

$$\begin{aligned}
\rho(\boldsymbol{x}_0, F_1(\boldsymbol{x}_0)) &\leq k^m\rho(\boldsymbol{x}, F_1(\boldsymbol{x})) + 2mk^m\rho(\boldsymbol{x}, F_2(\boldsymbol{x})) \\
&\qquad + \sum_{i=1}^{m}(2i-1)k^i\rho(\boldsymbol{x}_0, F_1(\boldsymbol{x}_0)) + \varepsilon\|\boldsymbol{x}_0 - \boldsymbol{x}\|
\end{aligned}$$

が得られる．ここで，$m \to \infty$ とすると，$0 \leq k < \frac{1}{3}$ より，

$$k^m \to 0,\ 2mk^m \to 0,\ \sum_{i=1}^{m}(2i-1)k^i \to \frac{k+k^2}{(1-k)^2}$$

であるから，

$$\rho(\boldsymbol{x}_0, F_1(\boldsymbol{x}_0)) \leq \frac{k+k^2}{(1-k)^2}\rho(\boldsymbol{x}_0, F_1(\boldsymbol{x}_0)) + \varepsilon\|\boldsymbol{x}_0 - \boldsymbol{x}\|$$

となる．$\boldsymbol{x}$ は $F_1(\boldsymbol{x}_0)$ の任意のベクトルであるから，

$$\rho(\boldsymbol{x}_0, F_1(\boldsymbol{x}_0)) \leq \frac{k+k^2}{(1-k)^2}\rho(\boldsymbol{x}_0, F_1(\boldsymbol{x}_0)) + \varepsilon\rho(\boldsymbol{x}_0, F_1(\boldsymbol{x}_0))$$

よって，

$$(1 - \frac{k+k^2}{(1-k)^2} - \varepsilon)\rho(\boldsymbol{x}_0, F_1(\boldsymbol{x}_0)) \leq 0$$

$1 - \frac{k+k^2}{(1-k)^2} > \varepsilon$ より，

$$\rho(\boldsymbol{x}_0, F_1(\boldsymbol{x}_0)) \leq 0$$

$$\boldsymbol{x}_0 \in F_1(\boldsymbol{x}_0)$$

ゆえに，$\boldsymbol{x}_0$ は F_1 の不動点となる．

また，

$$\begin{aligned}\rho(\boldsymbol{x}_0, F_2(\boldsymbol{x}_0)) &\leq H(F_1(\boldsymbol{x}_0), F_2(\boldsymbol{x}_0)) \\ &\leq k\{\rho(\boldsymbol{x}_0, F_1(\boldsymbol{x}_0)) + \rho(\boldsymbol{x}_0, F_2(\boldsymbol{x}_0))\} \\ &\leq k\rho(\boldsymbol{x}_0, F_2(\boldsymbol{x}_0))\end{aligned}$$

が得られ，

$$(1-k)\rho(\boldsymbol{x}_0, F_2(\boldsymbol{x}_0)) \leq 0$$

が成り立つ．$k < \frac{1}{3}$ より

$$\rho(\boldsymbol{x}_0, F_2(\boldsymbol{x}_0)) = 0$$

となり，

$$\boldsymbol{x}_0 \in F_2(\boldsymbol{x}_0)$$

が得られる．よって，$\boldsymbol{x}_0$ は F_2 の不動点であることが示され，証明は終わる．

□

この定理では，$G(\boldsymbol{x}) = \rho(\boldsymbol{x}, F_2(\boldsymbol{x}))$ とおいても同様の方法で証明できる．

定理 7.10. $F_i : E^n \to Z\ (i=1,2)$ が次の条件を満たす集合値連続写像とし，ある正の実数 $k_1, k_2\ (0 \leq k_1, 0 \leq k_2,\ k_1 + k_2 < \frac{1}{2})$ が存在して，すべてのベクトル $\boldsymbol{x}, \boldsymbol{y} \in E^n$ に対して

$$H(F_1(\boldsymbol{x}), F_2(\boldsymbol{y})) \leq k_1\rho(\boldsymbol{x}, F_1(\boldsymbol{x})) + k_2\rho(\boldsymbol{y}, F_2(\boldsymbol{y}))$$

が成り立つとする．このとき，F_1, F_2 の共通の不動点が存在する．

証明. $1 - \frac{k_1(1+k_2)}{(1-k_1)(1-k_2)} > 0$ となることより，前定理の証明と同様に $G(\boldsymbol{x}) = \rho(\boldsymbol{x}, F_1(\boldsymbol{x}))$ とおき，エークランドの定理を $1 - \frac{k_1(1+k_2)}{(1-k_1)(1-k_2)} > \varepsilon > 0$ に対して適用すると，すべてのベクトル $\boldsymbol{x} \in E^n$ に対して

$$\rho(\boldsymbol{x}_0, F_1(\boldsymbol{x}_0)) \leq \rho(\boldsymbol{x}, F_1(\boldsymbol{x})) + \varepsilon\|\boldsymbol{x}_0 - \boldsymbol{x}\|$$

となる $\boldsymbol{x}_0 \in E^n$ が存在する．前の定理の証明と同様に $\boldsymbol{x} \in F_1(\boldsymbol{x}_0)$ に対して

$$\begin{aligned}
\rho(\boldsymbol{x}_0, F_1(\boldsymbol{x}_0)) &\leq \rho(\boldsymbol{x}, F_1(\boldsymbol{x})) + \varepsilon\|\boldsymbol{x}_0 - \boldsymbol{x}\| \\
&\leq H(F_1(\boldsymbol{x}_0), F_1(\boldsymbol{x})) + \varepsilon\|\boldsymbol{x}_0 - \boldsymbol{x}\| \\
&\leq H(F_1(\boldsymbol{x}_0), F_2(\boldsymbol{x})) + H(F_2(\boldsymbol{x}), F_1(\boldsymbol{x})) + \varepsilon\|\boldsymbol{x}_0 - \boldsymbol{x}\| \\
&\leq k_1\rho(\boldsymbol{x}, F_1(\boldsymbol{x})) + 2k_2\rho(\boldsymbol{x}, F_2(\boldsymbol{x})) + k_1\rho(\boldsymbol{x}_0, F_1(\boldsymbol{x}_0)) \\
&\quad +\varepsilon\|\boldsymbol{x}_0 - \boldsymbol{x}\| \\
&\leq k_1 H(F_1(\boldsymbol{x}_0), F_1(\boldsymbol{x})) + 2k_2 H(F_1(\boldsymbol{x}_0), F_2(\boldsymbol{x})) \\
&\quad +k_1 d(\boldsymbol{x}_0, F_1(\boldsymbol{x}_0)) + \varepsilon\|\boldsymbol{x}_0 - \boldsymbol{x}\| \\
&\leq k_1\{k_1\rho(\boldsymbol{x}, F_1(\boldsymbol{x})) + 2k_2\rho(\boldsymbol{x}, F_2(\boldsymbol{x})) + k_1\rho(\boldsymbol{x}_0, F_1(\boldsymbol{x}_0))\} \\
&\quad +2k_2\{k_1\rho(\boldsymbol{x}_0, F_1(\boldsymbol{x}_0)) + k_2\rho(\boldsymbol{x}, F_2(\boldsymbol{x}))\} + k_1\rho(\boldsymbol{x}_0, F_1(\boldsymbol{x}_0)) \\
&\quad +\varepsilon\|\boldsymbol{x}_0 - \boldsymbol{x}\| \\
&= k_1^2\rho(\boldsymbol{x}, F_1(\boldsymbol{x})) + (2k_1k_2 + 2k_2^2)\rho(\boldsymbol{x}, F_2(\boldsymbol{x})) \\
&\quad +(k_1^2 + 2k_1k_2 + k_1)\rho(\boldsymbol{x}_0, F_1(\boldsymbol{x}_0)) + \varepsilon\|\boldsymbol{x}_0 - \boldsymbol{x}\| \\
&= k_1^2 H(F_1(\boldsymbol{x}_0), F_1(\boldsymbol{x})) + (2k_1k_2 + 2k_2^2)H(F_1(\boldsymbol{x}_0), F_2(\boldsymbol{x})) \\
&\quad +(k_1^2 + 2k_1k_2 + k_1)\rho(\boldsymbol{x}_0, F_1(\boldsymbol{x}_0)) + \varepsilon\|\boldsymbol{x}_0 - \boldsymbol{x}\| \\
&= k_1^2\{H(F_1(\boldsymbol{x}_0), F_2(\boldsymbol{x})) + H(F_2(\boldsymbol{x}), F_1(\boldsymbol{x}_0))\} \\
&\quad +(2k_1k_2 + 2k_2^2)\{k_1\rho(\boldsymbol{x}_0, F_1(\boldsymbol{x}_0)) + k_2\rho(\boldsymbol{x}, F_2(\boldsymbol{x}))\}
\end{aligned}$$

$$
\begin{aligned}
&+(k_1^2+2k_1k_2+k_1)\rho(\boldsymbol{x}_0, F_1(\boldsymbol{x}_0))+\varepsilon\|\boldsymbol{x}_0-\boldsymbol{x}\| \\
&= k_1^2\{k_1\rho(\boldsymbol{x}_0, F_1(\boldsymbol{x}_0))+2k_2\rho(\boldsymbol{x}, F_2(\boldsymbol{x}))+k_1\rho(\boldsymbol{x}, F_1(\boldsymbol{x}))\} \\
&+(2k_1k_2+2k_2^2)\{k_1\rho(\boldsymbol{x}_0, F_1(\boldsymbol{x}_0))+k_2\rho(\boldsymbol{x}, F_2(\boldsymbol{x}))\} \\
&+(k_1^2+2k_1k_2+k_1)\rho(\boldsymbol{x}_0, F_1(\boldsymbol{x}_0))+\varepsilon\|\boldsymbol{x}_0-\boldsymbol{x}\| \\
&= k_1^3\rho(\boldsymbol{x}, F_1(\boldsymbol{x}))+(2k_1^2k_2+2k_1k_2^2+2k_2^3)\rho(\boldsymbol{x}, F_2(\boldsymbol{x})) \\
&+(k_1^3+2k_1^2k_2+2k_1k_2^2+k_1^2+2k_1k_2+k_1)\rho(\boldsymbol{x}_0, F_1(\boldsymbol{x}_0)) \\
&+\varepsilon\|\boldsymbol{x}_0-\boldsymbol{x}\|
\end{aligned}
$$

以下，同様の計算を繰り返すと，

$$
\begin{aligned}
\rho(\boldsymbol{x}_0, F_1(\boldsymbol{x}_0)) \le k_1^m\rho(\boldsymbol{x}, F_1(\boldsymbol{x}))+2\sum_{i=0}^{m-1}k_1^ik_2^{m-i}\rho(\boldsymbol{x}, F_2(\boldsymbol{x}))+\{k_1 \\
+\sum_{l=1}^{m-1}(k_1^{l+1}+2\sum_{i=0}^{l-1}k_1^{i+1}k_2^{l-i})\}\rho(\boldsymbol{x}_0, F_1(\boldsymbol{x}_0))+\varepsilon\|\boldsymbol{x}_0-\boldsymbol{x}\|
\end{aligned}
$$

が得られる．ここで，$m\to\infty$ とすると，$0\le k_1, 0\le k_2, k_1+k_2<\frac{1}{2}$ より，

$$
k_1^m\to 0,\ 2\sum_{i=0}^{m-1}k_1^ik_2^{m-i}\to 0,
$$

$$
k_1+\sum_{l=1}^{m-1}(k_1^{l+1}+2\sum_{i=0}^{l-1}k_1^{i+1}k_2^{l-i})\to\frac{k_1(1+k_2)}{(1-k_1)(1-k_2)}
$$

であるから，

$$
\rho(\boldsymbol{x}_0, F_1(\boldsymbol{x}_0))\le\frac{k_1(1+k_2)}{(1-k_1)(1-k_2)}\rho(\boldsymbol{x}_0, F_1(\boldsymbol{x}_0))+\varepsilon\|\boldsymbol{x}_0-\boldsymbol{x}\|
$$

となる．$\boldsymbol{x}$ は $F_1(\boldsymbol{x}_0)$ の任意のベクトルであるから，

$$
\rho(\boldsymbol{x}_0, F_1(\boldsymbol{x}_0))\le\frac{k_1(1+k_2)}{(1-k_1)(1-k_2)}\rho(\boldsymbol{x}_0, F_1(\boldsymbol{x}_0))+\varepsilon\rho(\boldsymbol{x}_0, F_1(\boldsymbol{x}_0))
$$

が得られ，

$$
(1-\frac{k_1(1+k_2)}{(1-k_1)(1-k_2)}-\varepsilon)\rho(\boldsymbol{x}_0, F_1(\boldsymbol{x}_0))\le 0
$$

が成立する．

$1-\frac{k_1(1+k_2)}{(1-k_1)(1-k_2)}>\varepsilon$ より，

$$\rho(\boldsymbol{x}_0, F_1(\boldsymbol{x}_0)) \leq 0$$

$$\boldsymbol{x}_0 \in F_1(\boldsymbol{x}_0)$$

ゆえに，$\boldsymbol{x}_0$ は F_1 の不動点となっている．

また，

$$\begin{aligned}\rho(\boldsymbol{x}_0, F_2(\boldsymbol{x}_0)) &\leq H(F_1(\boldsymbol{x}_0), F_2(\boldsymbol{x}_0)) \\ &\leq k_1\rho(\boldsymbol{x}_0, F_1(\boldsymbol{x}_0)) + k_2\rho(\boldsymbol{x}_0, F_2(\boldsymbol{x}_0)) \\ &= k_2\rho(\boldsymbol{x}_0, F_2(\boldsymbol{x}_0))\end{aligned}$$

が得られ，

$$(1-k_2)\rho(\boldsymbol{x}_0, F_2(\boldsymbol{x}_0)) \leq 0$$

が成立する．この式に $0 < k_1,\ k_2,\ k_1 + k_2 < \frac{1}{2}$ を適用し

$$\rho(\boldsymbol{x}_0, F_2(\boldsymbol{x}_0)) = 0$$

が得られる．よって，

$$\boldsymbol{x}_0 \in F_2(\boldsymbol{x}_0)$$

となり，$\boldsymbol{x}_0$ は F_2 の不動点であることが示され，証明は終わる． □

この定理は $G(\boldsymbol{x}) = \rho(\boldsymbol{x}, F_2(\boldsymbol{x}))$ として，$1 - \frac{(1+k_1)k_2}{(1-k_1)(1-k_2)} > \varepsilon > 0$ に対してエークランドの定理を適用しても証明を与えることができる．また，この定理は定理 7.9 の拡張である．実際，$k_1 = k_2$ とすると定理 7.9 に帰着させられる．

次に，m 個の集合値写像の不動点定理を以下で述べる．

定理 7.11. $F_i : E^n \to Z$ $(i = 1, 2, \cdots, m)$ が次の条件を満たす集合値連続写像とし，ある正の実数 k $(0 \leq k < \frac{1}{3})$ が存在して，すべてのベクトル $\boldsymbol{x}, \boldsymbol{y} \in E^n, i, j \in \{1, 2, \cdots, m\}$ に対して

$$H(F_i(\boldsymbol{x}), F_j(\boldsymbol{y})) \leq k\rho(\boldsymbol{x}, F_i(\boldsymbol{x})) + k\rho(\boldsymbol{y}, F_j(\boldsymbol{y}))$$

が成り立つとする．このとき，F_i $(i = 1, 2, \cdots, m)$ の共通の不動点が存在する．

この定理の内容は前定理に帰着できる．証明は省略する．

演習問題 7

1. $f:[0,1]\to E^1$ の縮小写像 $f(x)=\frac{1}{4}(2-x^3)$ を用いて，方程式 $x^3+4x-2=0$ が実根をもつことを証明せよ．

2. $f:E^n\to E^n$ への写像とし，ある自然数 k に対して，写像の k 乗 f^k が常に E^n 上の縮小写像になっている，すなわち，ある実数 $\alpha\ (0\le\alpha<1)$ が存在して，任意の $\boldsymbol{x},\boldsymbol{y}\in E^n$ に対して，

$$\|f^k(\boldsymbol{x})-f^k(\boldsymbol{y})\|\le\alpha\|\boldsymbol{x}-\boldsymbol{y}\|$$

が成立している．このとき，この写像はただ1つの不動点をもつことを証明せよ．

3. $f:E^n\to E^n$ への写像は E^n 上の縮小写像になっているとする．このとき，任意の $\boldsymbol{z}\in E^n$ に対して，$f(\boldsymbol{u})-\boldsymbol{u}=\boldsymbol{z}$ を満たすただ1つのベクトル $\boldsymbol{u}\in E^n$ が存在することを証明せよ．

第 8 章

凸関数と方向微分

この章では，凸関数と準凸関数の基本的な性質や，さらに凸関数と方向微分，劣微分，エピグラフ等の関係とこれらの解析的な性質を述べる．

8.1　凸関数と準凸関数

定義 8.1. E^n の凸集合 S 上で定義されている実関数 $f : S \to E^1$ が，任意のベクトル $\boldsymbol{x}_1, \boldsymbol{x}_2 \in S$ と，任意の実数 α $(0 < \alpha < 1)$ に対して，

$$f(\alpha\boldsymbol{x}_1 + (1-\alpha)\boldsymbol{x}_2) \leq \alpha f(\boldsymbol{x}_1) + (1-\alpha)f(\boldsymbol{x}_2)$$

を満たすとき，f は S 上で**凸関数**であると呼ぶ (図 8.1)．または，単に S 上で凸と呼ぶ．さらに，上の凸関数の定義において，異なるベクトル $\boldsymbol{x}_1 \neq \boldsymbol{x}_2$ と，任意の実数 α $(0 < \alpha < 1)$ に対して，

$$f(\alpha\boldsymbol{x}_1 + (1-\alpha)\boldsymbol{x}_2) < \alpha f(\boldsymbol{x}_1) + (1-\alpha)f(\boldsymbol{x}_2)$$

が成り立つとき，f は S 上で**狭義の凸** (strictly convex) **関数**であると呼ぶ．ま

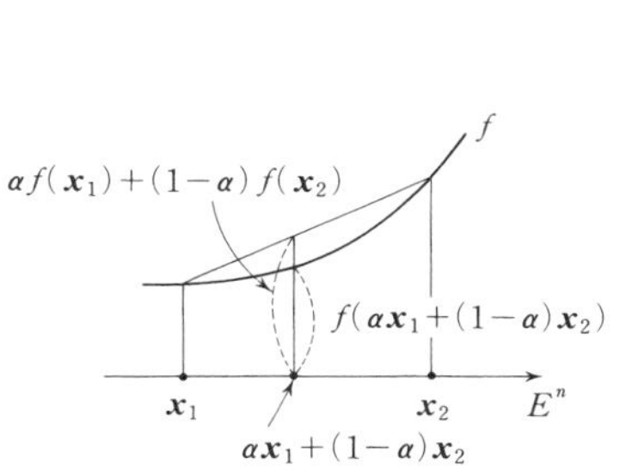

図 8.1　凸関数

たは，単に S 上で狭義の凸と呼ぶ．また，$-f$ が S 上で凸 (狭義の凸) ならば，f は S 上で**凹** (**狭義の凹**) **関数**であると呼ぶ．または，単に S 上で凹 (狭義の凹) と呼ぶ．

図 8.2 は凸関数およびその他の関数の幾何学的なようすの例を示している．

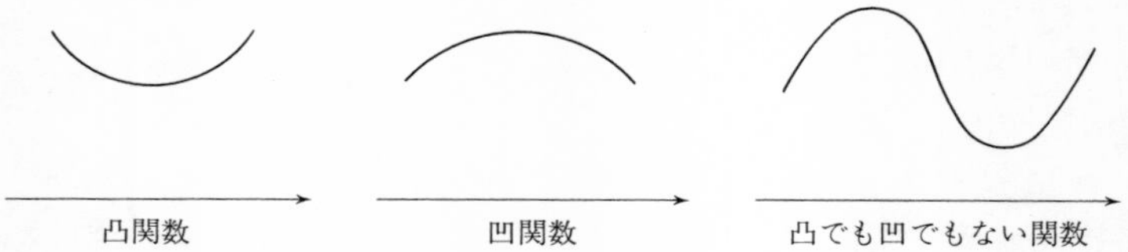

図 8.2

次の実関数は凸関数の例を示したものであり，もちろん，これらの関数に -1 を掛けた関数は定義より凹関数の例となる．

1. $f(x) = 3x + 4$

2. $f(x) = |x|$

3. $f(x) = x^2 - 2x$

4. $f(x) = -x^{\frac{1}{2}},\ x > 0$

5. $f(x) = e^{x^2}$

6. $f(x_1, x_2) = 2x_1^2 + x_2^2 - 2x_1x_2$

7. $f(x_1, x_2, x_3) = x_1^4 + 2x_2^2 + 3x_3^2 - 4x_1 - 4x_2x_3$

次に，不連続な凸関数の例を与える．

1. 次の実関数 $f(x)$ は $[-1, 1]$ 上で凸関数である．

$$f(x) = \begin{cases} 2 & (x = -1, x = 1) \\ x^2 & (-1 < x < 1) \end{cases}$$

2. 次の実関数 $f(x)$ は $[0, \infty)$ 上で凸関数である．

$$f(x) = \begin{cases} 1 & (x = 0) \\ x^2 & (x > 0) \end{cases}$$

定理 8.1. (イェンセン (Jensen) の不等式)

$f : E^n \to E^1$ を凸関数とする．このとき，$\boldsymbol{x}_i \in E^n, \lambda_i \geq 0\ (i = 1, 2, \cdots, m), \sum_{i=1}^m \lambda_i = 1$ ならば，次が成立する．

$$f(\sum_{i=1}^m \lambda_i \boldsymbol{x}_i) \leq \sum_{i=1}^m \lambda_i f(\boldsymbol{x}_i)$$

証明． 帰納法を用いて示すことができるが，詳細は演習問題として読者に残す． □

命題 8.1. S は E^n の空でない凸集合で，$f : S \to E^1$ は凸関数とする．このとき，任意の実数 $a \in E^1$ に対して，レベル集合 $S_a = \{\boldsymbol{x} \in S \mid f(\boldsymbol{x}) \leq a\}$ は E^n の凸集合となる．

証明． 任意のベクトル $\boldsymbol{x}_1, \boldsymbol{x}_2 \in S_a$ と任意の実数 $\alpha\ (0 < \alpha < 1)$ に対して，S が凸集合であることより，$\alpha\boldsymbol{x}_1 + (1-\alpha)\boldsymbol{x}_2 \in S$ となり，また関数 f は凸関数であることから

$$f(\alpha\boldsymbol{x}_1 + (1-\alpha)\boldsymbol{x}_2) \leq \alpha f(\boldsymbol{x}_1) + (1-\alpha)f(\boldsymbol{x}_2) \leq \alpha a + (1-\alpha)a = a$$

が成立する．よって，$\alpha\boldsymbol{x}_1 + (1-\alpha)\boldsymbol{x}_2 \in S_a$ となり，S_a は凸集合となる．もちろん，$S_a = \emptyset$ のときには，空集合は凸集合より明らかに成立している． □

この命題の逆は一般には成立しないが，逆が成り立つ弱い凸の概念を次の定義で与える．

定義 8.2. S は E^n の空でない凸集合で，$f : S \to E^1$ とする．このとき，任意のベクトル $\boldsymbol{x}_1, \boldsymbol{x}_2 \in S$ と任意の実数 $\alpha\ (0 < \alpha < 1)$ に対して，

$$f(\alpha\boldsymbol{x}_1 + (1-\alpha)\boldsymbol{x}_2) \leq \max\{f(\boldsymbol{x}_1), f(\boldsymbol{x}_2)\}$$

が成り立つならば，f を S の上で**準凸** (quasiconvex) **関数**，または，単に S の上で準凸と呼び，$-f$ が S の上で準凸ならば f を S の上で**準凹** (quasiconcave)

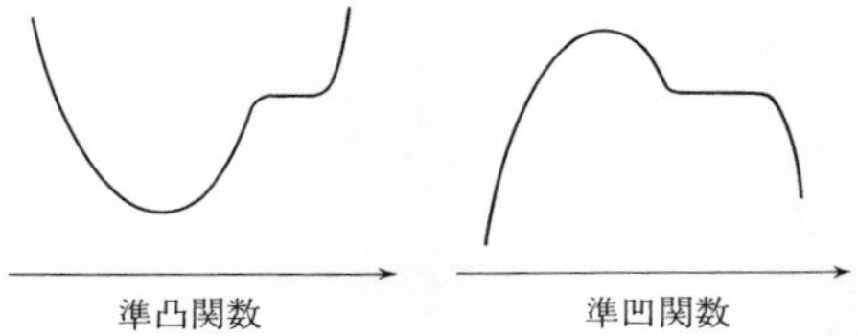

図 8.3

関数，または，単に S の上で準凹と呼ぶ．さらに，$f(\boldsymbol{x}_1) \neq f(\boldsymbol{x}_2)$ なる任意のベクトル $\boldsymbol{x}_1, \boldsymbol{x}_2 \in S$ と任意の実数 α $(0 < \alpha < 1)$ に対して，

$$f(\alpha\boldsymbol{x}_1 + (1-\alpha)\boldsymbol{x}_2) < \max\{f(\boldsymbol{x}_1), f(\boldsymbol{x}_2)\}$$

が成り立つならば，f は S の上で**狭義の準凸** (strictly quasiconvex) **関数**，または，単に S の上で狭義の準凸と呼ぶ．また，$-f$ が S の上で狭義の準凸ならば，f を S の上で**狭義の準凹** (strictly quasiconcave) **関数**，または，単に S の上で狭義の準凹と呼ぶ．

命題 8.2. S は E^n の空でない凸集合で，実関数 $f : S \to E^1$ が準凸関数であるための必要十分条件は，任意の実数 $a \in E^1$ に対して，レベル集合 $S_a = \{\boldsymbol{x} \in S \mid f(\boldsymbol{x}) \leq a\}$ が凸集合となることである．

証明. まず，f が準凸関数であるとすると，任意のベクトル $\boldsymbol{x}_1, \boldsymbol{x}_2 \in S_a$ と任意の実数 α $(0 < \alpha < 1)$ に対して，$\alpha\boldsymbol{x}_1 + (1-\alpha)\boldsymbol{x}_2 \in S$ であることから

$$f(\alpha\boldsymbol{x}_1 + (1-\alpha)\boldsymbol{x}_2) \leq \max\{f(\boldsymbol{x}_1), f(\boldsymbol{x}_2)\} \leq a$$

が成立する．よって，$\alpha\boldsymbol{x}_1 + (1-\alpha)\boldsymbol{x}_2 \in S_a$ となるから，S_a は凸集合である．

逆に，任意の実数 $a \in E^1$ に対して，$S_a \subset E^n$ が凸集合であるとする．ここで，任意の $\boldsymbol{x}_1, \boldsymbol{x}_2 \in S$ に対して，$a = \max\{f(\boldsymbol{x}_1), f(\boldsymbol{x}_2)\}$ とおくと，$a \geq f(\boldsymbol{x}_1), a \geq f(\boldsymbol{x}_2)$ より $\boldsymbol{x}_1, \boldsymbol{x}_2 \in S_a$ となる．このとき，S_a は凸集合であるから，任意の実数 α $(0 < \alpha < 1)$ に対して

$$\alpha\boldsymbol{x}_1 + (1-\alpha)\boldsymbol{x}_2 \in S_a$$

となり，$f(\alpha\boldsymbol{x}_1 + (1-\alpha)\boldsymbol{x}_2) \leq a$ となる．すなわち，

$$f(\alpha\boldsymbol{x}_1 + (1-\alpha)\boldsymbol{x}_2) \leq \max\{f(\boldsymbol{x}_1), f(\boldsymbol{x}_2)\}$$

が成立することから，f は S の上で準凸関数となることが示され，証明は終わる． □

凸関数，狭義の凸関数の定義より，それぞれの関数は準凸関数，狭義の準凸関数であることは容易に理解される．なお，狭義の凸関数はもちろん凸関数となるが，しかし狭義の準凸関数は必ずしも準凸関数とはならない．この事実は次の例で理解できる．

実関数 $f : E^1 \to E^1$ を次のように定義する．

$$f(x) = \begin{cases} 1 & (x = 0 \text{ のとき}) \\ 0 & (x \neq 0 \text{ のとき}) \end{cases}$$

この関数は狭義の準凸関数である．しかし，準凸関数ではない．なぜならば，$x = 1, y = -1$ に対して，$f(x) = f(y) = 0$ であるが，しかし，

$$f(\frac{1}{2}x + \frac{1}{2}y) = f(0) = 1 > f(y)\ (= 0)$$

が成立するからである．しかし，f が下半連続関数であれば，狭義の準凸関数は常に準凸関数になることを以下の命題として与える．

命題 8.3. S は E^n の空でない凸集合で $f : S \to E^1$ が狭義の準凸で，さらに下半連続とする．このとき，f は準凸関数となる．

証明. f が狭義の準凸関数であることより，$f(\boldsymbol{x}) \neq f(\boldsymbol{y})$ をもつ任意の $\boldsymbol{x}, \boldsymbol{y} \in S$ について，すべての実数 $\lambda \in (0, 1)$ に対して

$$f(\lambda\boldsymbol{x} + (1-\lambda)\boldsymbol{y}) < \max\{f(\boldsymbol{x}), f(\boldsymbol{y})\}$$

が成立しているので，$f(\boldsymbol{x}) = f(\boldsymbol{y})$ のときのみ準凸関数であることを示せば証明は終わる．しかし，$\boldsymbol{x} = \boldsymbol{y}$ で $f(\boldsymbol{x}) = f(\boldsymbol{y})$ のときには目的の式の両辺は等号で成立する．そこで，$\boldsymbol{x} \neq \boldsymbol{y}$ で $f(\boldsymbol{x}) = f(\boldsymbol{y})$ と仮定する．f が準凸であることを示すために，すべての $\lambda \in (0, 1)$ に対して

$$f(\lambda\boldsymbol{x} + (1-\lambda)\boldsymbol{y}) \leq f(\boldsymbol{x})$$

であることを示すことが必要になる．そこで，矛盾を導いて証明をするために，ある実数 $\mu \in (0, 1)$ に対して

$$f(\mu\boldsymbol{x} + (1-\mu)\boldsymbol{y}) > f(\boldsymbol{x})$$

が成立すると仮定する．$\boldsymbol{z} = \mu\boldsymbol{x} + (1-\mu)\boldsymbol{y}$ とおくと，f が下半連続関数であることから，ある実数 $\lambda \in (0,1)$ が存在して

$$f(\boldsymbol{z}) \geq f(\lambda\boldsymbol{x} + (1-\lambda)\boldsymbol{z}) > f(\boldsymbol{x}) = f(\boldsymbol{y})$$

が成立する．このとき，$\boldsymbol{z}$ は $\lambda\boldsymbol{x} + (1-\lambda)\boldsymbol{z}$ と $\boldsymbol{y}$ の凸結合で表され，f の狭義の準凸性と $f(\lambda\boldsymbol{x} + (1-\lambda)\boldsymbol{z}) > f(\boldsymbol{y})$ により，上の不等式に矛盾する $f(\boldsymbol{z}) < f(\lambda\boldsymbol{x} + (1-\lambda)\boldsymbol{z})$ が示され，定理の証明は終わる． □

狭義の準凸関数は後に議論する最適解の一意性を保証してくれないので，一意性を保証するための定義を以下で与える．

定義 8.3. E^n の空でない凸集合 S 上で定義されている関数 $f : S \to E^1$ が，任意の異なるベクトル $\boldsymbol{x}_1, \boldsymbol{x}_2 \in S, \boldsymbol{x}_1 \neq \boldsymbol{x}_2$ と，任意の実数 α $(0 < \alpha < 1)$ に対して，

$$f(\alpha\boldsymbol{x}_1 + (1-\alpha)\boldsymbol{x}_2) < \max\{f(\boldsymbol{x}_1), f(\boldsymbol{x}_2)\}$$

を満たすとき，f は S 上で**強い準凸** (strongly quasiconvex) **関数**である，または，単に S 上で強い準凸と呼ぶ．また，$-f$ が S 上で強い準凸ならば，f は S 上で**強い準凹関数**である，または，単に S 上で強い準凹と呼ぶ．

上の定義で与えられている強い準凸関数と狭義の準凸関数の間には以下のような関係が成り立つ．詳細な証明は演習問題として読者に残す．

1. 狭義の凸関数は強い準凸関数である．
2. 強い準凸関数は狭義の準凸関数である．
3. 強い準凸関数は準凸関数である (下半連続性についての条件は不要)．

凸関数，狭義の凸関数，準凸関数，狭義の準凸関数，強い準凸関数の間の強さの関係は図 8.4 のような矢印で示すことができる．

定理 8.2. S を E^n の閉凸多面体とし，$f : E^n \to E^1$ は S 上で準凸で，かつ連続であるとする．このとき，

$$f(\boldsymbol{x}_0) = \max_{\boldsymbol{x} \in S} f(\boldsymbol{x})$$

を満たす S の端点 $\boldsymbol{x}_0$ が存在する．

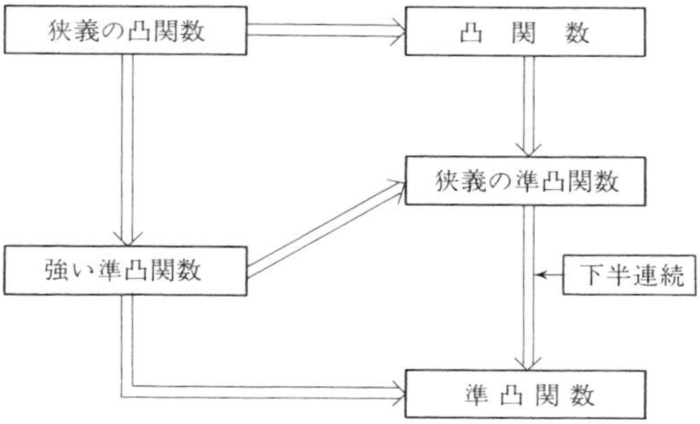

図 8.4 いろいろなタイプの凸性の間の関係

証明. $S \subset E^n$ が凸多面体であることから，S はコンパクト集合となり，かつ f が連続であることから，

$$f(\boldsymbol{x}_0) = \max_{\boldsymbol{x} \in S} f(\boldsymbol{x})$$

を満たす S のベクトル $\boldsymbol{x}_0$ が存在する．$f(\boldsymbol{x}_0)$ の値に等しい関数値をとる S の端点が存在すれば証明は終わる．そこで，$f(\boldsymbol{x}_0)$ の値に等しい関数値をとる S の端点が存在しないと仮定し，矛盾を導くことにする．そこで，$\boldsymbol{x}_1, \boldsymbol{x}_2, \cdots, \boldsymbol{x}_k$ を集合 S の端点とし，$f(\boldsymbol{x}_0) > f(\boldsymbol{x}_j)$ $(j = 1, 2, \cdots, k)$ とする．このとき，定理 5.13 より，S は S のすべての端点から作られる凸包で表されるので，f の最大値をとるベクトル $\boldsymbol{x}_0 \in S$ は集合 S の端点を用いて，

$$\boldsymbol{x}_0 = \sum_{i=1}^{k} \alpha_i \boldsymbol{x}_i \quad (\alpha_i \geq 0, \sum_{i=1}^{k} \alpha_i = 1)$$

と表される．このとき，$\boldsymbol{x}_0$ は S の端点でない仮定より，$f(\boldsymbol{x}_0) > f(\boldsymbol{x}_j)(j = 1, 2, \cdots, k)$ となるから，

$$f(\boldsymbol{x}_0) > \max_{1 \leq j \leq k} f(\boldsymbol{x}_j) \, (= a)$$

が成立する．そこで，この最大値の値を a として，レベル集合 $S_a = \{\boldsymbol{x} \in S \mid f(\boldsymbol{x}) \leq a\}$ とおくと，各端点 $\boldsymbol{x}_j \in S_a$ となり，f は準凸関数であることから，S_a は凸集合であり，$\boldsymbol{x}_0 \in S_a$ が成立する．よって，$f(\boldsymbol{x}_0) \leq a$ となる．これは，$f(\boldsymbol{x}_0) > a$ であることに矛盾する．したがって，最大値 $f(\boldsymbol{x}_0) = f(\boldsymbol{x}_j)$ となる S のある端点 $\boldsymbol{x}_j$ が存在することになり，証明は終わる． □

凸関数の重要な性質や微分を議論するために，まず局所有界の定義から始める．

定義 8.4. 実関数 $f : E^n \to E^1$ とする．このとき，ベクトル $\boldsymbol{x} \in E^n$ で，ある実数 $\varepsilon > 0$ に対応する ε-近傍 $N_\varepsilon(\boldsymbol{x})$ と，ある正の実数 $M > 0$ が存在し，すべてのベクトル $\boldsymbol{y} \in N_\varepsilon(\boldsymbol{x})$ に対して

$$|f(\boldsymbol{y})| \leq M$$

が成立するとき，f はベクトル $\boldsymbol{x} \in E^n$ で**局所有界** (locally bounded) であると呼ぶ．さらに，すべてのベクトル $\boldsymbol{x} \in E^n$ で f が局所有界ならば，単に f は局所有界であると呼ぶ．

定理 8.3. $f : E^n \to E^1$ を凸関数とする．このとき，f は局所有界である．

証明. まず，任意のベクトル $\boldsymbol{u} = (u_1, u_2, \cdots, u_n) \in E^n$ をとり，f がこのベクトル $\boldsymbol{u}$ のある近傍で上に有界となることを示す．そこで，任意の正の実数 $\varepsilon > 0$ に対して

$$S = \{\boldsymbol{y} = (y_1, y_2, \cdots, y_n) \in E^n \mid |y_i - u_i| \leq \varepsilon \ (i = 1, 2, \cdots, n)\}$$

とおく．このとき，$\boldsymbol{u}_1, \boldsymbol{u}_2, \cdots, \boldsymbol{u}_m \in E^n$ を $m = 2^n$ 個の S の端点として，

$$M = \max_{i=1,2,\cdots,m} f(\boldsymbol{u}_i)$$

とおくと，S は閉凸集合であることから，任意のベクトル $\boldsymbol{y} \in S$ は，$\boldsymbol{y} = \sum_{i=1}^m \lambda_i \boldsymbol{u}_i, \lambda_i \geq 0, \sum_{i=1}^m \lambda_i = 1$ と表すことができるので，イェンセンの不等式より，

$$f(\boldsymbol{y}) = f(\sum_{i=1}^m \lambda_i \boldsymbol{u}_i) \leq \sum_{i=1}^m \lambda_i f(\boldsymbol{u}_i) \leq M \sum_{i=1}^m \lambda_i = M$$

が得られる．$N_\varepsilon(\boldsymbol{u}) \subset S$ であるので，f は $N_\varepsilon(\boldsymbol{u})$ において上に有界である，すなわち，任意の $\boldsymbol{x}' \in N_\varepsilon(\boldsymbol{u})$ に対して $f(\boldsymbol{x}') \leq M$ が成立する．

次に，任意のベクトル $\boldsymbol{x} \in E^n$ に対して局所有界であることを示すために，$\boldsymbol{y} = \rho \boldsymbol{x}$ となるように $\boldsymbol{y}$ と $\rho > 1$ を選び，さらに，上の条件を満たすベクトル $\boldsymbol{u}$ と $N_\varepsilon(\boldsymbol{u})$ を用いて，

$$\lambda = 1/\rho$$

$$V = \{\boldsymbol{v} \mid \boldsymbol{v} = (1-\lambda)(\boldsymbol{x}' - \boldsymbol{u}) + \boldsymbol{x}, \ \boldsymbol{x}' \in N_\varepsilon(\boldsymbol{u})\}$$

と定義する．このとき，V は $\boldsymbol{x} = \lambda \boldsymbol{y}$ の $(1-\lambda)\varepsilon$-近傍，すなわち，$V =$

定理 8.6. f が E^n 上で凸関数であり，$\boldsymbol{x}_0$ で K-局所リプシッツ条件を満たしているとする．このとき，方向微分 $f'(\boldsymbol{x}_0;\cdot)$ について次の事柄が成立する．

1. $|f'(\boldsymbol{x}_0;\boldsymbol{d})| \leq K\|\boldsymbol{d}\|$
2. 任意の正の実数 $\lambda > 0$ について
$$f'(\boldsymbol{x}_0;\lambda\boldsymbol{d}) = \lambda f'(\boldsymbol{x}_0;\boldsymbol{d})$$
すなわち，$f'(\boldsymbol{x}_0;\boldsymbol{d})$ は $\boldsymbol{d}$ について**正の斉次性** (positively homogeneous) をもっている．
3. 任意の $\boldsymbol{c},\boldsymbol{d} \in E^n$ に対して
$$f'(\boldsymbol{x}_0;\boldsymbol{c}+\boldsymbol{d}) \leq f'(\boldsymbol{x}_0;\boldsymbol{c}) + f'(\boldsymbol{x}_0;\boldsymbol{d})$$
すなわち，$f'(\boldsymbol{x}_0;\boldsymbol{d})$ は $\boldsymbol{d}$ について**劣加法性** (subadditive) をもっている．
4. $f'(\,\cdot\,;\,\cdot\,) : E^n \times E^n \to E^1$ は $(\boldsymbol{x}_0,\boldsymbol{d})$ で上半連続関数である．
5. $f'(\boldsymbol{x}_0;\cdot) : E^n \to E^1$ は $\boldsymbol{d}$ で K-局所リプシッツ条件を満たす．
6. $-f'(\boldsymbol{x}_0;-\boldsymbol{d}) \leq f'(\boldsymbol{x}_0;\boldsymbol{d})$

証明.

1. 方向微分の定義に，直接 K-局所リプシッツ条件を適用することで得られる．すなわち，

$$\begin{aligned}
|f'(\boldsymbol{x}_0;\boldsymbol{d})| &\leq \lim_{t\to 0+} \frac{|f(\boldsymbol{x}_0+t\boldsymbol{d}) - f(\boldsymbol{x}_0)|}{t} \\
&\leq \lim_{t\to 0+} \frac{K\|\boldsymbol{x}_0+t\boldsymbol{d}-\boldsymbol{x}_0\|}{t} \\
&\leq K\|\boldsymbol{d}\|
\end{aligned}$$

2. 任意の正の実数 $\lambda > 0$ に対して，次の計算をすることで結論が得られる．

$$f'(\boldsymbol{x}_0;\lambda\boldsymbol{d}) = \lim_{t\to 0+} \frac{f(\boldsymbol{x}_0+t\lambda\boldsymbol{d}) - f(\boldsymbol{x}_0)}{t}$$

$$
\begin{aligned}
&= \lim_{t\to 0+} \lambda \frac{f(\boldsymbol{x}_0 + t\lambda \boldsymbol{d}) - f(\boldsymbol{x}_0)}{t\lambda} \\
&= \lambda \lim_{t\to 0+} \frac{f(\boldsymbol{x}_0 + t\lambda \boldsymbol{d}) - f(\boldsymbol{x}_0)}{t\lambda} \\
&= \lambda f'(\boldsymbol{x}_0; \boldsymbol{d})
\end{aligned}
$$

3. 任意の $\boldsymbol{c}, \boldsymbol{d} \in E^n$ に対して次の計算をすることで結論が得られる．

$$
\begin{aligned}
f'(\boldsymbol{x}_0; \boldsymbol{c}+\boldsymbol{d}) &= \lim_{t\to 0+} \frac{f(\boldsymbol{x}_0 + t(\boldsymbol{c}+\boldsymbol{d})) - f(\boldsymbol{x}_0)}{t} \\
&= \lim_{t\to 0+} \frac{f(\frac{1}{2}(\boldsymbol{x}_0 + 2t\boldsymbol{c}) + \frac{1}{2}(\boldsymbol{x}_0 + 2t\boldsymbol{d})) - f(\boldsymbol{x}_0)}{t} \\
&\le \lim_{t\to 0+} \frac{f(\boldsymbol{x}_0 + 2t\boldsymbol{c}) - f(\boldsymbol{x}_0)}{2t} + \lim_{t\to 0+} \frac{f(\boldsymbol{x}_0 + 2t\boldsymbol{d}) - f(\boldsymbol{x}_0)}{2t} \\
&= f'(\boldsymbol{x}_0; \boldsymbol{c}) + f'(\boldsymbol{x}_0; \boldsymbol{d})
\end{aligned}
$$

4. 結果を示すために，まず $k \to \infty$ のとき $\boldsymbol{x}_k \to \boldsymbol{x}_0, \boldsymbol{d}_k \to \boldsymbol{d}$ を満たす2つの収束無限ベクトル列 $\{\boldsymbol{x}_k\}, \{\boldsymbol{d}_k\} \subset E^n$ を選ぶ．さらに，各 k に対して，$t_k = K\|\boldsymbol{x}_k - \boldsymbol{x}_0\|^{\frac{1}{2}} + \frac{1}{k}$ とおくことにより，$t_k > 0$ で $k \to \infty$ のとき $t_k \to 0$ を満たす実数列 $\{t_k\}$ を与える．ここで，定理8.5を適用して，

$$
\begin{aligned}
f'(\boldsymbol{x}_k; \boldsymbol{d}_k) &= \inf_{t>0} \frac{f(\boldsymbol{x}_k + t\boldsymbol{d}_k) - f(\boldsymbol{x}_k)}{t} \le \frac{f(\boldsymbol{x}_k + t_k\boldsymbol{d}_k) - f(\boldsymbol{x}_k)}{t_k} \\
&= \frac{f(\boldsymbol{x}_0 + t_k\boldsymbol{d}) - f(\boldsymbol{x}_0)}{t_k} + \frac{f(\boldsymbol{x}_k + t_k\boldsymbol{d}_k) - f(\boldsymbol{x}_0 + t_k\boldsymbol{d})}{t_k} \\
&\quad + \frac{f(\boldsymbol{x}_0) - f(\boldsymbol{x}_k)}{t_k}
\end{aligned}
$$

を得る．この式に局所リプシッツ条件を適用し，$k \to \infty$ とすると，

$$
\begin{aligned}
\frac{|f(\boldsymbol{x}_k + t_k\boldsymbol{d}_k) - f(\boldsymbol{x}_0 + t_k\boldsymbol{d})|}{t_k} &\le \frac{K\|\boldsymbol{x}_k - \boldsymbol{x}_0\| + K\|t_k\boldsymbol{d}_k - t_k\boldsymbol{d}\|}{t_k} \\
&\le \|\boldsymbol{x}_k - \boldsymbol{x}_0\|^{\frac{1}{2}} + K\|\boldsymbol{d}_k - \boldsymbol{d}\| \to 0
\end{aligned}
$$

そして，さらに，

$$
\frac{|f(\boldsymbol{x}_0) - f(\boldsymbol{x}_k)|}{t_k} \le \frac{K\|\boldsymbol{x}_0 - \boldsymbol{x}_k\|}{t_k} \le \|\boldsymbol{x}_0 - \boldsymbol{x}_k\|^{\frac{1}{2}} \to 0
$$

が示される．ここで，$k \to \infty$ として上極限をとることで

$$
\limsup_{k\to\infty} f'(\boldsymbol{x}_k; \boldsymbol{d}_k) \le \limsup_{k\to\infty} \frac{f(\boldsymbol{x}_0 + t_k\boldsymbol{d}) - f(\boldsymbol{x}_0)}{t_k} = f'(\boldsymbol{x}_0; \boldsymbol{d})
$$

が得られる．

5. $\boldsymbol{x}_0$ で K-局所リプシッツ条件を満たすことから，任意のベクトル $\boldsymbol{d}, \boldsymbol{z} \in E^n$ について，ある正の実数 $\varepsilon > 0$ と十分小さい $t > 0$ が存在し，任意の $\boldsymbol{x}_0 + t\boldsymbol{d}, \boldsymbol{x}_0 + t\boldsymbol{z} \in N_\varepsilon(\boldsymbol{x}_0)$ に対して，

$$f(\boldsymbol{x}_0 + t\boldsymbol{d}) - f(\boldsymbol{x}_0 + t\boldsymbol{z}) \leq Kt\|\boldsymbol{d} - \boldsymbol{z}\|$$

が成立する．よって，

$$\lim_{t \to 0} \frac{f(\boldsymbol{x}_0 + t\boldsymbol{d}) - f(\boldsymbol{x}_0)}{t} \leq \lim_{t \to 0} \frac{f(\boldsymbol{x}_0 + t\boldsymbol{z}) - f(\boldsymbol{x}_0)}{t} + K\|\boldsymbol{d} - \boldsymbol{z}\|$$

より，

$$f'(\boldsymbol{x}_0; \boldsymbol{d}) - f'(\boldsymbol{x}_0; \boldsymbol{z}) \leq K\|\boldsymbol{d} - \boldsymbol{z}\|$$

ここで，$\boldsymbol{d}$ と $\boldsymbol{z}$ の役割を交換し，同様の議論を適用して，

$$f'(\boldsymbol{x}_0; \boldsymbol{z}) - f'(\boldsymbol{x}_0; \boldsymbol{d}) \leq K\|\boldsymbol{d} - \boldsymbol{z}\|$$

上の 2 式より，

$$|f'(\boldsymbol{x}_0; \boldsymbol{d}) - f'(\boldsymbol{x}_0; \boldsymbol{z})| \leq K\|\boldsymbol{d} - \boldsymbol{z}\|$$

が得られる．

6. 2. と 3. の結果を適用して，

$$\frac{1}{2}f'(\boldsymbol{x}_0; \boldsymbol{d}) + \frac{1}{2}f'(\boldsymbol{x}_0; -\boldsymbol{d}) \geq f'(\boldsymbol{x}_0; \frac{1}{2}\boldsymbol{d} - \frac{1}{2}\boldsymbol{d}) = 0$$

この式を変形し，

$$-f'(\boldsymbol{x}_0; -\boldsymbol{d}) \leq f'(\boldsymbol{x}_0; \boldsymbol{d})$$

が得られ，証明が終わる． □

実関数 f が E^n 上で凸であるときには局所リプシッツ条件を満たしているので，上の定理の結果は E^n 上での各ベクトルでの結果となることは容易に理解できるであろう．

定義 8.6. S が E^n の部分集合で，$f : S \to E^1$ とする．このとき，E^{n+1} の部分集合

$$\{(\boldsymbol{x}, y) \in E^{n+1} \mid \boldsymbol{x} \in S, y \in E^1, y \geq f(\boldsymbol{x})\}$$

を f の**エピグラフ** (epigraph) と呼び，記号 epi$f$ で表す．

また，上と同じ S, f に対して，E^{n+1} の部分集合

$$\{(\boldsymbol{x}, y) \in E^{n+1} \mid \boldsymbol{x} \in S, y \in E^1, y \leq f(\boldsymbol{x})\}$$

を f の**ハイポグラフ** (hypograph) と呼び，記号 hyp$f$ で表す．

図 8.6 は関数のエピグラフ，ハイポグラフのようすを示したものである．

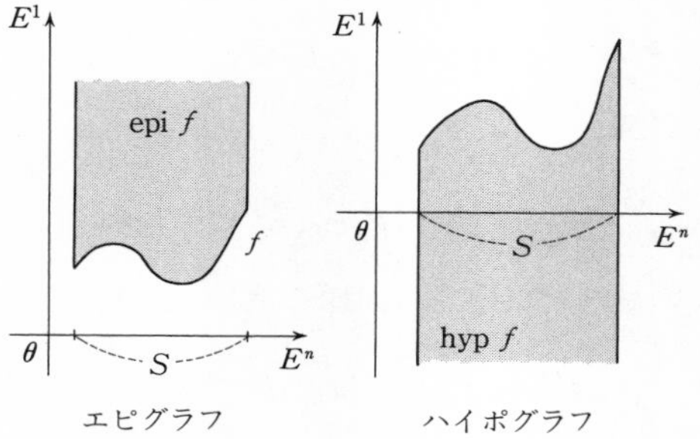

図 8.6

> **定理 8.7.** S を E^n の凸集合とし，$f : S \to E^1$ とする．このとき，f が凸関数であるための必要十分条件は epi$f$ が E^{n+1} の凸集合であることである．

証明. まず，f が凸関数であると仮定すると，任意のベクトル $(\boldsymbol{x}_1, y_1), (\boldsymbol{x}_2, y_2) \in$ epi$f$ と任意の実数 α $(0 < \alpha < 1)$ に対して，

$$\begin{aligned} f(\alpha \boldsymbol{x}_1 + (1-\alpha)\boldsymbol{x}_2) &\leq \alpha f(\boldsymbol{x}_1) + (1-\alpha) f(\boldsymbol{x}_2) & (f\text{ が凸関数より}) \\ &\leq \alpha y_1 + (1-\alpha) y_2 & (\text{epi}f\text{ の定義より}) \end{aligned}$$

が成立する．よって

$$(\alpha \boldsymbol{x}_1 + (1-\alpha)\boldsymbol{x}_2, \alpha y_1 + (1-\alpha) y_2) \in \text{epi}f$$

すなわち，ベクトルの計算より

$$\alpha(\boldsymbol{x}_1, y_1) + (1-\alpha)(\boldsymbol{x}_2, y_2) \in \text{epi}f$$

となることが示され，epi$f$ は凸集合となる．

逆に，epi$f$ が凸集合であるとすると，任意のベクトル $(\boldsymbol{x}_1, f(\boldsymbol{x}_1)), (\boldsymbol{x}_2, f(\boldsymbol{x}_2))$

$\in$epi$f$ と任意の実数 α $(0 < \alpha < 1)$ に対して

$$\begin{aligned}&\alpha(\boldsymbol{x}_1, f(\boldsymbol{x}_1)) + (1-\alpha)(\boldsymbol{x}_2, f(\boldsymbol{x}_2))\\&\quad = (\alpha\boldsymbol{x}_1 + (1-\alpha)\boldsymbol{x}_2, \alpha f(\boldsymbol{x}_1) + (1-\alpha)f(\boldsymbol{x}_2)) \in \mathrm{epi}f\end{aligned}$$

が成り立つ．よって，epi$f$ の定義より，

$$f(\alpha\boldsymbol{x}_1 + (1-\alpha)\boldsymbol{x}_2) \le \alpha f(\boldsymbol{x}_1) + (1-\alpha)f(\boldsymbol{x}_2)$$

が成立し，f は凸関数となることが示され，証明は終わる． □

定理 8.8. S を E^n の閉集合とし，$f : S \to E^1$ とする．このとき，f が下半連続 (l.s.c.) であるための必要十分条件は epi$f$ が E^{n+1} の閉集合であることである．

証明. f が下半連続であるとする．このとき，E^{n+1} の収束無限ベクトル列 $(\boldsymbol{x}_k, y_k) \in \mathrm{epi}f$ $(k = 1, 2, \cdots)$ が極限ベクトル $(\boldsymbol{x}_0, y_0)$，すなわち，$\boldsymbol{x}_k \to \boldsymbol{x}_0, y_k \to y_0$ をもつとき，極限ベクトル $(\boldsymbol{x}_0, y_0)$ が epi$f$ に属することを示せば定理の前半の証明は終わる．そこで，まず，S は閉集合だから，$\boldsymbol{x}_k \to \boldsymbol{x}_0$ より，$\boldsymbol{x}_0 \in S$ となる．このとき，epi$f$ の定義より，各 k に対して，$f(\boldsymbol{x}_k) \le y_k$ を満たし，f は下半連続であるから

$$f(\boldsymbol{x}_0) \le \liminf_{k\to\infty} f(\boldsymbol{x}_k) \le \lim_{k\to\infty} y_k = y_0$$

が成立し，$(\boldsymbol{x}_0, y_0) \in \mathrm{epi}f$ が得られるので，epi$f$ は閉集合となることが示される．

逆に epi$f$ が閉集合であるとし，f が $\boldsymbol{x}_0 \in S$ で下半連続でないと仮定する．したがって，S の $\boldsymbol{x}_0$ に収束する無限ベクトル列 $\{\boldsymbol{x}_k\}$ で，$f(\boldsymbol{x}_0) > \liminf_{k\to\infty} f(\boldsymbol{x}_k)$ なるものが存在する．これより，$f(\boldsymbol{x}_0) > f(\boldsymbol{x}_{k'})$，$f(\boldsymbol{x}_{k'}) \to \liminf_{k\to\infty} f(\boldsymbol{x}_k)$ を満たす $\{\boldsymbol{x}_k\}$ の部分列 $\{\boldsymbol{x}_{k'}\}$ が存在する．これと，$\boldsymbol{x}_{k'} \to \boldsymbol{x}_0$，$(\boldsymbol{x}_{k'}, f(\boldsymbol{x}_{k'})) \in$ epi$f$ であり，epi$f$ は閉集合であるから，$(\boldsymbol{x}_0, \liminf_{k\to\infty} f(\boldsymbol{x}_k)) \in \mathrm{epi}f$ ．よって，$f(\boldsymbol{x}_0) \le \liminf_{k\to\infty} f(\boldsymbol{x}_k)$ となり，仮定に矛盾する．ゆえに，逆も示され，証明は終わる． □

8.3 凸関数と劣微分

定義 8.7. S が E^n の凸集合で，$f : S \to E^1$ は凸関数とする．このとき，

ベクトル $\boldsymbol{x}_0 \in S$ と任意のベクトル $\boldsymbol{x} \in S$ に対して,

$$f(\boldsymbol{x}) \geq f(\boldsymbol{x}_0) + \langle \boldsymbol{\xi}, \boldsymbol{x} - \boldsymbol{x}_0 \rangle$$

を満たすベクトル $\boldsymbol{\xi} \in E^n$ が存在するとき，この $\boldsymbol{\xi}$ を f の $\boldsymbol{x}_0$ での**劣勾配ベクトル** (subgradient) と呼び，これらのベクトルの全体の集合を記号 $\partial f(\boldsymbol{x}_0)$ で表し，f の $\boldsymbol{x}_0$ での**劣微分** (subdifferential) と呼ぶ．同様に，$f : S \to E^1$ が凹関数のとき，ベクトル $\boldsymbol{x}_0 \in S$ と任意の ベクトル $\boldsymbol{x} \in S$ に対して,

$$f(\boldsymbol{x}) \leq f(\boldsymbol{x}_0) + \langle \boldsymbol{\xi}, \boldsymbol{x} - \boldsymbol{x}_0 \rangle$$

を満たすベクトル $\boldsymbol{\xi} \in E^n$ が存在するとき，このベクトル $\boldsymbol{\xi}$ を f の $\boldsymbol{x}_0$ での劣勾配ベクトルと呼ぶ.

特に，S のすべてのベクトルで劣勾配ベクトルが存在する，すなわち，すべての $\boldsymbol{x} \in S$ に対して，$\partial f(\boldsymbol{x}) \neq \emptyset$ のとき，f は S で**劣微分可能**であると呼ぶ.

この定義より，以後の内容で次の性質は重要な役割を演ずるので，ここで述べておくことにする．もし，$\partial f(\boldsymbol{x}_0) \ni \boldsymbol{\theta}$ ならば，すべてのベクトル $\boldsymbol{x} \in S$ に対して,

$$f(\boldsymbol{x}) \geq f(\boldsymbol{x}_0) + \langle \boldsymbol{\theta}, \boldsymbol{x} - \boldsymbol{x}_0 \rangle$$

が成立している．ここで，$\langle \boldsymbol{\theta}, \boldsymbol{x} - \boldsymbol{x}_0 \rangle = 0$ であるから，すべてのベクトル $\boldsymbol{x} \in S$ に対して,

$$f(\boldsymbol{x}) \geq f(\boldsymbol{x}_0)$$

が得られ，このベクトル $\boldsymbol{x}_0$ は S 上での f の最小値を与えている.

図 8.7 は凸関数 f の劣勾配ベクトルのようすを示したものである.

この図から，$y = f(\boldsymbol{x}_0) + \langle \boldsymbol{\xi}, \boldsymbol{x} - \boldsymbol{x}_0 \rangle$ は関数 f のエピグラフ，あるいは，ハイポグラフの支持超平面になっており，劣勾配ベクトル $\boldsymbol{\xi}$ はこの支持超平面の

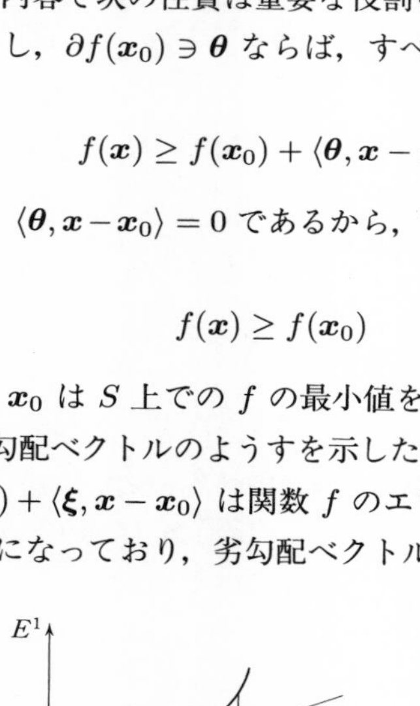

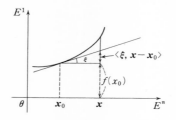

図 8.7　劣微分の幾何学的説明

勾配に対応している．

次に，劣微分可能であるが，普通の意味で微分可能でない点で最小値をもっている関数の例として，次の関数について考察することにする．

2 つの実関数 $f_i : E^1 \to E^1$ $(i = 1, 2)$ が次に与えられている．

$$f_1(x) = |\,x\,| - 4 \quad (x \in E^1)$$
$$f_2(x) = (x-2)^2 - 4 \quad (x \in E^1)$$

このとき，$f(x) = \max\{f_1(x), f_2(x)\}$ とおく，すなわち，

$$f(x) = \begin{cases} x - 4 & (1 \leq x \leq 4) \\ (x-2)^2 - 4 & (x < 1 \text{ または } x > 4) \end{cases}$$

この関数 f は凸関数となる (図 8.8)．

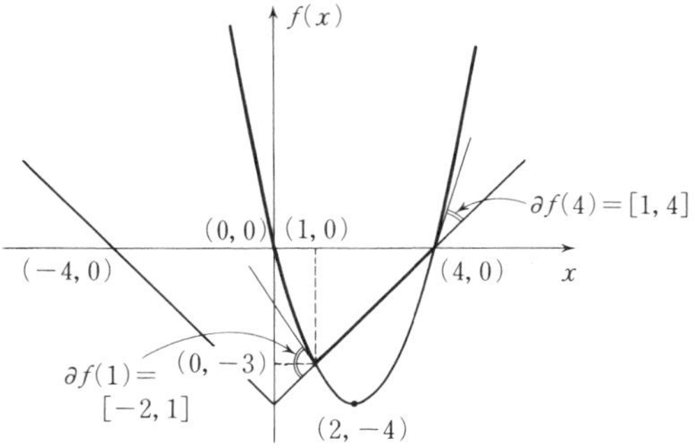

図 8.8 劣勾配の例

開区間 $(1, 4)$ での任意の点 x での f の劣勾配は $\xi = 1$ であり，さらに，$x < 1$ または $x > 4$ での劣勾配は $\xi = 2(x-2)$ である．しかし，$x = 1$ と $x = 4$ では多くの支持超平面が存在するので，劣勾配はただ 1 つではない．$x = 1$ では劣勾配は，任意の $\lambda \in [0, 1]$ に対して，

$$\begin{aligned} \lambda \frac{df_1}{dx}(1) + (1-\lambda)\frac{df_2}{dx}(1) &= \lambda + (-2)(1-\lambda) \\ &= 3\lambda - 2 \end{aligned}$$

で表され，$\partial f(1) = [-2, 1]$ となる．

次に，$x=4$ では，劣勾配は任意の $\lambda \in [0,1]$ に対して，

$$\lambda \frac{df_1}{dx}(4) + (1-\lambda)\frac{df_2}{dx}(4) = \lambda + 4(1-\lambda)$$
$$= 4 - 3\lambda$$

と表され，$\partial f(4) = [1,4]$ となる．

したがって，零勾配 0 は $\partial f(1) = [-2,1] \ni 0$ となるので，点 $x=1$ は関数 f の最小値を与える点となっている．このように，普通の意味で微分可能 (付録 A.3 参照) でない点をもつ関数についても最小値を与える点を探索することができる．

定理 8.9. S は E^n の凸集合で $f: S \to E^1$ は凸関数とする．このとき，任意のベクトル $\boldsymbol{x}_0 \in \mathrm{int}S$ に対して，ベクトル $(\boldsymbol{x}_0, f(\boldsymbol{x}_0))$ で $\mathrm{epi}f$ を支持する支持超平面 H が存在する．すなわち，

$$H = \{(\boldsymbol{x}, y) \in E^{n+1} \mid y = f(\boldsymbol{x}_0) + \langle \boldsymbol{\xi}, \boldsymbol{x} - \boldsymbol{x}_0 \rangle\}$$

となるベクトル $\boldsymbol{\xi} \in \partial f(\boldsymbol{x}_0)$ が存在する．

証明. f は凸関数であるから，定理 8.7 より $\mathrm{epi}f$ は凸集合となる．ここで，ベクトル $(\boldsymbol{x}_0, f(\boldsymbol{x}_0))$ は $\mathrm{epi}f$ の境界点，すなわち，$(\boldsymbol{x}_0, f(\boldsymbol{x}_0)) \in \mathrm{bd}(\mathrm{epi}f)$ であるから，定理 5.7 より任意のベクトル $(\boldsymbol{x}, y) \in \mathrm{epi}f$ に対して，$\langle(\boldsymbol{\xi}_0, \mu), (\boldsymbol{x}-\boldsymbol{x}_0, y - f(\boldsymbol{x}_0))\rangle \leq 0$ を満たす非零ベクトル $(\boldsymbol{\xi}_0, \mu) \in E^{n+1}$，すなわち，$(\boldsymbol{\xi}_0, \mu) \neq (\boldsymbol{\theta}, 0)$ が存在する．すなわち，任意のベクトル $(\boldsymbol{x}, y) \in \mathrm{epi}f$ に対して，$\langle \boldsymbol{\xi}_0, \boldsymbol{x} - \boldsymbol{x}_0 \rangle + \mu(y - f(\boldsymbol{x}_0)) \leq 0$ となっている．

ここで，$\mu < 0$ を示すことにする．まず，$\mu > 0$ とすれば，y を十分大きくすることにより，上式の左辺はいくらでも大きくできるので，不等号が非正 (≤ 0) であることに矛盾する．よって，$\mu \leq 0$ となる．さらに，もし $\mu = 0$ とすれば，任意の $\boldsymbol{x} \in S$ に対して，$\langle \boldsymbol{\xi}_0, \boldsymbol{x} - \boldsymbol{x}_0 \rangle \leq 0$ となる．このとき，$\boldsymbol{x}_0 \in \mathrm{int}S$ より，上記のベクトル $\boldsymbol{\xi}_0 \in E^n$ に対して，$\boldsymbol{x}_0 + \lambda \boldsymbol{\xi}_0 \in S$ を満たす十分小さな正の実数 $\lambda > 0$ がとれる．ここで，$\boldsymbol{x} = \boldsymbol{x}_0 + \lambda \boldsymbol{\xi}_0$ とおくと，

$$\lambda \langle \boldsymbol{\xi}_0, \boldsymbol{\xi}_0 \rangle = \lambda \parallel \boldsymbol{\xi}_0 \parallel^2 \leq 0$$

が成立することから，$\boldsymbol{\xi}_0 = \boldsymbol{\theta}$ となり，$(\boldsymbol{\xi}_0, \mu) = (\boldsymbol{\theta}, 0)$ であることから $(\boldsymbol{\xi}_0, \mu) \neq (\boldsymbol{\theta}, 0)$ に矛盾することになる．したがって，$\mu < 0$ と結論される．

そこで，$\boldsymbol{\xi} = \frac{\boldsymbol{\xi}_0}{|\mu|}$ とおくと，任意の $(\boldsymbol{x}, y) \in$epi$f$ に対して，$\langle \boldsymbol{\xi}, \boldsymbol{x} - \boldsymbol{x}_0 \rangle - (y - f(\boldsymbol{x}_0)) \leq 0$ となる．よって，$H = \{(\boldsymbol{x}, y) \in E^{n+1} \mid y = f(\boldsymbol{x}_0) + \langle \boldsymbol{\xi}, \boldsymbol{x} - \boldsymbol{x}_0 \rangle\}$ とおくと，epi$f \subset H_-$ となり，H は epi$f$ を $(\boldsymbol{x}_0, f(\boldsymbol{x}_0))$ で支持していることになる．

また，$y = f(\boldsymbol{x})$ とおくと，任意の $\boldsymbol{x} \in S$ に対して，$f(\boldsymbol{x}) - f(\boldsymbol{x}_0) \geq \langle \boldsymbol{\xi}, \boldsymbol{x} - \boldsymbol{x}_0 \rangle$ が得られる．よって，$\boldsymbol{\xi} \in \partial f(\boldsymbol{x}_0)$ となることが示され，証明は終わる． □

この定理の逆は一般に成り立たないことを以下の例で示す．

f は E^2 の部分集合 $S = \{(x, y) \mid 0 \leq x \leq 1, 0 \leq y \leq 1\}$ 上で定義された次のような実関数とする

$$f(x, y) = \begin{cases} 0 & (0 \leq x \leq 1, 0 < y \leq 1) \\ -(x - \frac{1}{2})^2 + \frac{1}{4} & (0 \leq x \leq 1, y = 0) \end{cases}$$

このとき，int$S$ の各点では零ベクトル $\boldsymbol{\theta}$ は f の劣勾配ベクトルとなっている．実際，$(x_0, y_0) \in$ int$S$ を選ぶと $f(x_0, y_0) = 0$ となるので，任意の $(x, y) \in S$ に対して，$f(x, y) \geq f(x_0, y_0)$，すなわち，

$$f(x, y) \geq f(x_0, y_0) + \langle (0, 0), (x - x_0, y - y_0) \rangle$$

が成立している．しかし，この関数 f は $0 \leq x \leq 1, y = 0$ 上で凸関数にはなっていない．

系 8.2. S は E^n の凸集合で，$f : S \to E^1$ は狭義の凸関数とする．このとき，任意の ベクトル $\boldsymbol{x}_0 \in$int S で $\boldsymbol{x}_0$ と異なるベクトル $\boldsymbol{x} \in S, \boldsymbol{x} \neq \boldsymbol{x}_0$ に対して，

$$f(\boldsymbol{x}) > f(\boldsymbol{x}_0) + \langle \boldsymbol{\xi}, \boldsymbol{x} - \boldsymbol{x}_0 \rangle$$

を満たす劣勾配ベクトル $\boldsymbol{\xi} \in E^n$ が存在する．

証明． 定理 8.9 より，任意のベクトル $\boldsymbol{x}_0 \in$ int$S$ とすべての $\boldsymbol{x} \in S$ に対して，$f(\boldsymbol{x}) \geq f(\boldsymbol{x}_0) + \langle \boldsymbol{\xi}, \boldsymbol{x} - \boldsymbol{x}_0 \rangle$ を満たす劣勾配ベクトル $\boldsymbol{\xi}$ が存在する．ここで，$f(\boldsymbol{x}_1) = f(\boldsymbol{x}_0) + \langle \boldsymbol{\xi}, \boldsymbol{x}_1 - \boldsymbol{x}_0 \rangle$ を満たすベクトル $\boldsymbol{x}_1 \in S(\boldsymbol{x}_1 \neq \boldsymbol{x}_0)$ が存在すると仮定する．このとき，f は狭義の凸関数であるから，任意の実数 $\alpha\ (0 < \alpha < 1)$ に対して，

$$f(\alpha \boldsymbol{x}_0 + (1-\alpha)\boldsymbol{x}_1) < \alpha f(\boldsymbol{x}_0) + (1-\alpha) f(\boldsymbol{x}_1)$$
$$= f(\boldsymbol{x}_0) + (1-\alpha)\langle \boldsymbol{\xi}, \boldsymbol{x}_1 - \boldsymbol{x}_0 \rangle$$

一方，$\alpha \boldsymbol{x}_0 + (1-\alpha)\boldsymbol{x}_1 \in S$ より

$$f(\alpha \boldsymbol{x}_0 + (1-\alpha)\boldsymbol{x}_1) \geq f(\boldsymbol{x}_0) + \langle \boldsymbol{\xi}, \alpha \boldsymbol{x}_0 + (1-\alpha)\boldsymbol{x}_1 - \boldsymbol{x}_0 \rangle$$
$$= f(\boldsymbol{x}_0) + (1-\alpha)\langle \boldsymbol{\xi}, \boldsymbol{x}_1 - \boldsymbol{x}_0 \rangle$$

となり矛盾が起る．したがって，$\boldsymbol{x}_0$ と異なる $\boldsymbol{x} \in S$ に対して，

$$f(\boldsymbol{x}) > f(\boldsymbol{x}_0) + \langle \boldsymbol{\xi}, \boldsymbol{x} - \boldsymbol{x}_0 \rangle$$

が常に成り立つことが示され，証明は終わる．□

定理 8.10. S を E^n の凸集合で，$f: S \to E^1$ とする．このとき，各ベクトル $\boldsymbol{x}_0 \in \mathrm{int}S$ で f の劣勾配ベクトル $\boldsymbol{\xi} \in E^n$ が存在すれば，f は $\mathrm{int}S$ で凸関数となる．

証明． S が凸集合だから定理 4.4 より $\mathrm{int}S$ も凸集合となり，任意のベクトル $\boldsymbol{x}_1, \boldsymbol{x}_2 \in \mathrm{int}S$ と任意の実数 α $(0 < \alpha < 1)$ に対して，$\boldsymbol{x}_0 = \alpha \boldsymbol{x}_1 + (1-\alpha)\boldsymbol{x}_2 \in \mathrm{int}S$ となる．このとき，定理 8.9 から，$\boldsymbol{x}_0 = \alpha \boldsymbol{x}_1 + (1-\alpha)\boldsymbol{x}_2$ で劣勾配ベクトル $\boldsymbol{\xi} \in E^n$ が存在する．よって，

$$f(\boldsymbol{x}_1) \geq f(\alpha \boldsymbol{x}_1 + (1-\alpha)\boldsymbol{x}_2) + \langle \boldsymbol{\xi}, \boldsymbol{x}_1 - (\alpha \boldsymbol{x}_1 + (1-\alpha)\boldsymbol{x}_2) \rangle$$
$$= f(\alpha \boldsymbol{x}_1 + (1-\alpha)\boldsymbol{x}_2) + (1-\alpha)\langle \boldsymbol{\xi}, \boldsymbol{x}_1 - \boldsymbol{x}_2 \rangle$$

また，同様に

$$f(\boldsymbol{x}_2) \geq f(\alpha \boldsymbol{x}_1 + (1-\alpha)\boldsymbol{x}_2) + \langle \boldsymbol{\xi}, \boldsymbol{x}_2 - (\alpha \boldsymbol{x}_1 + (1-\alpha)\boldsymbol{x}_2) \rangle$$
$$= f(\alpha \boldsymbol{x}_1 + (1-\alpha)\boldsymbol{x}_2) + \alpha \langle \boldsymbol{\xi}, \boldsymbol{x}_2 - \boldsymbol{x}_1 \rangle$$

が得られる．そこで，上の 2 式のそれぞれに $\alpha, 1-\alpha$ を掛けて，加えると

$$\alpha f(\boldsymbol{x}_1) + (1-\alpha) f(\boldsymbol{x}_2) \geq f(\alpha \boldsymbol{x}_1 + (1-\alpha)\boldsymbol{x}_2)$$

となり，f は凸関数となることが示され，証明は終わる．□

次に，凸関数の応用として，確率論でよく使われるイェンセンの不等式と呼ばれている不等式を，次の定理で与える．

定理 8.11. C を E^n の凸集合とし，$f : C \to E^1$ は凸関数で，$g = (g_1, g_2, \cdots, g_n) : D \to C, D = \prod_{i=1}^n [a_i, b_i]\,(a_i = 0, b_i = 1, i = 1, 2, \cdots, n)$ は連続関数であり，さらに，$f(g(\boldsymbol{x}))$ が存在して，$-\infty < \int_D f(g(\boldsymbol{x}))d\boldsymbol{x} \leq \infty$ を満たすとする．このとき，

$$\int_D f(g(\boldsymbol{x}))d\boldsymbol{x} \geq f(\int_D g(\boldsymbol{x})d\boldsymbol{x})$$

が成り立つ．ここで，次のような記号が用いられている．

$$\int_D g(\boldsymbol{x})d\boldsymbol{x} = (\int_D g_1(\boldsymbol{x})d\boldsymbol{x}, \int_D g_2(\boldsymbol{x})d\boldsymbol{x}, \cdots, \int_D g_n(\boldsymbol{x})d\boldsymbol{x})$$

証明. C が凸集合なので定理 4.3 より cl$C$ も凸集合となり，定理 5.5 より cl$C$ はこれを含んでいる閉半空間の共通部分として表される．よって，零ベクトルでない $\boldsymbol{a} \in E^n$ で定まる超平面 $H = \{\boldsymbol{z} \in E^n \mid \langle \boldsymbol{a}, \boldsymbol{z} \rangle = t\}$ が存在し，その閉半空間 H_+ が cl$C$ を含んでいる．すなわち，

$$\mathrm{cl}C \subset H_+ = \{\boldsymbol{z} \in E^n \mid \langle \boldsymbol{a}, \boldsymbol{z} \rangle \geq t\}$$

が成り立つ．ここで，D 上で $g(\boldsymbol{x}) \in C$ であり，

$$\int_D d\boldsymbol{x} = 1$$

となることと積分の性質 (付録 A.5 参照) から

$$t \leq \int_D \langle \boldsymbol{a}, g(\boldsymbol{x}) \rangle d\boldsymbol{x} = \langle \boldsymbol{a}, \int_D g(\boldsymbol{x})d\boldsymbol{x} \rangle$$

が得られる．このことは，cl$C$ を含んでいるすべての超平面 H の H_+ が $\int_D g(\boldsymbol{x})d\boldsymbol{x} \in H_+$ を満たしていることを示している．よって，定理 5.5 より $\int_D g(\boldsymbol{x})d\boldsymbol{x} \in \mathrm{cl}C$ が成立する．

そこで，まず，$\int_D g(\boldsymbol{x})d\boldsymbol{x}$ が C の境界点の集合 bd(C) 上にあると仮定する．このとき，境界点 $\int_D g(\boldsymbol{x})d\boldsymbol{x}$ を通る C の支持超平面 $H = \{\boldsymbol{z} \in E^n \,|\, \langle \boldsymbol{a}, \boldsymbol{z} \rangle = t\}$ が cl$C \subset H_+ = \{\boldsymbol{z} \in E^n \,|\, \langle \boldsymbol{a}, \boldsymbol{z} \rangle \geq t\}$ を満たすようにできる．したがって，任意の $\boldsymbol{x} \in D$ に対して，$g(\boldsymbol{x}) \in C$ であることより，

$$\langle \boldsymbol{a}, g(\boldsymbol{x}) \rangle \geq t$$

で

$$t = \langle \boldsymbol{a}, \int_D g(\boldsymbol{x})d\boldsymbol{x} \rangle = \int_D \langle \boldsymbol{a}, g(\boldsymbol{x}) \rangle d\boldsymbol{x}$$

を満たすことから D 上での $g(\boldsymbol{x})$ に対して，$\langle \boldsymbol{a}, g(\boldsymbol{x}) \rangle = t$ が成立する．

したがって，この場合には，E^n を H に，C を $C \cap H$ に読み換えて，次元を n から 1 つ落とし E^{n-1} 上で同じ議論ができる．このようにして，もし次元が $n = 1$ まで下がれば，凸集合 C は区間と考えられる．このとき $\int_D g(\boldsymbol{x})d\boldsymbol{x}$ が境界点，すなわち区間の端点となり，すべての $\boldsymbol{x} \in D$ に対して，$g(\boldsymbol{x}) = c$ は定数となり

$$\int_D f(g(\boldsymbol{x}))d\boldsymbol{x} = \int_D f(c)d\boldsymbol{x} = f(c)$$

が得られる．また，一方

$$f(\int_D g(\boldsymbol{x})d\boldsymbol{x}) = f(\int_D cd\boldsymbol{x}) = f(c)$$

が得られるので，定理の結論は等号で成立する．

上の議論から，$\int_D g(\boldsymbol{x})d\boldsymbol{x} \in \mathrm{int}C$ に含まれていると仮定して結果を示せば証明は終わる．定理 4.8 より，$\mathrm{int}C = \mathrm{int}(\mathrm{cl}C)$ が示されている．そこで，

$$\mathrm{epi}f = \{(\boldsymbol{z}, y) \in E^{n+1} \mid \boldsymbol{z} \in C, y \geq f(\boldsymbol{z})\}$$

とおくと，C と f の凸性より $\mathrm{epi}f$ は E^n における凸集合となり，

$$\boldsymbol{v} = (\int_D g(\boldsymbol{x})d\boldsymbol{x}, f(\int_D g(\boldsymbol{x})d\boldsymbol{x}))$$

は $\mathrm{epi}f$ の境界ベクトルとなっている．さらに，$\int_D g(\boldsymbol{x})d\boldsymbol{x} \in \mathrm{int}C$ より，定理 8.9 が適用され，$\boldsymbol{v}$ で $\mathrm{epi}f$ を支持している支持超平面

$$H = \{(\boldsymbol{z}, y) \in E^{n+1} \mid y = f(\int_D g(\boldsymbol{x})d\boldsymbol{x}) + \langle \boldsymbol{\xi}, \boldsymbol{z} - \int_D g(\boldsymbol{x})d\boldsymbol{x} \rangle\}$$

が存在し，

$$\boldsymbol{\xi} \in \partial f(\int_D g(\boldsymbol{x})d\boldsymbol{x})$$

が示されている．そこで，すべてのベクトル $\boldsymbol{x} \in D$ に対して，$g(\boldsymbol{x}) \in C$ となるので，

$$f(g(\boldsymbol{x})) \geq f(\int_D g(\boldsymbol{x})d\boldsymbol{x}) + \langle \boldsymbol{\xi}, g(\boldsymbol{x}) - \int_D g(\boldsymbol{x})d\boldsymbol{x} \rangle$$

が成り立つ．上の不等式の両辺を D 上に積分すると，

$$\|\boldsymbol{\xi} - \nabla f(\boldsymbol{x}_0)\|^2 \ \leq \ 0$$

が成立し，$\boldsymbol{\xi} = \nabla f(\boldsymbol{x}_0)$ が得られ，証明は終わる．　□

上の命題を適用することから，凸関数についての重要な特性を次の定理で与える．

定理 9.1. S を E^n の空でない開凸集合とし，関数 $f : S \to E^1$ が S において微分可能であるとする．このとき，f が凸関数であるための必要十分条件は，任意の 2 つのベクトル $\boldsymbol{x}, \boldsymbol{y} \in S$ に対して，

$$f(\boldsymbol{y}) \ \geq \ f(\boldsymbol{x}) + \langle \nabla f(\boldsymbol{x}), \boldsymbol{y} - \boldsymbol{x} \rangle$$

が成り立つことである．

証明. まず，f が凸関数であると仮定する．このとき，任意の 2 つのベクトル $\boldsymbol{x}, \boldsymbol{y} \in S$ と任意の正の実数 λ $(0 < \lambda < 1)$ に対して，f が S で凸関数で，微分可能であることから，

$$\begin{aligned}\lambda f(\boldsymbol{y}) + (1-\lambda) f(\boldsymbol{x}) &\geq f(\lambda \boldsymbol{y} + (1-\lambda)\boldsymbol{x}) \\ &= f(\boldsymbol{x} + \lambda(\boldsymbol{y} - \boldsymbol{x})) \\ &= f(\boldsymbol{x}) + \lambda \langle \nabla f(\boldsymbol{x}), \boldsymbol{y} - \boldsymbol{x} \rangle + \lambda \|\boldsymbol{y} - \boldsymbol{x}\| \alpha(\boldsymbol{x} : \lambda(\boldsymbol{y} - \boldsymbol{x}))\end{aligned}$$

が得られ，上の式を整理すると，

$$f(\boldsymbol{y}) - f(\boldsymbol{x}) \ \geq \ \langle \nabla f(\boldsymbol{x}), \boldsymbol{y} - \boldsymbol{x} \rangle + \|\boldsymbol{y} - \boldsymbol{x}\| \alpha(\boldsymbol{x} : \lambda(\boldsymbol{y} - \boldsymbol{x}))$$

が成立する．よって，上の不等式で λ は任意の小さい正の実数であるから $\lambda \downarrow 0$ とすると，実関数 $\alpha \to 0$ となるので

$$f(\boldsymbol{y}) \ \geq \ f(\boldsymbol{x}) + \langle \nabla f(\boldsymbol{x}), \boldsymbol{y} - \boldsymbol{x} \rangle$$

が得られる．

次に，逆を示すために，任意の 2 つのベクトル $\boldsymbol{x}, \boldsymbol{y} \in S$ に対して，

$$f(\boldsymbol{y}) \ \geq \ f(\boldsymbol{x}) + \langle \nabla f(\boldsymbol{x}), \boldsymbol{y} - \boldsymbol{x} \rangle$$

が成立すると仮定する．このとき，任意の 2 つのベクトル $\boldsymbol{x}_1, \boldsymbol{x}_2 \in S$ に対して，上の不等式で $\boldsymbol{y} = \boldsymbol{x}_1$ とおく．このとき，すべてのベクトル $\boldsymbol{x} \in S$ に対して，

$$f(\boldsymbol{x}_1) \ \geq \ f(\boldsymbol{x}) + \langle \nabla f(\boldsymbol{x}), \boldsymbol{x}_1 - \boldsymbol{x} \rangle$$

が示される．また，同じように $\boldsymbol{y} = \boldsymbol{x}_2$ とおくと，すべてのベクトル $\boldsymbol{x} \in S$ に対して，

$$f(\boldsymbol{x}_2) \ \geq \ f(\boldsymbol{x}) + \langle \nabla f(\boldsymbol{x}), \boldsymbol{x}_2 - \boldsymbol{x} \rangle$$

で与えられる．よって，任意の実数 $\lambda\ (0 < \lambda < 1)$ をとり，上の 2 つの不等式にそれぞれ $\lambda, 1-\lambda$ を掛けて加えると，

$$\lambda f(\boldsymbol{x}_1) + (1-\lambda) f(\boldsymbol{x}_2) \ \geq \ f(\boldsymbol{x}) + \langle \nabla f(\boldsymbol{x}), \lambda \boldsymbol{x}_1 + (1-\lambda)\boldsymbol{x}_2 - \boldsymbol{x} \rangle$$

が得られる．このとき，S は凸集合であるから，上の実数 $\lambda\ (0 < \lambda < 1)$ を用いて，任意のベクトル $\boldsymbol{x} \in S$ を $\boldsymbol{x} = \lambda \boldsymbol{x}_1 + (1-\lambda)\boldsymbol{x}_2$ とおけることより，

$$\lambda f(\boldsymbol{x}_1) + (1-\lambda) f(\boldsymbol{x}_2) \ \geq \ f(\lambda \boldsymbol{x}_1 + (1-\lambda)\boldsymbol{x}_2)$$

が成立し，f は凸関数であることが示され，証明は終わる． □

命題 9.2. (平均値の定理)
S を E^n の空でない開凸集合とし，関数 $f : S \to E^1$ が S において微分可能であるとする．このとき，任意の 2 つのベクトル $\boldsymbol{x}, \boldsymbol{y} \in S$ に対して

$$f(\boldsymbol{x}) - f(\boldsymbol{y}) = \langle \nabla f(\lambda \boldsymbol{x} + (1-\lambda)\boldsymbol{y}), \boldsymbol{x} - \boldsymbol{y} \rangle$$

を満足する実数 $\lambda\ (0 < \lambda < 1)$ が存在する．

この命題の詳細な証明等については付録 A.4 参照．

定理 9.2. S を E^n の空でない開凸集合とし，関数 $f : S \to E^1$ が S において微分可能であるとする．このとき，f が凸関数であるための必要十分条件は，任意の 2 つのベクトル $\boldsymbol{x}_1, \boldsymbol{x}_2 \in S$ に対して，

$$\langle \nabla f(\boldsymbol{x}_2) - \nabla f(\boldsymbol{x}_1), \boldsymbol{x}_2 - \boldsymbol{x}_1 \rangle \ \geq \ 0$$

が成り立つことである．

証明． まず，f が凸関数であると仮定する．このとき，定理 9.1 から，任意の 2 つのベクトル $\boldsymbol{x}_1, \boldsymbol{x}_2 \in S$ に対して

$$f(\boldsymbol{x}_1) \ \geq \ f(\boldsymbol{x}_2) + \langle \nabla f(\boldsymbol{x}_2), \boldsymbol{x}_1 - \boldsymbol{x}_2 \rangle$$

$$f(\boldsymbol{x}_2) \ \geq \ f(\boldsymbol{x}_1) + \langle \nabla f(\boldsymbol{x}_1), \boldsymbol{x}_2 - \boldsymbol{x}_1 \rangle$$

が成立する．よって，上の 2 つの不等式を加えることにより

$$\langle \nabla f(\boldsymbol{x}_2) - \nabla f(\boldsymbol{x}_1), \boldsymbol{x}_2 - \boldsymbol{x}_1 \rangle \ \geq \ 0$$

が得られる．

次に，逆を示すために，任意の 2 つのベクトル $\boldsymbol{x}_1, \boldsymbol{x}_2 \in S$ に対して，

$$\langle \nabla f(\boldsymbol{x}_2) - \nabla f(\boldsymbol{x}_1), \boldsymbol{x}_2 - \boldsymbol{x}_1 \rangle \ \geq \ 0$$

が成り立つと仮定する．このとき，関数 f が S で微分可能であることから，任意の 2 つのベクトル $\boldsymbol{x}_1, \boldsymbol{x}_2 \in S$ に対して平均値の定理を適用すると，

$$f(\boldsymbol{x}_2) - f(\boldsymbol{x}_1) = \langle \nabla f(\lambda \boldsymbol{x}_1 + (1-\lambda)\boldsymbol{x}_2), \boldsymbol{x}_2 - \boldsymbol{x}_1 \rangle$$

を満たす実数 λ $(0 < \lambda < 1)$ が存在する．ここで，仮定の条件より与えられた上の不等式での任意のベクトル $\boldsymbol{x}_2 \in S$ を平均値の定理より得られる $\lambda \boldsymbol{x}_1 + (1-\lambda)\boldsymbol{x}_2$ と置き換える．すなわち，$\boldsymbol{x}_2 = \lambda \boldsymbol{x}_1 + (1-\lambda)\boldsymbol{x}_2$ とおくと，

$$\langle \nabla f(\lambda \boldsymbol{x}_1 + (1-\lambda)\boldsymbol{x}_2) - \nabla f(\boldsymbol{x}_1), \lambda \boldsymbol{x}_1 + (1-\lambda)\boldsymbol{x}_2 - \boldsymbol{x}_1 \rangle \ \geq \ 0$$

つまり，

$$(1-\lambda)\langle \nabla f(\lambda \boldsymbol{x}_1 + (1-\lambda)\boldsymbol{x}_2) - \nabla f(\boldsymbol{x}_1), \boldsymbol{x}_2 - \boldsymbol{x}_1 \rangle \ \geq \ 0$$

が成立する．ここで，$0 < \lambda < 1$ であることから，両辺を $1 - \lambda$ で割ると，

$$\langle \nabla f(\lambda \boldsymbol{x}_1 + (1-\lambda)\boldsymbol{x}_2) - \nabla f(\boldsymbol{x}_1), \boldsymbol{x}_2 - \boldsymbol{x}_1 \rangle \ \geq \ 0$$

が得られる．すなわち，

$$\langle \nabla f(\lambda \boldsymbol{x}_1 + (1-\lambda)\boldsymbol{x}_2), \boldsymbol{x}_2 - \boldsymbol{x}_1 \rangle \ \geq \ \langle \nabla f(\boldsymbol{x}_1), \boldsymbol{x}_2 - \boldsymbol{x}_1 \rangle$$

が得られる．したがって，

$$f(\boldsymbol{x}_2) - f(\boldsymbol{x}_1) \ \geq \ \langle \nabla f(\boldsymbol{x}_1), \boldsymbol{x}_2 - \boldsymbol{x}_1 \rangle$$

が成立し，定理 9.1 から f は凸関数であることが示され，証明は終わる． □

定理 9.3. S を E^n の空でない開凸集合とし，関数 $f : S \to E^1$ が S において微分可能であるとする．このとき，f が S で準凸関数であるための必要十分条件は，$f(\boldsymbol{x}) \leq f(\boldsymbol{y})$ を満たす任意の 2 つのベクトル $\boldsymbol{x}, \boldsymbol{y} \in S$ に対

して，

$$\langle \nabla f(\boldsymbol{y}), \boldsymbol{x}-\boldsymbol{y} \rangle \ \leq \ 0$$

が成り立つことである．

証明． まず，f が準凸関数であると仮定する．このとき，$f(\boldsymbol{x}) \leq f(\boldsymbol{y})$ を満たす任意の 2 つのベクトル $\boldsymbol{x}, \boldsymbol{y} \in S$ と任意の実数 $\lambda\ (0 < \lambda < 1)$ に対して，f が $\boldsymbol{y}$ で微分可能であることから，

$$f(\lambda\boldsymbol{x}+(1-\lambda)\boldsymbol{y})-f(\boldsymbol{y})=\lambda\langle \nabla f(\boldsymbol{y}), \boldsymbol{x}-\boldsymbol{y} \rangle+\lambda\|\boldsymbol{x}-\boldsymbol{y}\|\alpha(\boldsymbol{y}:\lambda(\boldsymbol{x}-\boldsymbol{y}))$$

を満たす $\lim_{\lambda\to 0}\alpha(\boldsymbol{y}:\lambda(\boldsymbol{x}-\boldsymbol{y}))=0$ なる実関数 $\alpha : S \to E^1$ が存在する．ここで，f の準凸性と $f(\boldsymbol{x}) \leq f(\boldsymbol{y})$ の仮定より

$$f(\lambda\boldsymbol{x}+(1-\lambda)\boldsymbol{y}) \leq f(\boldsymbol{y})$$

が成り立つ．よって，上式から不等式

$$\lambda\langle \nabla f(\boldsymbol{y}), \boldsymbol{x}-\boldsymbol{y} \rangle+\lambda\|\boldsymbol{x}-\boldsymbol{y}\|\alpha(\boldsymbol{y}:\lambda(\boldsymbol{x}-\boldsymbol{y})) \leq 0$$

が得られ，この不等式の両辺を λ で割って $\lambda \downarrow 0$ とすると，実関数 $\alpha \to 0$ となるので

$$\langle \nabla f(\boldsymbol{y}), \boldsymbol{x}-\boldsymbol{y} \rangle \leq 0$$

が成立することが示される．

次に，逆を示すために，$f(\boldsymbol{x}) \leq f(\boldsymbol{y})$ を満たす任意の 2 つのベクトル $\boldsymbol{x}, \boldsymbol{y} \in S$ と任意の実数 $\lambda\ (0 < \lambda < 1)$ に対して，$f(\lambda\boldsymbol{x}+(1-\lambda)\boldsymbol{y}) \leq f(\boldsymbol{y})$ を示すことが必要となる．そこで，

$$L=\{\boldsymbol{z} \in E^n \mid \boldsymbol{z}=\lambda\boldsymbol{x}+(1-\lambda)\boldsymbol{y}, 0<\lambda<1, f(\boldsymbol{z})>f(\boldsymbol{y})\}$$

が空集合になることを示せば証明は終わる．そこで，$L \neq \emptyset$，すなわち $\boldsymbol{u} \in L$ が存在すると仮定して矛盾を導く．そこで，L の定義より，ある実数 $\lambda\ (0 < \lambda < 1)$ が存在して $\boldsymbol{u}=\lambda\boldsymbol{x}+(1-\lambda)\boldsymbol{y}$ と表され，$f(\boldsymbol{u})>f(\boldsymbol{y})$ を満たしている．また，f が微分可能であることより f は連続となるので，ある実数 $\delta\ (0<\delta<1)$ が存在し，この δ とすべての $\mu \in [\delta, 1]$ に対して

$$f(\boldsymbol{u})>f(\delta\boldsymbol{u}+(1-\delta)\boldsymbol{y}) \qquad \text{かつ} \qquad f(\mu\boldsymbol{u}+(1-\mu)\boldsymbol{y})>f(\boldsymbol{y})$$

が成り立つ．

上の不等式と平均値の定理より，

$$0 < f(\boldsymbol{u}) - f(\delta\boldsymbol{u} + (1-\delta)\boldsymbol{y}) = (1-\delta)\langle \nabla f(\hat{\boldsymbol{x}}), \boldsymbol{u} - \boldsymbol{y}\rangle$$

が得られる．ただし，ある $\hat{\mu} \in (\delta, 1)$ が存在し，$\hat{\boldsymbol{x}} = \hat{\mu}\boldsymbol{u} + (1-\hat{\mu})\boldsymbol{y}$ で与えられる．ここで，この不等式より $f(\hat{\boldsymbol{x}}) > f(\boldsymbol{y})$ は明らかに成立している．上式を $1-\delta$ で割ることで $\langle \nabla f(\hat{\boldsymbol{x}}), \boldsymbol{u}-\boldsymbol{y}\rangle > 0$ が得られ，$\boldsymbol{u}$ に $\boldsymbol{u} = \lambda\boldsymbol{x} + (1-\lambda)\boldsymbol{y}$ を代入することで $\langle \nabla f(\hat{\boldsymbol{x}}), \boldsymbol{x}-\boldsymbol{y}\rangle > 0$ が示される．また，一方 $f(\hat{\boldsymbol{x}}) > f(\boldsymbol{y}) \geq f(\boldsymbol{x})$ であり，ある実数 $\hat{\lambda}\ (0 < \hat{\lambda} < 1)$ を用いて $\hat{\boldsymbol{x}} = \hat{\lambda}\boldsymbol{x} + (1-\hat{\lambda})\boldsymbol{y}$ で表される．そこで，定理の仮定より $\langle \nabla f(\hat{\boldsymbol{x}}), \boldsymbol{x} - \hat{\boldsymbol{x}}\rangle \leq 0$ が与えられているので，

$$0 \geq \langle \nabla f(\hat{\boldsymbol{x}}), \boldsymbol{x} - \hat{\boldsymbol{x}}\rangle = (1-\hat{\lambda})\langle \nabla f(\hat{\boldsymbol{x}}), \boldsymbol{x} - \boldsymbol{y}\rangle$$

が示される．この不等式は上式と両立しないことになり，L は空集合であることが示され，証明は終わる． □

この定理を用いて $f(x) = x^3$ が準凸であることを調べてみよう．そのため，$f(x) \leq f(y)$，すなわち，$x^3 \leq y^3$ と仮定する．この仮定は $x \leq y$ のときに成立している．いま，$\nabla f(y)(x-y) = 3(x-y)y^2$ を考えると，$x \leq y$ であるから $3(x-y)y^2 \leq 0$ となる．よって，$f(x) \leq f(y)$ より $\nabla f(y)(x-y) \leq 0$ となり，上の定理より $f(x) = x^3$ は準凸である．

次に，$f(x, y) = x^3 + y^3$ とし，さらに，$\boldsymbol{x} = (2, -2)^t, \boldsymbol{y} = (1, 0)^t$ とおくと，$f(\boldsymbol{x}) = 0$ と $f(\boldsymbol{y}) = 1$ であることより，$f(\boldsymbol{x}) < f(\boldsymbol{y})$ が成立している．しかし，一方，$\langle \nabla f(\boldsymbol{y}), (\boldsymbol{x} - \boldsymbol{y})\rangle = \langle (3, 0), (1, -2)\rangle = 3$ が成立しているので，定理の必要条件より f は準凸関数ではない．このことは 2 つの準凸関数の和は必ずしも準凸関数にはならないことを示している．

実数値関数が 2 回微分可能であるときの凸関数の特徴を調べるために，まず 2 回微分の定義から始める．

定義 9.2. S を E^n の空でない部分集合とする．このとき，任意のベクトル $\boldsymbol{x} \in S$ と $\boldsymbol{x}_0 \in \mathrm{int}S$ に対して

$$f(\boldsymbol{x}) = f(\boldsymbol{x}_0) + \langle \boldsymbol{\xi}, \boldsymbol{x} - \boldsymbol{x}_0\rangle + \frac{1}{2}(\boldsymbol{x} - \boldsymbol{x}_0)^t H(\boldsymbol{x} - \boldsymbol{x}_0) + \|\boldsymbol{x} - \boldsymbol{x}_0\|^2 \alpha(\boldsymbol{x}_0 : \boldsymbol{x} - \boldsymbol{x}_0)$$

を満たすベクトル $\boldsymbol{\xi} \in E^n$，$n \times n$ **対称行列** H と実関数 α が存在し，さらに，実関数 $\alpha : S \to E^1$ は $\lim_{\boldsymbol{x} \to \boldsymbol{x}_0} \alpha(\boldsymbol{x}_0 : \boldsymbol{x} - \boldsymbol{x}_0) = 0$ を満たしている．このと

き，関数 $f : S \to E^1$ はベクトル $\boldsymbol{x}_0 \in \text{int}S$ において **2回微分可能**であると呼ぶ．もちろん，2回微分可能のときには1回微分可能の条件は満たされているので $\boldsymbol{\xi} = \nabla f(\boldsymbol{x}_0)$ であり，さらに，H を $H(\boldsymbol{x}_0)$ で表し，この行列 $H(\boldsymbol{x}_0)$ を**ヘッセ行列** (Hessian matrix) と呼ぶ．特に，f が $\text{int}S$ のすべてのベクトル $\boldsymbol{x}$ で2回微分可能であるとき，f は $\text{int}S$ で2回微分可能であると呼ぶ．

定義 9.2 の意味で，関数 $f : S \to E^1$ が $\text{int}S$ で2回微分可能ならば，テイラーの定理より，任意のベクトル $\boldsymbol{x}_0 \in \text{int}S$ で各要素に関して f の**2次の偏微分係数** $\dfrac{\partial^2 f}{\partial x_i \partial x_j}(\boldsymbol{x}_0)$ が存在し，ヘッセ行列 $H(\boldsymbol{x}_0)$ の (i,j) 要素は2次の偏微分係数 $\dfrac{\partial^2 f}{\partial x_i \partial x_j}(\boldsymbol{x}_0)$ で与えられる．この詳細な証明等は付録 A.4 参照．

定理 9.4. S が E^n の空でない開凸集合で，関数 $f : S \to E^1$ が S で2回微分可能であるとする．このとき，f が凸関数であるための必要十分条件は，すべてのベクトル $\boldsymbol{x}_0 \in S$ に対して，ヘッセ行列 $H(\boldsymbol{x}_0)$ が**半正定値** (positive semidefinite)，すなわち，任意のベクトル $\boldsymbol{x} \in E^n$ について，$\boldsymbol{x}^t H(\boldsymbol{x}_0)\boldsymbol{x} \geq 0$ が成り立つことである．

証明. まず，f が S 上で凸関数であり，ベクトル $\boldsymbol{x}_0 \in S$ と仮定する．このとき，S は開集合であるから，任意のベクトル $\boldsymbol{x} \in E^n$ とすべての実数 $0 < \lambda < \delta$ に対して $\boldsymbol{x}_0 + \lambda\boldsymbol{x} \in S$ を満たすある正の実数 $\delta > 0$ が存在する．また，f は2回微分可能であることから

$$f(\boldsymbol{x}_0 + \lambda\boldsymbol{x}) = f(\boldsymbol{x}_0) + \lambda\langle\nabla f(\boldsymbol{x}_0), \boldsymbol{x}\rangle + \frac{1}{2}\lambda^2\boldsymbol{x}^t H(\boldsymbol{x}_0)\boldsymbol{x} + \lambda^2\|\boldsymbol{x}\|^2\alpha(\boldsymbol{x}_0 : \lambda\boldsymbol{x})$$

が成立する．ただし，$\alpha : S \to E^1$ は $\lim_{\lambda\to 0}\alpha(\boldsymbol{x}_0 : \lambda\boldsymbol{x}) = 0$ を満たしている．ここで，f は凸関数でもあるから，定理 9.1 より，

$$f(\boldsymbol{x}_0 + \lambda\boldsymbol{x}) \ \geq \ f(\boldsymbol{x}_0) + \lambda\langle\nabla f(\boldsymbol{x}_0), \boldsymbol{x}\rangle$$

が成立している．よって，上の2式より

$$\frac{1}{2}\lambda^2\boldsymbol{x}^t H(\boldsymbol{x}_0)\boldsymbol{x} + \lambda^2\|\boldsymbol{x}\|^2\alpha(\boldsymbol{x}_0 : \lambda\boldsymbol{x}) \ \geq \ 0$$

が成立する．そこで，この式の両辺を λ^2 で割って，$\lambda \downarrow 0$ とすれば，任意の $\boldsymbol{x} \in E^n$ に対して $\boldsymbol{x}^t H(\boldsymbol{x}_0)\boldsymbol{x} \ \geq \ 0$ が得られ，必要条件の証明は終わる．

次に，すべての $\boldsymbol{x} \in S$ に対してヘッセ行列 $H(\boldsymbol{x})$ が半正定値 (付録 A.6 参照) であると仮定する．このとき，f の 2 回微分に関する平均値の定理 (付録 A.4 参照) より，任意の $\boldsymbol{x} \in S$ に対して，

$$f(\boldsymbol{x}) = f(\boldsymbol{x}_0) + \langle \nabla f(\boldsymbol{x}_0), \boldsymbol{x} - \boldsymbol{x}_0 \rangle + \frac{1}{2}(\boldsymbol{x} - \boldsymbol{x}_0)^t H(\lambda \boldsymbol{x}_0 + (1-\lambda)\boldsymbol{x})(\boldsymbol{x} - \boldsymbol{x}_0)$$

を満足する実数 λ $(0 < \lambda < 1)$ が存在する．また，S は凸集合であるから，$\lambda \boldsymbol{x}_0 + (1-\lambda)\boldsymbol{x} \in S$ となり，$H(\lambda \boldsymbol{x}_0 + (1-\lambda)\boldsymbol{x})$ が半正定値であることから，

$$(\boldsymbol{x} - \boldsymbol{x}_0)^t H(\lambda \boldsymbol{x}_0 + (1-\lambda)\boldsymbol{x})(\boldsymbol{x} - \boldsymbol{x}_0) \geq 0$$

が得られる．よって，任意の $\boldsymbol{x}, \boldsymbol{x}_0 \in S$ に対して，

$$f(\boldsymbol{x}) \ \geq \ f(\boldsymbol{x}_0) + \langle \nabla f(\boldsymbol{x}_0), \boldsymbol{x} - \boldsymbol{x}_0 \rangle$$

となり，定理 9.1 から f は S 上で凸関数であることが示され，十分条件の証明は終わる． □

系 9.1. S が E^n の空でない開凸集合で，関数 $f : S \longrightarrow E^1$ が S において 2 回微分可能であるとする．このとき，任意のベクトル $\boldsymbol{x}_0 \in S$ に対してヘッセ行列 $H(\boldsymbol{x}_0)$ が**正定値**，すなわち，すべての非零ベクトル $\boldsymbol{x} \in E^n$ に対して，$\boldsymbol{x}^t H(\boldsymbol{x}_0)\boldsymbol{x} > 0$ が成り立つならば f は S 上で狭義の凸関数となる．

この系の証明は演習問題として読者に残す．

この系の逆は一般には成立しない．すなわち，f が狭義の凸関数で 2 回微分可能であっても，ヘッセ行列 $H(\boldsymbol{x}_0)$ が S の至る所で正定値となるとは必ずしもいえない．例えば，$f(x) = x^4 : E^1 \to E^1$ は狭義の凸関数で 2 回微分可能であるが，任意のベクトル x でヘッセ行列 $H(x) = 12x^2$ は正定値とならない．すなわち，$x = 0$ では半正定値となっている．

また，定理 9.4 は 2 回微分可能な関数の凸性や凹性を調べるときに重要となる．特に関数が 2 次のときに，ヘッセ行列は考えているベクトルから独立，すなわち，そのベクトルを含んでいない．そこで，関数の凸性や凹性を調べることはヘッセ行列の**固有値**の符号を調べることに換言されることで便利である．

[例題] 実関数 $f : E^2 \to E^1$ は次のように与えられている．

$$f(x,y) = 2x^2 + 3y^2 - 3xy - 2x - 6y$$

この式は次のように変形される．

$$f(x,y) = -(2,6)\begin{pmatrix} x \\ y \end{pmatrix} + \frac{1}{2}(x,y)\begin{pmatrix} 4 & -3 \\ -3 & 6 \end{pmatrix}\begin{pmatrix} x \\ y \end{pmatrix}$$

上の式より，ヘッセ行列は

$$H = \begin{pmatrix} 4 & -3 \\ -3 & 6 \end{pmatrix}$$

となり，

$$0 = \det(H - \lambda I) = \det\begin{bmatrix} 4-\lambda & -3 \\ -3 & 6-\lambda \end{bmatrix}$$

を計算し，固有値を求めると $\lambda = 5 \pm \sqrt{10}$ が得られる．ここで，2つの固有値は正であることより，この関数は狭義の凸関数であるので，明らかに凸関数でもある．ただし，固有値については付録 A.6 参照．

以下では擬凸関数の定義を与える．この擬凸関数 f では $\nabla f(\boldsymbol{x}_0) = 0$ を満たすベクトル $\boldsymbol{x}_0$ は大域的最適解となることが，以下の定義から容易に理解されるであろう．しかし，この性質は微分可能な強い準凸関数や狭義の準凸関数からは得られない性質である．

定義 9.3. S を E^n の空でない開集合とし，実関数 $f : S \to E^1$ が S において微分可能であるとする．ここで，ベクトル $\boldsymbol{x}_0 \in S$ と任意のベクトル $\boldsymbol{x} \in S$ に対して，$\langle \nabla f(\boldsymbol{x}_0), \boldsymbol{x} - \boldsymbol{x}_0 \rangle \geq 0$ を満たすとき，$f(\boldsymbol{x}) \geq f(\boldsymbol{x}_0)$，また，同等には $f(\boldsymbol{x}) < f(\boldsymbol{x}_0)$ を満たすとき，$\langle \nabla f(\boldsymbol{x}_0), \boldsymbol{x} - \boldsymbol{x}_0 \rangle < 0$ が成り立つならば，f は $\boldsymbol{x}_0$ で**擬凸** (pseudoconvex) **関数**，または単に $\boldsymbol{x}_0$ で擬凸と呼ぶ．$-f$ が $\boldsymbol{x}_0$ で擬凸関数ならば，f は $\boldsymbol{x}_0$ で**擬凹関数**，または単に $\boldsymbol{x}_0$ で擬凹と呼ぶ．

さらに，ベクトル $\boldsymbol{x}_0 \in S$ と任意のベクトル $\boldsymbol{x} \in S, \boldsymbol{x} \neq \boldsymbol{x}_0$ に対して，$\langle \nabla f(\boldsymbol{x}_0), \boldsymbol{x} - \boldsymbol{x}_0 \rangle \geq 0$ を満たすとき，$f(\boldsymbol{x}) > f(\boldsymbol{x}_0)$，また，同等には，$f(\boldsymbol{x}) \leq f(\boldsymbol{x}_0)$ を満たすとき，$\langle \nabla f(\boldsymbol{x}_0), \boldsymbol{x} - \boldsymbol{x}_0 \rangle < 0$ が成り立つならば，f は $\boldsymbol{x}_0$ で**狭義の擬凸** (strictly pseudoconvex) **関数**，または単に $\boldsymbol{x}_0$ で狭義の擬凸と呼ぶ．$-f$ が $\boldsymbol{x}_0$ で狭義の擬凸関数ならば，f は $\boldsymbol{x}_0$ で**狭義の擬凹関数**，または単に $\boldsymbol{x}_0$ で狭義の擬凹と呼ぶ．

特に，f が S のすべてのベクトルで擬凸関数，狭義の擬凸関数ならば，f は S で擬凸関数，狭義の擬凸関数，または単に S で擬凸，狭義の擬凸と呼ぶ．また，同様に $-f$ が S のすべてのベクトルで擬凸関数，狭義の擬凸関数ならば，f は S で擬凹関数，狭義の擬凹関数，または単に S で擬凹，狭義の擬凹と呼ぶ．

定理 9.5. S を E^n の空でない開凸集合とし，実関数 $f: S \to E^1$ が S において微分可能な擬凸関数であるとする．このとき，f は S で狭義の準凸関数であり，かつ S で準凸関数でもある．

証明. まず，f が狭義の準凸関数であることを示すために，$f(\boldsymbol{x}) \neq f(\boldsymbol{y})$ で $f(\boldsymbol{x}') \geq \max\{f(\boldsymbol{x}), f(\boldsymbol{y})\}$（ただし，ある実数 $\lambda \in (0,1)$ に対して，$\boldsymbol{x}' = \lambda\boldsymbol{x} + (1-\lambda)\boldsymbol{y}$）を満たす $\boldsymbol{x}, \boldsymbol{y} \in S$ が存在すると仮定し，矛盾を導くことにする．ここでは $f(\boldsymbol{x}) < f(\boldsymbol{y})$ と仮定し，$f(\boldsymbol{x}') \geq f(\boldsymbol{y}) > f(\boldsymbol{x})$ が成立しているとする．f の擬凸性より $\langle \nabla f(\boldsymbol{x}'), \boldsymbol{x} - \boldsymbol{x}' \rangle < 0$ であり，$\boldsymbol{x} - \boldsymbol{x}' = -(1-\lambda)(\boldsymbol{y} - \boldsymbol{x}')/\lambda$ となるので，$\langle \nabla f(\boldsymbol{x}'), \boldsymbol{y} - \boldsymbol{x}' \rangle > 0$ が成り立ち，再び f の擬凸性を用いて $f(\boldsymbol{y}) \geq f(\boldsymbol{x}')$ が得られ，よって $f(\boldsymbol{y}) = f(\boldsymbol{x}')$ が示される．また，$\langle \nabla f(\boldsymbol{x}'), \boldsymbol{y} - \boldsymbol{x}' \rangle > 0$ であるから，

$$f(\hat{\boldsymbol{x}}) > f(\boldsymbol{y}) = f(\boldsymbol{x}')$$

を満たすある実数 $\mu \in (0,1)$ をもつ $\hat{\boldsymbol{x}} = \mu\boldsymbol{x}' + (1-\mu)\boldsymbol{y}$ が存在する．ここで，再度 f の擬凸性を用いて $\langle \nabla f(\hat{\boldsymbol{x}}), \boldsymbol{y} - \hat{\boldsymbol{x}} \rangle < 0$ を得る．同様にして，$\langle \nabla f(\hat{\boldsymbol{x}}), \boldsymbol{x}' - \hat{\boldsymbol{x}} \rangle < 0$ が得られる．しかし，$\boldsymbol{y} - \hat{\boldsymbol{x}} = \mu(\hat{\boldsymbol{x}} - \boldsymbol{x}')/(1-\mu)$ となるので，上の 2 つの不等式は両立せず矛盾しているので，f は狭義の準凸関数となる．

次に，f は微分可能であることから連続となり，もちろん下半連続であるので，命題 8.3 よりこの狭義の準凸関数 f は準凸関数となる． □

定理 9.6. S を E^n の空でない開凸集合とし，実関数 $f: S \to E^1$ が S において微分可能な狭義の擬凸関数であるとする．このとき，f は S で強い準凸関数となる．

証明. 矛盾を導くことで証明を与えるために，$f(\hat{\boldsymbol{x}}) \geq \max\{f(\boldsymbol{x}), f(\boldsymbol{y})\}$ を満たす 2 つの異なる $\boldsymbol{x}, \boldsymbol{y} \in S$ $(\boldsymbol{x} \neq \boldsymbol{y})$ と，ある $\lambda \in (0,1)$ をもつ $\hat{\boldsymbol{x}} = \lambda\boldsymbol{x} + (1-\lambda)\boldsymbol{y}$

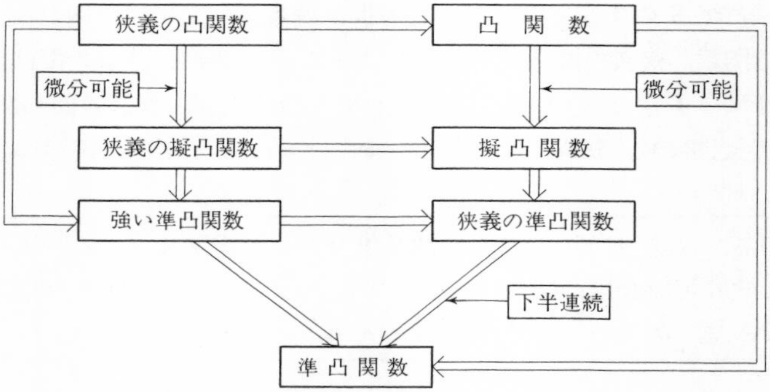

図 9.1　いろいろなタイプの凸性の間の関係

が存在すると仮定する．このとき，$f(\boldsymbol{x}) \leq f(\hat{\boldsymbol{x}}), \boldsymbol{x} \neq \hat{\boldsymbol{x}}$ より，f の狭義の擬凸性を用いて $\langle \nabla f(\hat{\boldsymbol{x}}), \boldsymbol{x} - \hat{\boldsymbol{x}} \rangle < 0$ を得る．したがって，$\langle \nabla f(\hat{\boldsymbol{x}}), \boldsymbol{x} - \boldsymbol{y} \rangle < 0$ が得られる．同様にして，$f(\boldsymbol{y}) \leq f(\hat{\boldsymbol{x}}), \boldsymbol{y} \neq \hat{\boldsymbol{x}}$ より，$\langle \nabla f(\hat{\boldsymbol{x}}), \boldsymbol{y} - \boldsymbol{x} \rangle < 0$ が示される．上の2つの不等式は両立せず矛盾しているので，f は強い準凸関数である．　□

前章の図8.4に示した関係のほか，定理8.9，系8.2，命題9.1により擬凸関数および狭義の擬凸関数を含めた強弱関係を図9.1で与える．

9.2　凸関数の最適化問題

この節では，凸関数についての制約条件をもつ最適化問題を考察するために，まず，最適化問題の定式化を与えることから始める．

定義 9.4.　$f : E^n \longrightarrow E^1$ に対して

$$\text{問題 (P)} \begin{cases} \text{目的関数}：f(\boldsymbol{x}) \ \text{を最小} \\ \text{制約条件}：\boldsymbol{x} \in S \end{cases}$$

このとき，**制約条件**を満たすベクトル $\boldsymbol{x} \in S$ を問題 (P) の**実行可能解** (feasible solution) と呼び，S を問題 (P) の**実行可能領域**と呼ぶ．

定義 9.5.　問題 (P) について，すべてのベクトル $\boldsymbol{x} \in S$ に対して，$f(\boldsymbol{x}) \geq f(\boldsymbol{x}_0)$ を満たすベクトル $\boldsymbol{x}_0 \in S$ が存在するとき，このベクトル $\boldsymbol{x}_0$ を問題 (P)

の**大域的最適解** (global optimal solution)，または単に**最適解**と呼ぶ．

また，あるベクトル $\boldsymbol{x}_0 \in S$ に対し，ある正の実数 $\varepsilon > 0$ が存在し，すべてのベクトル $\boldsymbol{x} \in N_\varepsilon(\boldsymbol{x}_0) \cap S$ について，$f(\boldsymbol{x}) \geq f(\boldsymbol{x}_0)$ が成り立つならば，このベクトル $\boldsymbol{x}_0$ を問題 (P) の**局所的最適解** (local optimal solution) と呼ぶ．

定理 9.7. S が E^n の空でない凸集合で，実関数 $f : S \longrightarrow E^1$ とし，ベクトル $\boldsymbol{x}_0 \in S$ が問題 (P) の局所的最適解であるとする．このとき，次の 1 ～ 4 が成立する．

1. f が凸関数ならば，ベクトル $\boldsymbol{x}_0 \in S$ は問題 (P) の最適解となる．
2. f が狭義の準凸関数ならば，ベクトル $\boldsymbol{x}_0 \in S$ は問題 (P) の最適解となる．
3. f が狭義の凸関数ならば，ベクトル $\boldsymbol{x}_0 \in S$ は問題 (P) のただ 1 つの最適解となる．
4. f が強い準凸関数ならば，ベクトル $\boldsymbol{x}_0 \in S$ は問題 (P) のただ 1 つの最適解となる．

証明.

1. 結果を与えるために，$\boldsymbol{x}_0 \in S$ が局所的最適解であると仮定する．すなわち，ある正の実数 $\varepsilon > 0$ が存在し，すべてのベクトル $\boldsymbol{x} \in N_\varepsilon(\boldsymbol{x}_0) \cap S$ に対して，$f(\boldsymbol{x}) \geq f(\boldsymbol{x}_0)$ が成立している．このとき，局所的最適解 $\boldsymbol{x}_0$ が問題 (P) の最適解でないと仮定して矛盾を導くことにする．そこで，$f(\boldsymbol{x}_1) < f(\boldsymbol{x}_0)$ を満たすベクトル $\boldsymbol{x}_1 \in S$ が存在するとすると，S は凸集合で，f は凸関数であるから，任意の実数 λ $(0 < \lambda < 1)$ に対して，

$$
\begin{aligned}
f(\lambda \boldsymbol{x}_1 + (1-\lambda)\boldsymbol{x}_0) &\leq \lambda f(\boldsymbol{x}_1) + (1-\lambda) f(\boldsymbol{x}_0) \\
&< \lambda f(\boldsymbol{x}_0) + (1-\lambda) f(\boldsymbol{x}_0) = f(\boldsymbol{x}_0)
\end{aligned}
$$

ところが，$\lambda \boldsymbol{x}_1 + (1-\lambda)\boldsymbol{x}_0 \in N_\varepsilon(\boldsymbol{x}_0) \cap S$ となるように十分小さい正数 λ (> 0) をとることができる．このことが $\boldsymbol{x}_0$ の十分近くに $f(\boldsymbol{x}_0)$ より小さな値をとるベクトルが存在することになり，$\boldsymbol{x}_0$ が問題 (P) の局所的最適解であることに矛盾する．

2. 結果を証明するために，$\boldsymbol{x}_0 \in S$ が局所的最適解であると仮定する．すなわち，ある正の実数 $\varepsilon > 0$ が存在し，すべてのベクトル $\boldsymbol{x} \in N_\varepsilon(\boldsymbol{x}_0) \cap S$ に対

して，$f(\boldsymbol{x}) \geq f(\boldsymbol{x}_0)$ が成立している．このとき，局所的最適解 $\boldsymbol{x}_0$ が問題 (P) の最適解でないと仮定して矛盾を導くことにする．そこで，$f(\hat{\boldsymbol{x}}) < f(\boldsymbol{x}_0)$ を満たすベクトル $\hat{\boldsymbol{x}} \in S$ が存在するとすると，S は凸集合であるから，任意の実数 λ $(0 < \lambda < 1)$ に対して，$\lambda\hat{\boldsymbol{x}} + (1-\lambda)\boldsymbol{x}_0 \in S$ が成立する．ここで，$\boldsymbol{x}_0$ が局所的最適解である仮定から，ある実数 δ $(0 < \delta < 1)$ が存在し，すべての $\lambda \in (0, \delta)$ に対して，

$$f(\boldsymbol{x}_0) \leq f(\lambda\hat{\boldsymbol{x}} + (1-\lambda)\boldsymbol{x}_0)$$

しかし，f は狭義の準凸関数で，かつ $f(\hat{\boldsymbol{x}}) < f(\boldsymbol{x}_0)$ であるから，任意の実数 λ $(0 < \lambda < 1)$ に対して，

$$f(\lambda\hat{\boldsymbol{x}} + (1-\lambda)\boldsymbol{x}_0) < f(\boldsymbol{x}_0)$$

が成立する．このことは $\boldsymbol{x}_0$ の十分近くに $f(\boldsymbol{x}_0)$ より小さな値をとるベクトルが存在することになり，$\boldsymbol{x}_0$ が問題 (P) の局所的最適解であることに矛盾する．

3. 結果を証明するために，f が狭義の凸関数とすると，明らかに f は凸関数であるから，1. により $\boldsymbol{x}_0$ は問題 (P) の最適解となる．そこで，$\boldsymbol{x}_0$ がただ１つの最適解でないと仮定する．すなわち，$f(\boldsymbol{x}) = f(\boldsymbol{x}_0)$ を満たすベクトル $\boldsymbol{x} \in S$ $(\boldsymbol{x} \neq \boldsymbol{x}_0)$ が存在するとする．このとき，f は狭義の凸関数であるから，$f(\frac{1}{2}\boldsymbol{x} + \frac{1}{2}\boldsymbol{x}_0) < \frac{1}{2}f(\boldsymbol{x}) + \frac{1}{2}f(\boldsymbol{x}_0) = f(\boldsymbol{x}_0)$ が成立する．ここで，S は凸集合であることから，$\frac{1}{2}\boldsymbol{x} + \frac{1}{2}\boldsymbol{x}_0 \in S$ となり，$\boldsymbol{x}_0$ が最適解であることに矛盾することが示される．

4. 結果を証明するために，$\boldsymbol{x}_0 \in S$ が局所的最適解であると仮定すると，ある正の実数 $\varepsilon > 0$ が存在し，すべてのベクトル $\boldsymbol{x} \in N_\varepsilon(\boldsymbol{x}_0) \cap S$ に対して，$f(\boldsymbol{x}) \geq f(\boldsymbol{x}_0)$ が成立している．このとき，局所的最適解 $\boldsymbol{x}_0$ が問題 (P) の最適解でないと仮定して矛盾を導くことにする．そこで，$f(\hat{\boldsymbol{x}}) \leq f(\boldsymbol{x}_0)$ を満たし，ベクトル $\boldsymbol{x}_0 \in S$ とは異なるベクトル $\hat{\boldsymbol{x}} \in S, \hat{\boldsymbol{x}} \neq \boldsymbol{x}_0$ が存在するとすると，S は凸集合であるから，任意の実数 λ $(0 < \lambda < 1)$ に対して，$\lambda\hat{\boldsymbol{x}} + (1-\lambda)\boldsymbol{x}_0 \in S$ が成立する．ここで，f は強い準凸関数であることより，任意の実数 λ $(0 < \lambda < 1)$ に対して，

$$f(\lambda\hat{\boldsymbol{x}} + (1-\lambda)\boldsymbol{x}_0) < \max\{f(\hat{\boldsymbol{x}}), f(\boldsymbol{x}_0)\} = f(\boldsymbol{x}_0)$$

成立している．

いま，仮定より $\boldsymbol{x}_0$ が局所的最適解であるから，ある十分小さい実数 δ $(0 < \delta < 1)$ が存在し，すべての $\lambda \in (0, \delta)$ に対して，

$$\lambda\hat{\boldsymbol{x}} + (1-\lambda)\boldsymbol{x}_0 \in S \cap N_\delta(\boldsymbol{x}_0)$$

となり，上の不等式は $\boldsymbol{x}_0$ の局所的最適解の仮定に矛盾し，$\hat{\boldsymbol{x}} \in S, \hat{\boldsymbol{x}} \neq \boldsymbol{x}_0$ で $f(\hat{\boldsymbol{x}}) \leq f(\boldsymbol{x}_0)$ を満たすベクトル $\hat{\boldsymbol{x}} \in S$ が存在しないことになり，$\boldsymbol{x}_0 \in S$ はただ 1 つの最適解となることが示され，証明は終わる． □

定理 9.8. S が E^n の空でない凸集合で，$f: E^n \to E^1$ が凸関数であるとする．このとき，ベクトル $\boldsymbol{x}_0 \in S$ が問題 (P) の最適解となるための必要十分条件は，すべてのベクトル $\boldsymbol{x} \in S$ に対して，$\langle \boldsymbol{\xi}, \boldsymbol{x} - \boldsymbol{x}_0 \rangle \geq 0$ を満たす劣勾配ベクトル $\boldsymbol{\xi} \in \partial f(\boldsymbol{x}_0)$ が存在することである．

証明. まず，すべてのベクトル $\boldsymbol{x} \in S$ に対して，

$$f(\boldsymbol{x}) \geq f(\boldsymbol{x}_0) + \langle \boldsymbol{\xi}, \boldsymbol{x} - \boldsymbol{x}_0 \rangle, \quad \langle \boldsymbol{\xi}, \boldsymbol{x} - \boldsymbol{x}_0 \rangle \geq 0$$

を満たす劣勾配ベクトル $\boldsymbol{\xi} \in \partial f(\boldsymbol{x}_0)$ が存在すると仮定すると，すべてのベクトル $\boldsymbol{x} \in S$ に対して，

$$f(\boldsymbol{x}) \geq f(\boldsymbol{x}_0) + \langle \boldsymbol{\xi}, \boldsymbol{x} - \boldsymbol{x}_0 \rangle \geq f(\boldsymbol{x}_0)$$

が成り立つことから，$\boldsymbol{x}_0 \in S$ は問題 (P) の最適解となってる．

次に，$\boldsymbol{x}_0 \in S$ が問題 (P) の最適解であると仮定し，次に 2 つの集合 Λ_1, Λ_2 を定義する．

$$\begin{aligned}
\Lambda_1 &= \{(\boldsymbol{x} - \boldsymbol{x}_0, y) \in E^n \times E^1 |\ \boldsymbol{x} \in E^n, y > f(\boldsymbol{x}) - f(\boldsymbol{x}_0)\} \\
\Lambda_2 &= \{(\boldsymbol{x} - \boldsymbol{x}_0, y) \in E^n \times E^1 |\ \boldsymbol{x} \in S, y \leq 0\}
\end{aligned}$$

ここで，まず集合 Λ_1 が凸であることを示す．任意の 2 つのベクトル $(\boldsymbol{x}_1 - \boldsymbol{x}_0, y_1)$, $(\boldsymbol{x}_2 - \boldsymbol{x}_0, y_2) \in \Lambda_1$ と任意の実数 $\lambda\ (0 < \lambda < 1)$ に対して，

$$\lambda(\boldsymbol{x}_1 - \boldsymbol{x}_0) + (1-\lambda)(\boldsymbol{x}_2 - \boldsymbol{x}_0) = \lambda\boldsymbol{x}_1 + (1-\lambda)\boldsymbol{x}_2 - \boldsymbol{x}_0 \in E^n$$

かつ，f は凸関数であるから，

$$\begin{aligned}
f(\lambda\boldsymbol{x}_1 + (1-\lambda)\boldsymbol{x}_2) - f(\boldsymbol{x}_0) &\leq \lambda f(\boldsymbol{x}_1) + (1-\lambda)f(\boldsymbol{x}_2) - f(\boldsymbol{x}_0) \\
&= \lambda(f(\boldsymbol{x}_1) - f(\boldsymbol{x}_0)) + (1-\lambda)(f(\boldsymbol{x}_2) - f(\boldsymbol{x}_0)) \\
&< \lambda y_1 + (1-\lambda)y_2
\end{aligned}$$

したがって，$(\lambda(\boldsymbol{x}_1-\boldsymbol{x}_0)+(1-\lambda)(\boldsymbol{x}_2-\boldsymbol{x}_0), \lambda y_1+(1-\lambda)y_2) \in \Lambda_1$ となることから，Λ_1 は凸集合である．同じようにして，Λ_2 も凸集合であることが示せる．そして，$\Lambda_1 \cap \Lambda_2 = \emptyset$ となる．なぜならば，$(\boldsymbol{x}-\boldsymbol{x}_0, y) \in \Lambda_1 \cap \Lambda_2$ を満たすベクトル $(\boldsymbol{x}-\boldsymbol{x}_0, y)$ が存在したと仮定すると，$0 \geq y > f(\boldsymbol{x})-f(\boldsymbol{x}_0)$ を満たすベクトル $\boldsymbol{x} \in S$ が存在することになり，これは $\boldsymbol{x}_0 \in S$ が問題 (P) の最適解であることに矛盾する．よって，定理 5.8 より，Λ_1 と Λ_2 を分離する超平面が存在する．すなわち，

$$\text{任意のベクトル } (\boldsymbol{x}-\boldsymbol{x}_0, y) \in \Lambda_1 \text{ に対して，} \langle \boldsymbol{\xi}_0, \boldsymbol{x}-\boldsymbol{x}_0 \rangle + \mu y \leq \alpha$$
$$\text{任意のベクトル } (\boldsymbol{x}-\boldsymbol{x}_0, y) \in \Lambda_2 \text{ に対して，} \langle \boldsymbol{\xi}_0, \boldsymbol{x}-\boldsymbol{x}_0 \rangle + \mu y \geq \alpha$$

が成り立つ非零ベクトル $(\boldsymbol{\xi}_0, \mu) \in E^{n+1}$ と実数 $\alpha \in E^1$ が存在する．ここで，$\boldsymbol{x}=\boldsymbol{x}_0$，$y=0$ とおくと $(\boldsymbol{\theta}, 0) \in \Lambda_2$ となることより，$\alpha \leq 0$ が成立する．また，$\boldsymbol{x}=\boldsymbol{x}_0$，$y=\varepsilon>0$ とおくと，$(0,\varepsilon) \in \Lambda_1$ より，$\mu\varepsilon \leq \alpha$ となる．したがって，任意の正の実数 $\varepsilon>0$ に対して $\mu\varepsilon \leq \alpha \leq 0$ が成り立つから $\mu \leq 0$ となる．また，ε は任意であるから $\varepsilon \downarrow 0$ とすることにより $\alpha \geq 0$ が示され，$\alpha=0$ が得られる．

次に，$\mu \leq 0$ であるから $\mu<0$ であることを示すために，$\mu=0$ と仮定して矛盾を導く．すべてのベクトル $(\boldsymbol{x}-\boldsymbol{x}_0, y) \in \Lambda_1$ より，任意の $\boldsymbol{x} \in E^n$ に対して，$\langle \boldsymbol{\xi}_0, \boldsymbol{x}-\boldsymbol{x}_0 \rangle \leq 0$ となる．そこで，$\boldsymbol{x}=\boldsymbol{x}_0+\boldsymbol{\xi}_0$ ととると $0 \geq \langle \boldsymbol{\xi}_0, \boldsymbol{x}-\boldsymbol{x}_0 \rangle = \|\boldsymbol{\xi}_0\|^2$ となり，$\boldsymbol{\xi}_0=\boldsymbol{\theta}$ が得られる．これは $(\boldsymbol{\xi}_0, \mu) \neq (\boldsymbol{\theta}, 0)$ であることに反する．したがって，$\mu<0$ が示される．

そこで，$\boldsymbol{\xi}=\frac{\boldsymbol{\xi}_0}{|\mu|}$ とおくと，$\langle \boldsymbol{\xi}_0, \boldsymbol{x}-\boldsymbol{x}_0 \rangle + \mu y = |\mu|(\langle \boldsymbol{\xi}, \boldsymbol{x}-\boldsymbol{x}_0 \rangle - y)$ となるから，任意のベクトル $(\boldsymbol{x}-\boldsymbol{x}_0, y) \in \Lambda_1$，すなわち $y > f(\boldsymbol{x})-f(\boldsymbol{x}_0)$ を満たすベクトル $\boldsymbol{x} \in E^n$ と実数 y に対して，$y \geq \langle \boldsymbol{\xi}, \boldsymbol{x}-\boldsymbol{x}_0 \rangle$ が成り立つ．よって，すべての $\boldsymbol{x} \in E^n$ に対して，

$$f(\boldsymbol{x})-f(\boldsymbol{x}_0) \geq \langle \boldsymbol{\xi}, \boldsymbol{x}-\boldsymbol{x}_0 \rangle$$

が得られる．なぜならば，$f(\boldsymbol{x})-f(\boldsymbol{x}_0) < \langle \boldsymbol{\xi}, \boldsymbol{x}-\boldsymbol{x}_0 \rangle$ と仮定すると，$f(\boldsymbol{x})-f(\boldsymbol{x}_0) < y < \langle \boldsymbol{\xi}, \boldsymbol{x}-\boldsymbol{x}_0 \rangle$ を満たす実数 y とベクトル $\boldsymbol{x} \in E^n$ が存在することになり，Λ_1 の条件に矛盾する．

一方，任意のベクトル $(\boldsymbol{x}-\boldsymbol{x}_0, y) \in \Lambda_2$，すなわち，任意のベクトル $\boldsymbol{x} \in S$ と任意の実数 $y \leq 0$ に対して，$\langle \boldsymbol{\xi}, \boldsymbol{x}-\boldsymbol{x}_0 \rangle \geq y$ が成り立つ．Λ_2 は $y=0$ を含んでいることから，この式で特に $y=0$ とおくと，任意のベクトル $\boldsymbol{x} \in S$ に対

して，$\langle \boldsymbol{\xi}, \boldsymbol{x} - \boldsymbol{x}_0 \rangle \geq 0$ となる．したがって，$\langle \boldsymbol{\xi}, \boldsymbol{x} - \boldsymbol{x}_0 \rangle \geq 0$, $\boldsymbol{x} \in S$ を満たす劣勾配ベクトル $\boldsymbol{\xi} \in \partial f(\boldsymbol{x}_0)$ が存在することになり，証明は終わる． □

系 9.2. 定理 9.8 と同じ条件のもとで，さらに S が開集合であるとする．このとき，$\boldsymbol{x}_0 \in S$ が最適解となるための必要十分条件は，$\boldsymbol{x}_0 \in S$ における零に等しい劣勾配ベクトル $\boldsymbol{\xi}$ (すなわち，$\boldsymbol{\xi} = \boldsymbol{\theta}$) が存在することである．

証明. 定理 9.8 より，$\boldsymbol{x}_0 \in S$ が最適解となるための必要十分条件は，すべての $\boldsymbol{x} \in S$ に対して $\langle \boldsymbol{\xi}, \boldsymbol{x} - \boldsymbol{x}_0 \rangle \geq 0$ を満たす劣勾配ベクトル $\boldsymbol{\xi} \in \partial f(\boldsymbol{x}_0)$ が存在することである．ここではさらに，S は開集合だから，$\boldsymbol{x} = \boldsymbol{x}_0 - \lambda \boldsymbol{\xi} \in S$ となる十分に小さい正数 $\lambda > 0$ が存在する．よって，$-\lambda \|\boldsymbol{\xi}\|^2 \geq 0$ となり $\boldsymbol{\xi} = \boldsymbol{\theta}$ が得られ，逆に，$\boldsymbol{\xi} = \boldsymbol{\theta}$ ならば $\langle \boldsymbol{\xi}, \boldsymbol{x} - \boldsymbol{x}_0 \rangle = 0$ が得られることより，証明は終わる． □

この系より，$S = E^n$ のときには，$\boldsymbol{x}_0 \in S$ で最適解となるための必要十分条件は，$\boldsymbol{x}_0 \in S$ における零に等しい劣勾配ベクトル $\boldsymbol{\xi}$ (すなわち，$\boldsymbol{\xi} = \boldsymbol{\theta}$) が存在することになる．

次に述べる系は，上の系と命題 9.1 より成立することは容易に理解できるので，証明は省略する．

系 9.3. 定理 9.8 と同じ条件のもとで，さらに，f が E^n 上で微分可能であるとする．このとき，$\boldsymbol{x}_0 \in S$ が最適解となるための必要十分条件は，すべての $\boldsymbol{x} \in S$ に対して，

$$\langle \nabla f(\boldsymbol{x}_0), \boldsymbol{x} - \boldsymbol{x}_0 \rangle \ \geq \ 0$$

が成り立つことである．さらに，S が開集合のとき，$\boldsymbol{x}_0 \in S$ が最適解となるための必要十分条件は，

$$\nabla f(\boldsymbol{x}_0) = \boldsymbol{\theta}$$

が成り立つことである．

[例題] $f : E^2 \to E^1$ に対して，次の最適化問題を考察する．

$$\text{問題 (P)} \begin{cases} \text{目的関数：} f(x,y) = (x - \frac{3}{2})^2 + (y-5)^2 \text{ を最小} \\ \text{制約条件：} \ -x + y \leq 2 \\ \qquad\qquad 2x + 3y \leq 11 \\ \qquad\qquad\qquad -x \leq 0 \\ \qquad\qquad\qquad -y \leq 0 \end{cases}$$

上の目的関数はベクトル $(\frac{3}{2}, 5)$ からの距離の2乗を与える凸関数である．また，凸多面体は4つの不等式で与えられている．ここで，ベクトル $(1,3)$ での勾配ベクトルは $\nabla f(1,3) = (-1,-4)^t$ となる．このとき，幾何学的にはベクトル $(-1,-4)^t$ とすべての $(x,y) \in S$ に対応するベクトル $(x-1, y-3)$ の作る角は90度以下，すなわち，$\langle(-1,-4),(x-1,y-3)\rangle \geq 0$ となり，定理9.8の条件を満たすことよりベクトル $(1,3)$ は最適解である．また，ベクトル $(0,0)$ での勾配ベクトルは $\nabla f(0,0) = (-3,-10)^t$ となる．この勾配ベクトルとすべての $(x,y) \in S$ に対応する非零ベクトル $(x-0, y-0)$ との作る角は90度以上となり，内積は $\langle(-3,-10),(x-0,y-0)\rangle < 0$ となることより，ベクトル $(0,0)$ は最適解とはならない．(図9.2参照.)

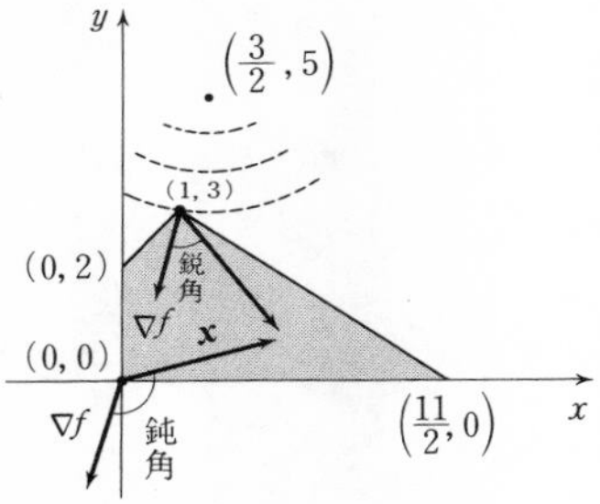

図9.2

演習問題9

1. E^1 上で定義されている凸関数 $f(x)$ が $x=1$ で微分可能で $f'(1) = f(1) = 1$ を満たしているとき，すべての $x \in E^1$ に対して，

$$f(x) + x^2 + |x+1| \geq 4x$$

が成り立つことを証明せよ．ただし，$f'(1)$ は $x=1$ での f の微係数を示している．

2. $f(x) = -\log x$ $(x > 0)$ が凸関数であることを示し，この実関数の凸性を利用して，正の実数 $a_i > 0$ $(i = 1, 2, \cdots, k)$ に対して，

$$\frac{a_1 + a_2 + a_3 + \cdots + a_n}{n} \geq \sqrt[n]{a_1 a_2 a_3 \cdots a_n}$$

が成り立つことを証明せよ．

3. S が E^n の空でない開凸集合で，関数 $f : S \longrightarrow E^1$ が S において 2 回微分可能であるとする．このとき，任意のベクトル $\boldsymbol{x}_0 \in S$ に対してヘッセ行列 $H(\boldsymbol{x}_0)$ が正定値，すなわち，すべての非零ベクトル $\boldsymbol{x} \in E^n$ に対して，$\boldsymbol{x}^t H(\boldsymbol{x}_0)\boldsymbol{x} > 0$ が成り立つならば，f は S 上で狭義の凸関数となることを証明せよ．

第 10 章

最適化問題

この章では，これまで準備してきた凸集合や凸関数に関する数学理論に基づいて，最適化問題の解法と最適解の性質，特にカルーシュ-クーン-タッカーの条件を中心にして解説を与える．さらに双対最適化問題の解説を与え，ラグランジアン乗数と最適解との関係や鞍点との関係をも論じている．最後に，さらに進んで最適化問題を勉強したい人のために重要となる接錐と法錐の概念と基本性質の解説をも加えてある．

10.1 制約条件なしの最適化問題

まず，制約条件なしの最適化問題 (問題 (P) で制約条件 S を E^n とおく) の定式化とその最適解の定義から述べることにする．

定義 10.1. 実関数 $f : E^n \longrightarrow E^1$ に対して

$$\text{問題 (NP)} \left\{ \text{目的関数：} f(\boldsymbol{x}) \text{ を } E^n \text{ で最小} \right\}$$

定義 10.2. 問題 (NP) について，すべてのベクトル $\boldsymbol{x} \in E^n$ に対して，$f(\boldsymbol{x}) \geq f(\boldsymbol{x}_0)$ を満たすベクトル $\boldsymbol{x}_0 \in E^n$ が存在するとき，このベクトル $\boldsymbol{x}_0 \in E^n$ を**大域的最適解** (global optimal solution)，または単に最適解と呼ぶ．

また，あるベクトル $\boldsymbol{x}_0 \in E^n$ に対して，ある正の実数 $\varepsilon > 0$ が存在し，すべてのベクトル $\boldsymbol{x} \in N_\varepsilon(\boldsymbol{x}_0)$ に対して，$f(\boldsymbol{x}) \geq f(\boldsymbol{x}_0)$ が成立するとき，このベクトル $\boldsymbol{x}_0$ を**局所的最適解** (local optimal solution) と呼ぶ．

次に，上で与えられた最適解を得るための必要条件および十分条件を考察することにする．

> **定理 10.1.** 実関数 $f: E^n \to E^1$ がベクトル $\boldsymbol{x}_0 \in E^n$ で微分可能であるとする．このとき，ベクトル $\boldsymbol{d} \in E^n$ に対して $\langle \nabla f(\boldsymbol{x}_0), \boldsymbol{d} \rangle < 0$ ならば，ある正の実数 $\delta > 0$ が存在し，すべての $\lambda \in (0, \delta)$ に対して，$f(\boldsymbol{x}_0 + \lambda \boldsymbol{d}) < f(\boldsymbol{x}_0)$ が成立する．

上の定理における $\boldsymbol{d}$ を $\boldsymbol{x}_0$ での f の**下降方向** (descent direction) と呼ぶ．

証明. 実関数 f がベクトル $\boldsymbol{x}_0 \in E^n$ で微分可能であることから，任意の正の実数 $\lambda > 0$ に対して，

$$f(\boldsymbol{x}_0 + \lambda \boldsymbol{d}) = f(\boldsymbol{x}_0) + \lambda \langle \nabla f(\boldsymbol{x}_0), \boldsymbol{d} \rangle + \lambda \|\boldsymbol{d}\| \alpha(\boldsymbol{x}_0 : \lambda \boldsymbol{d})$$

が成立する．ここで α は $\lambda \downarrow 0$ のとき，$\alpha(\boldsymbol{x}_0 : \lambda \boldsymbol{d}) \to 0$ を満たす実関数である．上式を変形して

$$\frac{f(\boldsymbol{x}_0 + \lambda \boldsymbol{d}) - f(\boldsymbol{x}_0)}{\lambda} = \langle \nabla f(\boldsymbol{x}_0), \boldsymbol{d} \rangle + \|\boldsymbol{d}\| \alpha(\boldsymbol{x}_0 : \lambda \boldsymbol{d})$$

が得られる．この式で，$\langle \nabla f(\boldsymbol{x}_0), \boldsymbol{d} \rangle < 0$ は満たされており，$\alpha(\boldsymbol{x}_0 : \lambda \boldsymbol{d})$ は $\lambda \downarrow 0$ のとき，零に収束することから，ある正の実数 $\delta > 0$ が存在し，すべての $\lambda \in (0, \delta)$ に対して，

$$\langle \nabla f(\boldsymbol{x}_0), \boldsymbol{d} \rangle + \|\boldsymbol{d}\| \alpha(\boldsymbol{x}_0 : \lambda \boldsymbol{d}) < 0$$

が成立する．よって，$f(\boldsymbol{x}_0 + \lambda \boldsymbol{d}) - f(\boldsymbol{x}_0) < 0$ より，$f(\boldsymbol{x}_0 + \lambda \boldsymbol{d}) < f(\boldsymbol{x}_0)$ が得られ，証明は終わる． □

> **系 10.1.** (**1 次必要条件** (first order necesarry condition))
> 実関数 $f: E^n \to E^1$ がベクトル $\boldsymbol{x}_0 \in E^n$ で微分可能であるとする．このとき，もし $\boldsymbol{x}_0 \in E^n$ が問題 (NP) の局所的最適解であるならば，$\nabla f(\boldsymbol{x}_0) = \boldsymbol{\theta}$ である．

証明. 対偶で証明をするために，$\nabla f(\boldsymbol{x}_0) \neq \boldsymbol{\theta}$ と仮定し，$-\nabla f(\boldsymbol{x}_0) = \boldsymbol{d}$ とおくと，

$$\begin{aligned}\langle \nabla f(\boldsymbol{x}_0), \boldsymbol{d} \rangle &= \langle \nabla f(\boldsymbol{x}_0), -\nabla f(\boldsymbol{x}_0) \rangle \\ &= -\|\nabla f(\boldsymbol{x}_0)\|^2 < 0\end{aligned}$$

よって定理 10.1 より，ある正の実数 $\delta > 0$ が存在し，すべての $\lambda \in (0, \delta)$ に対して，

$$f(\boldsymbol{x}_0 + \lambda \boldsymbol{d}) < f(\boldsymbol{x}_0)$$

が成り立つことになる．しかし，このことは，$\boldsymbol{x}_0 \in E^n$ が局所的最適解であることに反するので，$\nabla f(\boldsymbol{x}_0) = \boldsymbol{\theta}$ が示され，証明は終わる． □

上の系では実関数の勾配ベクトルの各要素が第 1 次偏導関数であることから，1 次必要条件と呼ばれている．

定理 10.2. （**2 次必要条件** (second order necessary condition)）
実関数 $f : E^n \to E^1$ がベクトル $\boldsymbol{x}_0 \in E^n$ で 2 回微分可能であるとする．このとき，もし $\boldsymbol{x}_0 \in E^n$ が問題 (NP) の局所的最適解であるならば，$\nabla f(\boldsymbol{x}_0) = \boldsymbol{\theta}$ でヘッセ行列 $H(\boldsymbol{x}_0)$ が半正定値である．

証明． 任意のベクトル $\boldsymbol{d} \in E^n$ に対して，f がベクトル $\boldsymbol{x}_0 \in E^n$ で 2 回微分可能であることから，

$$f(\boldsymbol{x}_0 + \lambda \boldsymbol{d}) = f(\boldsymbol{x}_0) + \lambda \langle \nabla f(\boldsymbol{x}_0), \boldsymbol{d} \rangle + \lambda^2 \boldsymbol{d}^t H(\boldsymbol{x}_0) \boldsymbol{d} + \lambda^2 \|\boldsymbol{d}\|^2 \alpha(\boldsymbol{x}_0 : \lambda \boldsymbol{d})$$

が成り立つ．上式で，α は $\lambda \downarrow 0$ のとき，$\alpha(\boldsymbol{x}_0 : \lambda \boldsymbol{d}) \to 0$ を満たす実関数である．また，$\boldsymbol{x}_0 \in E^n$ が局所的最適解であることから，系 10.1 より $\nabla f(\boldsymbol{x}_0) = \boldsymbol{\theta}$ となり，

$$\frac{f(\boldsymbol{x}_0 + \lambda \boldsymbol{d}) - f(\boldsymbol{x}_0)}{\lambda^2} = \boldsymbol{d}^t H(\boldsymbol{x}_0) \boldsymbol{d} + \|\boldsymbol{d}\|^2 \alpha(\boldsymbol{x}_0 : \lambda \boldsymbol{d})$$

が得られる．さらに，上式の左辺に $\boldsymbol{x}_0 \in E^n$ が局所的最適解であることをもう一度用いると，十分小さい正の実数 $\delta > 0$ が存在して，すべての $\lambda \in (0, \delta)$ に対して，

$$\boldsymbol{d}^t H(\boldsymbol{x}_0) \boldsymbol{d} + \|\boldsymbol{d}\|^2 \alpha(\boldsymbol{x}_0 : \lambda \boldsymbol{d}) \ \geq \ 0$$

が成り立つので，$\lambda \downarrow 0$ として，

$$\boldsymbol{d}^t H(\boldsymbol{x}_0) \boldsymbol{d} \ \geq \ 0$$

が得られる．よって，$H(\boldsymbol{x}_0)$ は半正定値となることが示され，証明は終わる． □

上の定理では関数のヘッセ行列の各要素が第 2 次偏導関数であることから，2 次必要条件と呼ばれている．

次に，局所的最適解を得るための十分条件について考察する．

> **定理 10.3.** 実関数 $f: E^n \to E^1$ がベクトル $\boldsymbol{x}_0 \in E^n$ で 2 回微分可能であるとする．このとき，もし $\nabla f(\boldsymbol{x}_0) = \boldsymbol{\theta}$ でヘッセ行列 $H(\boldsymbol{x}_0)$ が正定値ならば，ベクトル $\boldsymbol{x}_0 \in E^n$ は問題 (NP) の局所的最適解である．

証明． 実関数 f はベクトル $\boldsymbol{x}_0 \in E^n$ で 2 回微分可能であるから，任意のベクトル $\boldsymbol{x} \in E^n$ に対して，

$$
\begin{aligned}
f(\boldsymbol{x}) = f(\boldsymbol{x}_0) &+ \langle \nabla f(\boldsymbol{x}_0), \boldsymbol{x} - \boldsymbol{x}_0 \rangle \\
&+ (\boldsymbol{x} - \boldsymbol{x}_0)^t H(\boldsymbol{x}_0)(\boldsymbol{x} - \boldsymbol{x}_0) + \|\boldsymbol{x} - \boldsymbol{x}_0\|^2 \alpha(\boldsymbol{x}_0 : \boldsymbol{x} - \boldsymbol{x}_0)
\end{aligned}
$$

が得られる．ここで，上式で α は，$\boldsymbol{x} \to \boldsymbol{x}_0$ のとき，$\alpha(\boldsymbol{x}_0 : \boldsymbol{x} - \boldsymbol{x}_0) \to 0$ を満たす実関数である．

対偶で定理を証明するために，$\nabla f(\boldsymbol{x}_0) = \boldsymbol{\theta}$ で，$\boldsymbol{x}_0 \in E^n$ は局所的最適解でないと仮定する．このとき，次の条件を満たす無限ベクトル列 $\{\boldsymbol{x}_k\} \subset E^n$ が存在する．

(1) $k \to \infty$ のとき，$\boldsymbol{x}_k \to \boldsymbol{x}_0$

(2) 十分大きな正整数 N が存在し，すべての $k > N$ に対して，

$$
f(\boldsymbol{x}_k) < f(\boldsymbol{x}_0)
$$

よって，$\nabla f(\boldsymbol{x}_0) = \boldsymbol{\theta}$ で，十分大きな k に対して，$f(\boldsymbol{x}_k) < f(\boldsymbol{x}_0)$ が成り立つので，

$$
\boldsymbol{d}_k = \frac{\boldsymbol{x}_k - \boldsymbol{x}_0}{\|\boldsymbol{x}_k - \boldsymbol{x}_0\|}
$$

とおくと，

$$
\boldsymbol{d}_k^t H(\boldsymbol{x}_0)\boldsymbol{d}_k + \alpha(\boldsymbol{x}_0 : \boldsymbol{x}_k - \boldsymbol{x}_0) < 0
$$

が得られる．このとき，$\|\boldsymbol{d}_k\| = 1$ となり，無限ベクトル列 $\{\boldsymbol{d}_k\}$ は有界な閉集合 $D = \{\boldsymbol{d} \in E^n \mid \|\boldsymbol{d}\| = 1\}$，すなわち，コンパクト集合 D の中の無限ベクトル列であるから，定理 2.4 より列 $\{\boldsymbol{d}_k\}$ の無限部分ベクトル列 $\{\boldsymbol{d}_{k'}\}$ が存在して

$$
\boldsymbol{d}_{k'} \to \boldsymbol{d}, \ \|\boldsymbol{d}\| = 1
$$

を満たす極限ベクトル $\boldsymbol{d} \in D \subset E^n$ が求められる．よって，$k' \to \infty$ として

$$
\boldsymbol{d}^t H(\boldsymbol{x}_0)\boldsymbol{d} \leq \ 0, \ \|\boldsymbol{d}\| = 1
$$

が得られ，$H(\boldsymbol{x}_0)$ が正定値であることに矛盾するので，ベクトル $\boldsymbol{x}_0 \in E^n$ は局所的最適解となり，証明は終わる．□

定理 10.4. 実関数 $f : E^n \to E^1$ がベクトル $\boldsymbol{x}_0 \in E^n$ で擬凸関数であるとする．このとき，$\boldsymbol{x}_0 \in E^n$ が問題 (NP) の最適解となる必要十分条件は $\nabla f(\boldsymbol{x}_0) = \boldsymbol{\theta}$ が成立することである．

証明. $\boldsymbol{x}_0 \in E^n$ が最適解であれば，系 10.1 より $\nabla f(\boldsymbol{x}_0) = \boldsymbol{\theta}$ が成立する．

逆に，$\nabla f(\boldsymbol{x}_0) = \boldsymbol{\theta}$ と仮定すると，$\boldsymbol{x}_0$ での f の擬凸性より，$f(\boldsymbol{x}) \geq f(\boldsymbol{x}_0)$ が得られるので，証明は終わる．□

次に，制約条件なしの最適化問題の例を考察する．

[例題] $f(x) = (x^2 - 1)^3$ に対して

$$\text{問題 (NP)} \left\{ \text{目的関数：} f(x) \text{ を } E^1 \text{ で最小} \right\}$$

を考える．そこで，まず，1次必要条件を満たす条件から，局所的最適解の候補となるベクトルを探す．ここで，

$$\nabla f(x) = 6x(x^2 - 1)^2 = 0$$

より，

$$\nabla f(-1) = \nabla f(0) = \nabla f(1) = 0$$

が得られる．次に，H が半正定値となる2次必要条件を調べると，

$$H(x) = 24x^2(x^2 - 1) + 6(x^2 - 1)^2$$

で $H(1) = H(-1) = 0, H(0) = 6$ が得られ，上の3つの局所的最適解の候補ベクトルはすべて半正定値を満たしている．ここで，$x = 0$ のみが局所的最適解であり，最適解でもあることは容易に理解される．しかし，$x = 1$ と $x = -1$ は定理 10.3 の十分条件である H の正定値条件を満たしていない．

10.2　不等式制約条件をもつ最適化問題

定義 10.3. S が E^n の空でない部分集合で，$\boldsymbol{x}_0 \in \mathrm{cl}S$ とするとき，次の条件を満たすベクトルの集合を

$$D = \{\boldsymbol{d} \in E^n \mid \boldsymbol{x}_0 + \lambda\boldsymbol{d} \in S \ (\lambda \in (0, \delta)) \text{ を満たすある正の実数 } \delta > 0 \text{ が存在 } \}$$

とおく．このとき，D を $\boldsymbol{x}_0$ での f の**許容方向錐** (cone of feasible directions) と呼ぶ．また，ベクトル $\boldsymbol{d} \in D$ を $\boldsymbol{x}_0$ での f の**許容方向** (feasible direction) と呼ぶ．

この定義より，ベクトル $\boldsymbol{d} \in D$ の方向にベクトル $\boldsymbol{x}_0$ から少し動いても許容ベクトルであることを示している．さらに，定理 10.1 より $\langle \nabla f(\boldsymbol{x}_0), \boldsymbol{d} \rangle < 0$ ならばベクトル $\boldsymbol{d} \in D$ の方向にベクトル $\boldsymbol{x}_0$ から少し動いた許容ベクトルは目的関数 f の値を少し減少させることが可能になる．上のことを以下で考察するために，最適化問題 (P) (定義 9.4) の局所的最適解の話を進める．

定理 10.5. S が E^n の空でない部分集合で，実関数 $f : E^n \to E^1$ がベクトル $\boldsymbol{x}_0 \in E^n$ で微分可能であるとする．このとき，$\boldsymbol{x}_0$ が問題 (P) の局所的最適解であるならば，$F_0 \cap D = \emptyset$ となる．ここで，D は許容方向錐で，$F_0 = \{\boldsymbol{d} \in E^n \mid \langle \nabla f(\boldsymbol{x}_0), \boldsymbol{d} \rangle < 0\}$ とする．

証明. 対偶で証明をするために，$F_0 \cap D \neq \emptyset$ と仮定すると，ベクトル $\boldsymbol{d}_0 \in F_0 \cap D$ がとれる．よって，まず $\boldsymbol{d}_0 \in F_0$, すなわち，$\langle \nabla f(\boldsymbol{x}_0), \boldsymbol{d}_0 \rangle < 0$ が成り立つことから定理 10.1 が適用され，ある正の実数 $\delta_1 > 0$ が存在し，すべての $\lambda \in (0, \delta_1)$ に対して，

$$f(\boldsymbol{x}_0 + \lambda \boldsymbol{d}_0) < f(\boldsymbol{x}_0)$$

が成り立つ．

また，ベクトル $\boldsymbol{d}_0 \in D$ であるから，ある実数 $\delta_2 > 0$ が存在して，すべての $\lambda \in (0, \delta_2)$ に対して，

$$\boldsymbol{x}_0 + \lambda \boldsymbol{d}_0 \in S$$

が成立している．

よって，上の 2 式よりベクトル $\boldsymbol{x}_0 \in E^n$ が局所的最適解であることに矛盾する．したがって，$F_0 \cap D = \emptyset$ が得られ，証明は終わる． □

実行可能領域 (feasible region) S を次のように指定して最適化問題を考察する．

$$S = \{\boldsymbol{x} \in X \subset E^n \mid g_i(\boldsymbol{x}) \leq 0 \ (i = 1, 2, \cdots, m)\}$$

ここで，X は E^n の空でない開集合で，$g_i : E^n \to E^1$ $(i = 1, 2, \cdots, m)$ は実関数である．

よって，上のことより，この最適化問題を次のように定義する．

定義 10.4. $f : E^n \longrightarrow E^1$ に対して

$$\text{問題 (IP)} \begin{cases} \text{目的関数：} f(\boldsymbol{x}) \text{ を最小} \\ \text{制約条件：} g_i(\boldsymbol{x}) \le 0 \, (i = 1, 2, \cdots, m) \\ \qquad\qquad \boldsymbol{x} \in X \end{cases}$$

定理 10.6. $I = \{i \,:\, g_i(\boldsymbol{x}_0) = 0\}$ とおき，f と $i \in I$ に対応する g_i は $\boldsymbol{x}_0$ で微分可能であり，$i \notin I$ に対応する g_i は $\boldsymbol{x}_0$ で連続であるとする．このとき，$\boldsymbol{x}_0 \in E^n$ が問題 (IP) の局所的最適解であるならば，$F_0 \cap G_0 = \emptyset$ が成立する．ここで，F_0, G_0 は次のような条件を満たすベクトルの集合である．

$$F_0 = \{\boldsymbol{d} \in E^n \mid \langle \nabla f(\boldsymbol{x}_0), \boldsymbol{d} \rangle < 0\}$$
$$G_0 = \{\boldsymbol{d} \in E^n \mid \langle \nabla g_i(\boldsymbol{x}_0), \boldsymbol{d} \rangle < 0, \, i \in I\}$$

証明. 任意のベクトル $\boldsymbol{d} \in G_0$ に対して，$\boldsymbol{x}_0 \in X$ で X は開集合であるから，ある正の実数 $\delta_1 > 0$ が存在して，すべての $\lambda \in (0, \delta_1)$ に対して，

$$\boldsymbol{x}_0 + \lambda \boldsymbol{d} \in X$$

となる．また，任意の $i \notin I$ に対応している g_i は $g_i(\boldsymbol{x}_0) < 0$ で，$\boldsymbol{x}_0$ で連続であることから，ある正の実数 $\delta_2 > 0$ が存在して，すべての $\lambda \in (0, \delta_2)$ に対して，

$$g_i(\boldsymbol{x}_0 + \lambda \boldsymbol{d}) < 0$$

が得られ，$\boldsymbol{d} \in G_0$ の条件より $i \in I$ に対応している g_i に対して $\langle \nabla g_i(\boldsymbol{x}_0), \boldsymbol{d} \rangle < 0$ が成立している．よって，定理 10.1 より，ある正の実数 $\delta_3 > 0$ が存在して，$i \in I$ に対応している g_i について，すべての $\lambda \in (0, \delta_3)$ に対して，

$$g_i(\boldsymbol{x}_0 + \lambda \boldsymbol{d}) < g_i(\boldsymbol{x}_0) = 0$$

が示される．ここで，$\delta = \min(\delta_1, \delta_2, \delta_3)$ とおくと，すべての $\lambda \in (0, \delta)$ に対して，

$$\boldsymbol{x}_0 + \lambda \boldsymbol{d} \in X$$

が得られ，ベクトル $\boldsymbol{d}$ は許容方向錐に含まれる．すなわち，$\boldsymbol{d} \in D$ となることから，$G_0 \subset D$　が得られる．よって定理 10.5 を適用し，$\boldsymbol{x}_0 \in E^n$ が局所的最適解であるならば，$F_0 \cap D = \emptyset$ となるので，

$$F_0 \cap G_0 = \emptyset$$

が成立する．□

[例題]

$$
\text{問題 (IP)}\begin{cases}
\text{目的関数：} f(x,y) = (x-3)^2 + (y-2)^2 \text{ を最小} \\
\text{制約条件：} x^2 + y^2 \leq 5 \\
\qquad\qquad x + y \leq 3 \\
\qquad\qquad -x \leq 0 \\
\qquad\qquad -y \leq 0
\end{cases}
$$

この場合には，$g_1(x,y) = x^2 + y^2 - 5$，$g_2(x,y) = x + y - 3$，$g_3(x,y) = -x$，$g_4(x,y) = -y$ で $X = E^n$ が対応している．ここで，$\boldsymbol{x}_0 = (x_0, y_0) = (\frac{9}{5}, \frac{6}{5})^t$ とおくと，ただ1つの不等式制約 $g_2(x,y) = x + y - 3$ のみが関係し，$I = \{2\}$ となるので，このベクトルでの勾配は次のように与えられる．

$$\nabla f(x_0, y_0) = (\frac{-12}{5}, \frac{-8}{5})^t, \quad \nabla g_2(x_0, y_0) = (1, 1)^t$$

このとき，$F_0 \cap G_0 \neq \emptyset$ なので $\boldsymbol{x}_0 = (x_0, y_0) = (\frac{9}{5}, \frac{6}{5})^t$ は問題 (IP) の局所的最適解とはならない．

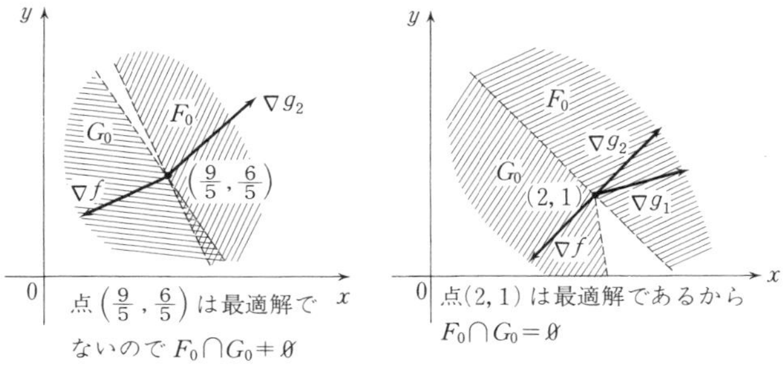

図 10.1

次に，$\boldsymbol{x}_0 = (x_0, y_0) = (2, 1)^t$ とおくと，2本の不等式制約が関係し，$I = \{1, 2\}$ となるので，このベクトルでの勾配は次のように与えられる．

$$\nabla f(x_0, y_0) = (-2, -2)^t, \quad \nabla g_1(x_0, y_0) = (4, 2)^t, \ \nabla g_2(x_0, y_0) = (1, 1)^t$$

このとき，$F_0 \cap G_0 = \emptyset$ となる．定理 10.5 より $F_0 \cap G_0 = \emptyset$ は必要条件であ

るから，$\boldsymbol{x}_0 = (x_0, y_0) = (2,1)^t$ は問題 (IP) の局所的最適解となることは保証されていない．しかし，局所的最適解の候補ベクトルの 1 つになっている．

次の定理は，1948 年にフリッツ・ジョーン (Fritz John) によって与えられた，最適化問題 (IP) の局所的最適解になるための必要条件を示す．

定理 10.7. (**フリッツ・ジョーン** (Fritz John) **の条件**)

$I = \{i : g_i(\boldsymbol{x}_0) = 0\}$ とおき，f と $i \in I$ に対応する g_i は $\boldsymbol{x}_0$ で微分可能であり，$i \notin I$ に対応する g_i は $\boldsymbol{x}_0$ で連続であるとする．このとき，ベクトル $\boldsymbol{x}_0 \in E^n$ が問題 (IP) の局所的最適解であるならば，次の条件を満たす非負の実数 $u_0 \geq 0$ と $i \in I$ に対応する非負の実数 $u_i \geq 0$ が存在する．

$$u_0 \nabla f(\boldsymbol{x}_0) + \sum_{i \in I} u_i \nabla g_i(\boldsymbol{x}_0) = \boldsymbol{\theta}$$

$$(u_0, \boldsymbol{u}_I) \neq (0, \boldsymbol{\theta})$$

ただし，$\boldsymbol{u}_I$ の各要素は $i \in I$ に対応する非負の実数 u_i である．

さらに，$i \notin I$ に対応する g_i が $\boldsymbol{x}_0$ で微分可能であるならば，フリッツ・ジョーンの条件は次のように与えられる．以下の条件を満たす非負の実数 $u_0 \geq 0$ と $i = 1, 2, \cdots, m$ に対応する非負の実数 $u_i \geq 0$ が存在する．

$$u_0 \nabla f(\boldsymbol{x}_0) + \sum_{i=1}^{m} u_i \nabla g_i(\boldsymbol{x}_0) = \boldsymbol{\theta}$$

$$u_i g_i(\boldsymbol{x}_0) = 0,\ i = 1, 2, \cdots, m \quad \textbf{(相補性条件)}$$
$$(u_0, \boldsymbol{u}) \neq (0, \boldsymbol{\theta}) \quad \textbf{(ラグランジュ乗数)}$$

ただし，$\boldsymbol{u} = (u_1, u_2, \cdots, u_m)$ である．

証明. 定理の条件より，ベクトル $\boldsymbol{x}_0 \in E^n$ が問題 (IP) の局所的最適解であるから，定理 10.6 より，$\langle \nabla f(\boldsymbol{x}_0), \boldsymbol{d} \rangle < 0$ となり，すべての $i \in I$ に対応する g_i に対して $\langle \nabla g_i(\boldsymbol{x}_0), \boldsymbol{d} \rangle < 0$ を満たすベクトル $\boldsymbol{d} \in E^n$ が存在しない．そこで，

$$\nabla g_I(\boldsymbol{x}_0)^t = (\nabla g_i(\boldsymbol{x}_0)^t)^t_{i \in I}$$

を用いて，行列 A を

$$A = (\nabla f(\boldsymbol{x}_0)^t, \nabla g_I(\boldsymbol{x}_0)^t)^t$$

とおく．

このとき，上のベクトル $\boldsymbol{x}_0 \in E^n$ が最適条件を満たしていることから，$A\boldsymbol{d} < 0$ を満足するベクトル $\boldsymbol{d} \in E^n$ が存在しないことになる．したがって，ゴルダンの定理 5.10 より，$A^t\boldsymbol{u} = \boldsymbol{\theta}$ を満たす $\boldsymbol{u} \geq \boldsymbol{\theta}$, $\boldsymbol{u} \neq \boldsymbol{\theta}$ が存在する．このベクトル $\boldsymbol{u}$ の成分を $\{u_0, \{u_i\}_{i\in I}\}$ とおくことにより定理の証明は与えられる．

また，必要条件に同値であることは，すべての $i \notin I$ に対応する u_i を零とおく，すなわち，$u_i = 0\,(i \notin I)$ とすることで示され，証明は終わる． □

フリッツ・ジョーンの条件の中では，実数 u_0, u_i $(i = 1, 2, \cdots, m)$ を**ラグランジュ乗数** (Lagrange multiplier) と呼び，条件 $u_i g_i(\boldsymbol{x}_0) = 0$ $(i = 1, 2, \cdots, m)$ を**相補性条件**と呼ぶ．ラグランジュ乗数 u_0 が零に等しいときにはフリッツ・ジョーンの条件は目的関数の勾配 $\nabla f(\boldsymbol{x}_0)$ に関して何らの情報も作っていない．そこで，$u_0 > 0$ のような $\nabla f(\boldsymbol{x}_0)$ について何か情報がある場合に関心がある．よって，いろいろな条件が正の実数 $u_0 > 0$ を保証するために仮定されており，これらの条件を**制約想定** (constraint qualificaition) と呼んでいる．

[例題]

$$
\text{問題 (IP)}\left\{
\begin{array}{ll}
\text{目的関数：} & f(x,y) = (x-3)^2 + (y-2)^2 \text{ を最小} \\
\text{制約条件：} & x^2 + y^2 \leq 5 \\
 & x + 2y \leq 4 \\
 & -x \leq 0 \\
 & -y \leq 0
\end{array}
\right.
$$

問題の実行可能領域は図 10.2 で与えられる．

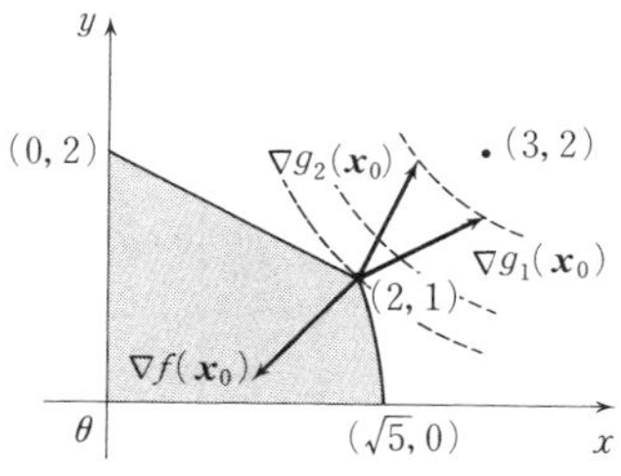

図 10.2

ここで，フリッツ・ジョーンの条件が最適ベクトル $(2, 1)^t$ で成立していることを以下で示す．このために，$\boldsymbol{x}_0 = (2, 1)^t$ とおくと，$I = \{1, 2\}$ となる．このとき，$-x \leq 0, -y \leq 0$ に対応するラグランジュ乗数が $u_3 = u_4 = 0$ となり，次の勾配ベクトルが得られる．

$$\nabla f(\boldsymbol{x}_0) = (-2, -2)^t,\ \nabla g_1(\boldsymbol{x}_0) = (4, 2)^t,\ \nabla g_2(\boldsymbol{x}_0) = (1, 2)^t$$

このとき，

$$u_0 \begin{pmatrix} -2 \\ -2 \end{pmatrix} + u_1 \begin{pmatrix} 4 \\ 2 \end{pmatrix} + u_2 \begin{pmatrix} 1 \\ 2 \end{pmatrix} = \begin{pmatrix} 0 \\ 0 \end{pmatrix}$$

を満たす非零ベクトル $(u_0, u_1, u_2) \geq \boldsymbol{\theta}$ が存在し，$u_0 = 3, u_1 = 1, u_2 = 2$ が得られ，フリッツ・ジョーンの条件が成り立つ．

この例題で，フリッツ・ジョーンの条件がベクトル $\boldsymbol{x}_0 = (0, 0)^t$ で満たされないことが示される．

次の例題は，1951年クーン (Kuhn) とタッカー (Tucker) によって与えられた問題である．

[例題]

$$\text{問題 (IP)} \begin{cases} \text{目的関数}: f(x, y) = -x \text{ を最小} \\ \text{制約条件}: g_1(x, y) = y - (1 - x)^3 \leq 0 \\ \qquad g_2(x, y) = x + 2y - 3 \leq 0 \\ \qquad g_3(x, y) = -y \leq 0 \end{cases}$$

問題の実行可能領域は図10.3で与えられる．

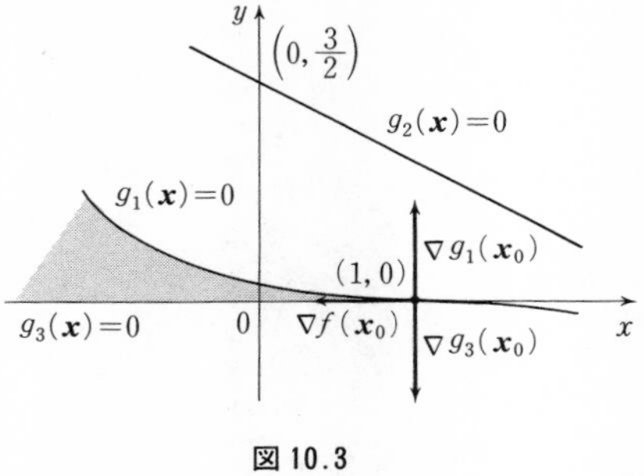

図10.3

ここで，フリッツ・ジョーンの条件が，最適ベクトル $(1, 0)^t$ で成立していることを以下で示す．このために，$\boldsymbol{x}_0 = (1, 0)^t$ とおくと，$I = \{1, 3\}$ となる．このとき，次の勾配ベクトルが得られる．

$$\nabla f(\boldsymbol{x}_0) = (-1, 0)^t,\ \nabla g_1(\boldsymbol{x}_0) = (0, 1)^t,\ \nabla g_3(\boldsymbol{x}_0) = (0, -1)^t$$

このとき，

$$u_0 \begin{pmatrix} -1 \\ 0 \end{pmatrix} + u_1 \begin{pmatrix} 0 \\ 1 \end{pmatrix} + u_3 \begin{pmatrix} 0 \\ -1 \end{pmatrix} = \begin{pmatrix} 0 \\ 0 \end{pmatrix}$$

は $u_0 = 0$ のときのみ満たされる．フリッツ・ジョーンの条件は $u_0 = 0, u_1 = \alpha, u_3 = \alpha$ (ただし，α は任意の非負実数) で成立している．

[例題]

$$\text{問題 (IP)} \begin{cases} \text{目的関数：} f(x,y) = -x \text{ を最小} \\ \text{制約条件：} g_1(x,y) = x + y - 1 \leq 0 \\ \qquad\qquad\quad g_2(x,y) = -y \leq 0 \end{cases}$$

問題の実行可能領域は図 10.4 で与えられ，最適ベクトル $(1,0)^t$ で成立している．

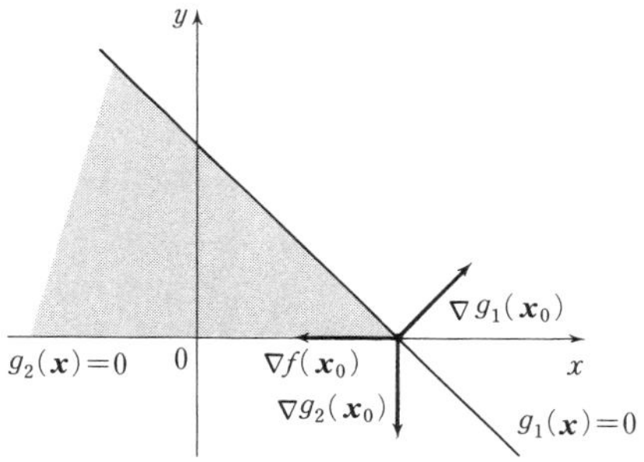

図 10.4

このとき，ベクトル $\boldsymbol{x}_0 = (1,0)^t$ で次の勾配ベクトルが得られる．

$$\nabla f(\boldsymbol{x}_0) = (-1, 0)^t,\ \nabla g_1(\boldsymbol{x}_0) = (1, 1)^t,\ \nabla g_2(\boldsymbol{x}_0) = (0, -1)^t$$

そこで，フリッツ・ジョーンの条件は $u_0 = \alpha, u_1 = \alpha, u_2 = \alpha$ (ただし，α は任意の非負実数) で成立している．

定理 10.8. (**カルーシュ-クーン-タッカー** (Karush-Kuhn-Tucker) **の必要条件**)

$I=\{i:g_i(\boldsymbol{x}_0)=0\}$ とおき，f と $i\in I$ に対応する g_i は $\boldsymbol{x}_0$ で微分可能であり，$i\notin I$ に対応する g_i は $\boldsymbol{x}_0$ で連続であるとする．さらに，$i\in I$ に対応する勾配ベクトル $\nabla g_i(\boldsymbol{x}_0)$ が1次独立であるとする．このとき，$\boldsymbol{x}_0$ が問題 (IP) の局所的最適解であるとすると，次の条件を満たす各 $i\in I$ に対応する非負の実数 $u_i\in E^1$ が存在する．

$$\nabla f(\boldsymbol{x}_0)+\sum_{i\in I}u_i\nabla g_i(\boldsymbol{x}_0)=\boldsymbol{\theta}$$

さらに，$g_i\ (i\notin I)$ が $\boldsymbol{x}_0$ で微分可能であるとすると，

$$\nabla f(\boldsymbol{x}_0)+\sum_{i=1}^{m}u_i\nabla g_i(\boldsymbol{x}_0)=\boldsymbol{\theta}$$

$$u_ig_i(\boldsymbol{x}_0)=0,\ u_i\geq 0\ (\text{すべての } i=1,2,\cdots,m)$$

証明. フリッツ・ジョーンの条件の定理 10.7 を適用することができるので，この定理より，次の条件を満たす実数 u_0 と $i\in I$ に対応する $\hat{u}_i$ が存在する．

$$u_0\nabla f(\boldsymbol{x}_0)+\sum_{i\in I}\hat{u}_i\nabla g_i(\boldsymbol{x}_0)=\boldsymbol{\theta}$$

$$u_0,\ \hat{u}_i\geq 0\ (\text{すべての } i\in I),\ (u_0,\hat{\boldsymbol{u}}_I)\neq(0,\boldsymbol{\theta})$$

ここで，実数 u_0 が $u_0>0$ となることを示すために，$u_0=0$ と仮定して矛盾を導く．このとき，各 $i\in I$ に対応する $\nabla g_i(\boldsymbol{x}_0)$ が1次独立であることから，$\hat{\boldsymbol{u}}_I=\boldsymbol{\theta}$ となり $(u_0,\hat{\boldsymbol{u}}_I)\neq(0,\boldsymbol{\theta})$ に矛盾する．このことから $u_0>0$ が成り立つ．よって，各 $i\in I$ に対応する u_i を $\hat{u}_i/u_0$ とおくことにより定理の結果が得られ，証明は終わる．□

上の定理より，カルーシュ-クーン-タッカーの条件は次の形式で書けることを示している．

$$\nabla f(\boldsymbol{x}_0)+\langle\nabla \boldsymbol{g}(\boldsymbol{x}_0),\boldsymbol{u}\rangle=\boldsymbol{\theta}$$

$$\langle\boldsymbol{u},\boldsymbol{g}(\boldsymbol{x}_0)\rangle=0$$

$$\boldsymbol{u}\geq\boldsymbol{\theta}$$

ただし，$\nabla\boldsymbol{g}(\boldsymbol{x}_0)$ は $n\times m$ 次の行列で，その各 i 要素は $\nabla g_i(\boldsymbol{x}_0)$ に対応しており，$\boldsymbol{u}$ はラグランジュ乗数を示す m 次元ベクトルである．

定理 10.9. (**カルーシュ-クーン-タッカーの十分条件**)

$I = \{i : g_i(\boldsymbol{x}_0) = 0\}$ とおき，f は $\boldsymbol{x}_0$ で擬凸であり，$i \in I$ に対応する g_i は準凸，かつ微分可能であるとする．さらに，クーン-タッカーの条件が $\boldsymbol{x}_0$ で成立しているとする．すなわち，$\boldsymbol{x}_0$ で次の条件を満たす各 $i \in I$ に対応する非負の実数 $u_i \in E^1$ が存在している．

$$\nabla f(\boldsymbol{x}_0) + \sum_{i \in I} u_i \nabla g_i(\boldsymbol{x}_0) = \boldsymbol{\theta}$$

このとき，$\boldsymbol{x}_0$ が問題 (IP) の最適解となる．

証明． $\boldsymbol{x}$ を問題 (IP) に対する実行可能解とすると，$g_i(\boldsymbol{x}) \leq 0$ であり，任意の $i \in I$ に対して $g_i(\boldsymbol{x}_0) = 0$ より，$g_i(\boldsymbol{x}) \leq g_i(\boldsymbol{x}_0)$ が成立している．また，g_i が準凸であるから，すべての $\lambda \in (0, 1)$ に対して次の不等式が成立している．

$$\begin{aligned} g_i(\boldsymbol{x}_0 + \lambda(\boldsymbol{x} - \boldsymbol{x}_0)) &= g_i(\lambda \boldsymbol{x} + (1 - \lambda)\boldsymbol{x}_0) \\ &\leq \max(g_i(\boldsymbol{x}), g_i(\boldsymbol{x}_0)) = g_i(\boldsymbol{x}_0) \end{aligned}$$

これは，$\boldsymbol{x} - \boldsymbol{x}_0$ の方向に $\boldsymbol{x}_0$ から動くときに g_i は増加していないことを示している．そこで，定理 9.3 を用いると $\langle \nabla g_i(\boldsymbol{x}_0), \boldsymbol{x} - \boldsymbol{x}_0 \rangle \leq 0$ が得られ，この両辺に $I \ni i$ に対応する実数 u_i を掛けて I で加えると，

$$\langle \sum_{i \in I} u_i \nabla g_i(\boldsymbol{x}_0), \boldsymbol{x} - \boldsymbol{x}_0 \rangle \leq 0$$

が得られる．しかし，

$$\nabla f(\boldsymbol{x}_0) + \sum_{i \in I} u_i \nabla g_i(\boldsymbol{x}_0) = \boldsymbol{\theta}$$

が成立しているので，$\langle \nabla f(\boldsymbol{x}_0), \boldsymbol{x} - \boldsymbol{x}_0 \rangle \geq 0$ が示される．そこで，$\boldsymbol{x}_0$ での f の擬凸性を適用して $f(\boldsymbol{x}) \geq f(\boldsymbol{x}_0)$ が得られ，証明は終わる． □

f と g_i が凸であれば，$\boldsymbol{x}_0$ で擬凸と準凸の両方を満たすことになるので，上の定理から，もちろん，カルーシュ-クーン-タッカーの条件は，最適解をもつための十分条件になっている．また，そのベクトルでの凸性が全域で凸になるようなある強い要求に置き換えられれば，このときもまたカルーシュ-クーン-タッカーの条件は十分条件になる．

10.3　制約想定と最適化問題

定義 10.5.　S を E^n の空でない部分集合とし，$\boldsymbol{x}_0 \in \mathrm{cl}S$ とするとき，

$$T_S(\boldsymbol{x}_0) \equiv \left\{ \boldsymbol{d} \in E^n \;\middle|\; \begin{array}{l} \boldsymbol{d} = \lim_{k\to\infty} \lambda_k(\boldsymbol{x}_k - \boldsymbol{x}_0),\ \lambda_k > 0, \{\boldsymbol{x}_k\}_{k=1,2,\cdots} \subset S, \\ \lim_{k\to\infty} \boldsymbol{x}_k = \boldsymbol{x}_0 \end{array} \right\}$$

を $\boldsymbol{x}_0$ での S の**接錐** (cone of tangents) と呼ぶ．

上の定義より，明らかに，$\boldsymbol{x}_k - \boldsymbol{x}_0$ が向かう方向ベクトルが $\boldsymbol{d}$ に収束し，さらに $\boldsymbol{x}_0$ に収束する実行可能ベクトルの列 $\{\boldsymbol{x}_k\} \subset S$ が存在するときには，$\boldsymbol{d} \in T_S(\boldsymbol{x}_0)$ が成立する．図 10.5 に上の定義の幾何学的な図を示している．

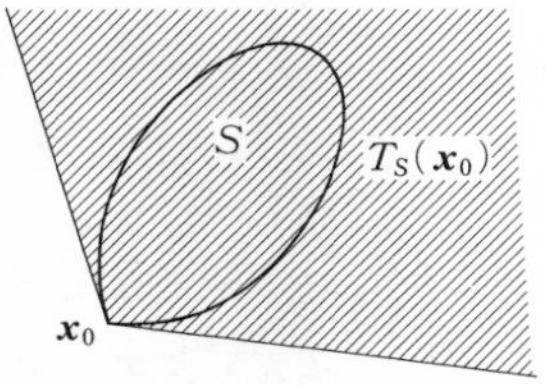

図 10.5　$\boldsymbol{x}_0$ での S の接錐 $T_S(\boldsymbol{x}_0)$

このとき，上の定義より $T_S(\boldsymbol{x}_0)$ が閉錐 (closed cone) であることは容易に確かめることができる．詳細は命題 10.2 で議論する．

> **定理 10.10.**　S を E^n の空でない部分集合とし，実関数 $f : E^n \to E^1$ は $\boldsymbol{x}_0 \in S$ で微分可能とする．このとき，ベクトル $\boldsymbol{x}_0$ が問題 (P) の局所的最適解であるならば，
>
> $$F_0 \cap T_S(\boldsymbol{x}_0) \ = \ \emptyset$$
>
> ここで，$F_0 = \{\boldsymbol{d} \in E^n \,|\, \langle \nabla f(\boldsymbol{x}_0), \boldsymbol{d} \rangle < 0\}$ で，$T_S(\boldsymbol{x}_0)$ は接錐を表している．

証明.　任意のベクトル $\boldsymbol{d} \in T_S(\boldsymbol{x}_0)$ に対して，$\{\boldsymbol{x}_k\}_{k=1,2,\cdots} \subset S$ で，$k \to \infty$ となるとき，$\boldsymbol{x}_k \to \boldsymbol{x}_0$ となる無限ベクトル列 $\{\boldsymbol{x}_k\}$ と正の実数列 $\{\lambda_k\}_{k=1,2,\cdots} \subset E^1$ で $\lim_{k\to\infty} \lambda_k(\boldsymbol{x}_k - \boldsymbol{x}_0) = \boldsymbol{d}$ を満たすものが存在する．また，f は $\boldsymbol{x}_0$ で微分可能であるから，

$$f(\boldsymbol{x}_k) - f(\boldsymbol{x}_0) = \langle \nabla f(\boldsymbol{x}_0), \boldsymbol{x}_k - \boldsymbol{x}_0 \rangle + \|\boldsymbol{x}_k - \boldsymbol{x}_0\| \alpha(\boldsymbol{x}_0 : \boldsymbol{x}_k - \boldsymbol{x}_0)$$

ここで，実関数 α は $\boldsymbol{x}_k \to \boldsymbol{x}_0$ のときに，$\alpha(\boldsymbol{x}_0 : \boldsymbol{x}_k - \boldsymbol{x}_0) \to 0$ を満たしている．

定理の条件よりベクトル $\boldsymbol{x}_0$ は局所的最適解であるから，ある正の実数 $\varepsilon > 0$ について十分大きな正の整数 N が存在し，すべての $k \geq N$ に対応する $\boldsymbol{x}_k \in N_\varepsilon(\boldsymbol{x}_0) \cap S$ に対して $f(\boldsymbol{x}_k) \geq f(\boldsymbol{x}_0)$ となっている．

よって，すべての $k \geq N$ に対して

$$\langle \nabla f(\boldsymbol{x}_0), \boldsymbol{x}_k - \boldsymbol{x}_0 \rangle + \|\boldsymbol{x}_k - \boldsymbol{x}_0\| \alpha(\boldsymbol{x}_0 : \boldsymbol{x}_k - \boldsymbol{x}_0) \ \geq \ 0$$

が成り立つので，この両辺に $\lambda_k > 0$ を掛けることで，

$$\langle \nabla f(\boldsymbol{x}_0), \lambda_k(\boldsymbol{x}_k - \boldsymbol{x}_0) \rangle + \|\lambda_k(\boldsymbol{x}_k - \boldsymbol{x}_0)\| \alpha(\boldsymbol{x}_0 : \boldsymbol{x}_k - \boldsymbol{x}_0) \ \geq \ 0$$

が得られ，上の式で $k \longrightarrow \infty$ とすれば，$\langle \nabla f(\boldsymbol{x}_0), \boldsymbol{d} \rangle \ \geq \ 0$ となるから $\boldsymbol{d} \notin F_0$ となる．よって，$F_0 \cap T_S(\boldsymbol{x}_0) = \emptyset$ が示されるので，証明は終わる． □

次の定理では，アバダイ (Abadie) によって与えられた制約想定 $T = G'$ のもとでの条件を示している．ただし，T は接錐を表している．

定理 10.11. (**カルーシュ-クーン-タッカーの必要条件**)

$\boldsymbol{x}_0$ が実行可能ベクトルで，$I = \{i \ : \ g_i(\boldsymbol{x}_0) = 0\}$ とおき，実関数 f と $i \in I$ に対応する g_i は $\boldsymbol{x}_0$ で微分可能であるとする．さらに，$\boldsymbol{x}_0$ での実行可能領域 S の接錐 T が $G' = \{\boldsymbol{d} \in E^n \mid \langle \nabla g_i(\boldsymbol{x}_0), \boldsymbol{d} \rangle \leq 0, \ i \in I\}$ に等しい制約想定，すなわち，$T = G'$ を満たしているとする．このとき，ベクトル $\boldsymbol{x}_0$ が問題 (IP) の局所的最適解であるとすると，次の条件を満たす $i \in I$ に対応する非負の実数 $u_i \geq 0$ が存在する．

$$\nabla f(\boldsymbol{x}_0) + \sum_{i \in I} u_i \nabla g_i(\boldsymbol{x}_0) = \boldsymbol{\theta}$$

証明． 定理の条件より定理 10.10 が適用できるから，$F_0 = \{\boldsymbol{d} \in E^n | \langle \nabla f(\boldsymbol{x}_0), \boldsymbol{d} \rangle < 0\}$ に対して，$F_0 \cap T = \emptyset$ が成立している．よって $T = G'$ の条件から $F_0 \cap G' = \emptyset$ が得られる．したがって，$\langle \nabla f(\boldsymbol{x}_0), \boldsymbol{d} \rangle \ < \ 0$ を満たし，かつ任意の $i \in I$ に対して $\langle \nabla g_i(\boldsymbol{x}_0), \boldsymbol{d} \rangle \ \leq \ 0$ を満たすベクトル $\boldsymbol{d} \in E^n$ は存在しない．そこで，$i \in I$ に対応する ∇g_i を用いて $A = [\nabla g_i(\boldsymbol{x}_0)^t]$，$\boldsymbol{c} = -\nabla f(\boldsymbol{x}_0)$ とおき，ファルカスの定理 5.6 を適用して結論が得られる． □

上の条件のもとで $T = G'$ が成立することは $G' \subset T$ が成り立つことと同値となることを注意しておく．なぜならば，ベクトル $\boldsymbol{x}_0$ が局所的最適解のとき，常に $T \subset G'$ は成立しているからである．このことは次のようにして示される．

ベクトル $\boldsymbol{x}_0$ を局所的最適解とし，任意のベクトル $\boldsymbol{d} \in T$ に対して，$\{\boldsymbol{x}_k\} \subset S$ で，$k \to \infty$ となるとき，$\boldsymbol{x}_k \to \boldsymbol{x}_0$ となる無限ベクトル列 $\{\boldsymbol{x}_k\}$ と正の実数列 $\{\lambda_k\}_{k=1,2,\cdots} \subset E^1$ で $\lim_{k\to\infty} \lambda_k(\boldsymbol{x}_k - \boldsymbol{x}_0) = \boldsymbol{d}$ を満たすものが存在する．さらに，すべての $i \in I$ に対応する g_i は $\boldsymbol{x}_0 \in S$ で微分可能であるから，

$$g_i(\boldsymbol{x}_k) - g_i(\boldsymbol{x}_0) = \langle \nabla g_i(\boldsymbol{x}_0), \boldsymbol{x}_k - \boldsymbol{x}_0 \rangle + \|\boldsymbol{x}_k - \boldsymbol{x}_0\| \alpha(\boldsymbol{x}_0 : \boldsymbol{x}_k - \boldsymbol{x}_0)$$

ここで，すべての $i \in I$ に対して，$g_i(\boldsymbol{x}_k) \leq 0$, $g_i(\boldsymbol{x}_0) = 0$ であることより，

$$\langle \nabla g_i(\boldsymbol{x}_0), \boldsymbol{x}_k - \boldsymbol{x}_0 \rangle + \|\boldsymbol{x}_k - \boldsymbol{x}_0\| \alpha(\boldsymbol{x}_0 : \boldsymbol{x}_k - \boldsymbol{x}_0) \leq 0$$

が得られる．上式の両辺に $\lambda_k > 0$ を掛けて，

$$\langle \nabla g_i(\boldsymbol{x}_0),\ \lambda_k(\boldsymbol{x}_k - \boldsymbol{x}_0) \rangle + \lambda_k \|\boldsymbol{x}_k - \boldsymbol{x}_0\| \alpha(\boldsymbol{x}_0 : \boldsymbol{x}_k - \boldsymbol{x}_0) \leq 0$$

が得られる．$k \longrightarrow \infty$ とすると，$\langle \nabla g_i(\boldsymbol{x}_0), \boldsymbol{d} \rangle \leq 0$ が成り立つことより，$\boldsymbol{d} \in G'$ が得られ，$T \subset G'$ が成り立つ．

以下の命題では，もし制約不等式が線形であれば，アバダイの制約想定は自動的に満たされていることを示している．このことは，目的関数が線形，または非線形関数であるかどうかに関係なく，線形な制約をもつ問題に対してはカルーシュ-クーン-タッカーの条件が必要条件であることを示している．

命題 10.1. A が $m \times n$ 次の行列，$\boldsymbol{b}$ は m 次のベクトルで，$S = \{\boldsymbol{x} \in E^n \mid A\boldsymbol{x} \leq \boldsymbol{b}\}$ とし，さらに，$A^t = (A_1^t, A_2^t), \boldsymbol{b}^t = (\boldsymbol{b}_1^t, \boldsymbol{b}_2^t)$ とおくとき，$\boldsymbol{x}_0$ は $A_1\boldsymbol{x}_0 = \boldsymbol{b}_1, A_2\boldsymbol{x}_0 < \boldsymbol{b}_2$ を満たしているとする．このとき，$T = G'$ が成立する．ただし，T は $\boldsymbol{x}_0$ での S の接錐であり，$G' = \{\boldsymbol{d} \in E^n \mid A_1\boldsymbol{d} \leq \boldsymbol{\theta}\}$ を表している．

証明. もし $A = A_2$ ならば，$G' = E^n$ となるし，また，$\boldsymbol{x}_0 \in \mathrm{int}S$ なので，$T = E^n$ が得られ，$G' = T$ が成立する．そこで，A_1 が存在し，$\boldsymbol{d} \in T$，すなわち，各 k について，$\lambda_k > 0$ で $\boldsymbol{x}_k \in S$ に対して，$\boldsymbol{d} = \lim_{k\to\infty} \lambda_k(\boldsymbol{x}_k - \boldsymbol{x}_0)$ であるとする．このとき，

$$A_1(\boldsymbol{x}_k - \boldsymbol{x}_0) \leq \boldsymbol{b}_1 - \boldsymbol{b}_1 = \boldsymbol{\theta}$$

上の式に $\lambda_k > 0$ を掛け，$k \to \infty$ とすることで，$A_1 \boldsymbol{d} \leq \boldsymbol{\theta}$ が得られ，$\boldsymbol{d} \in G'$ より $T \subset G'$ が成立する．

いま，$\boldsymbol{d} \in G'$，すなわち，$A_1 \boldsymbol{d} \leq \boldsymbol{\theta}$ とすると，$A_2 \boldsymbol{x}_0 < \boldsymbol{b}_2$ であることから，ある実数 δ が存在し，すべての $\lambda \in (0, \delta)$ に対して次式が得られる．

$$A_2(\boldsymbol{x}_0 + \lambda \boldsymbol{d}) < \boldsymbol{b}_2$$

さらに，$A_1 \boldsymbol{x}_0 = \boldsymbol{b}_1$ で $A_1 \boldsymbol{d} \leq \boldsymbol{\theta}$ であるから，すべての $\lambda > 0$ に対して，

$$A_1(\boldsymbol{x}_0 + \lambda \boldsymbol{d}) \leq \boldsymbol{b}_1$$

が成立する．よって，任意の $\lambda \in (0, \delta)$ に対して，$\boldsymbol{x}_0 + \lambda \boldsymbol{d} \in S$ が成立し，自動的に $\boldsymbol{d} \in T$ となり，$T = G'$ が得られ，証明は終わる． □

これから，$S = \{\boldsymbol{x} \in X \subset E^n \mid g_i(\boldsymbol{x}) \leq 0 \ (i = 1, 2, \cdots, m)\}$ の実行可能ベクトル $\boldsymbol{x}_0$ に対して，$I = \{i : g_i(\boldsymbol{x}_0) = 0\}$ とおいて，他の制約想定を考察する．そこで，まず次の定義を与える．

定義 10.6.

$$G_0 = \{\boldsymbol{d} \in E^n \mid \langle \nabla g_i(\boldsymbol{x}_0), \boldsymbol{d} \rangle < 0, \ i \in I\}$$

とおき，この集合を**内部方向錐**と呼ぶ．

定義 10.7. $\boldsymbol{x}_0 \in \mathrm{cl} S$ とするとき，

$$A = \left\{ \boldsymbol{d} \in E^n \;\middle|\; \begin{array}{l} \alpha(0) = \boldsymbol{x}_0, \ \alpha(\lambda) \in S, \ \lambda \in (0, \delta), \displaystyle\lim_{\lambda \to 0} \frac{\alpha(\lambda) - \alpha(0)}{\lambda} = \\ \boldsymbol{d} \text{ を満たすある実数 } \delta > 0 \text{ とある関数 } \alpha : E^1 \to E^n \text{ が存} \\ \text{在する} \end{array} \right\}$$

とおく．このとき，A を $\boldsymbol{x}_0$ での f の**到達可能方向錐** (cone of attainable directions) と呼ぶ．

定理 10.12. 最適化問題 (IP) で X は空でない部分集合であり，実行可能ベクトル $\boldsymbol{x}_0$ に対して，$I = \{i : g_i(\boldsymbol{x}_0) = 0\}$ とおく．このとき，

$$\mathrm{cl} D \subset \mathrm{cl} A \subset T \subset G'$$

が成立する．さらに，X が開集合で，$\boldsymbol{x}_0$ で $i \notin I$ に対応する g_i が連続ならば，$G_0 \subset D$ が得られ，

$$\mathrm{cl}G_0 \subset \mathrm{cl}D \subset \mathrm{cl}A \subset T \subset G'$$

が成立する．

証明. $D \subset A \subset T \subset G'$ であることは容易に証明が得られ，接錐 T は閉集合であることから定理の前半は結論される．定理の後半は，定理 10.6 の証明の中で与えられている $G_0 \subset D$ を用いて結論される． □

他に，カルーシュ-クーン-タッカー条件を正当化する次のような制約想定が与えられている．

(1) スレーター (Slater) の制約想定
X が開集合であり，$\boldsymbol{x}_0$ で $i \in I$ に対応する g_i を擬凸とし，さらに，$i \notin I$ に対応する g_i が連続とするとき，$i \in I$ に対して，$g_i(\boldsymbol{x}) < 0$ を満たす $\boldsymbol{x} \in X$ が存在する．

(2) 1次独立性の制約想定
X が開集合であり，$\boldsymbol{x}_0$ で $i \notin I$ に対応する g_i が連続とするとき，$i \in I$ に対応する $\nabla g_i(\boldsymbol{x}_0)$ が1次独立性を満たしている．定理 10.8 参照．

10.4　双対最適化問題

ここでは，**主最適化問題** (primal problem) に対するラグランジアン双対問題 (Lagarangian dual problem) を考察する．まず，主問題を次のように再度与える．

$f : E^n \longrightarrow E^1$ に対して

$$\text{主問題 (IP)} \begin{cases} \text{目的関数}: f(\boldsymbol{x}) \text{ を最小} \\ \text{制約条件}: g_i(\boldsymbol{x}) \le 0 \ (i = 1, 2, \cdots, m) \\ \qquad\qquad\quad \boldsymbol{x} \in X \end{cases}$$

いままでは上の主問題に当たる最適化問題を考察してきたが，この節では対応する**ラグランジアン双対問題**を考察し，その関係を調べることにする．ここで，上の主問題 (IP) に対して双対問題 (D) を次のように与える．

$f : E^n \longrightarrow E^1$ に対して

$$\text{双対問題 (D)} \begin{cases} \text{目的関数}: \theta(\boldsymbol{u}) \text{ を最大} \\ \text{制約条件}: \boldsymbol{u} \geq \boldsymbol{\theta} \end{cases}$$

ここで，$\boldsymbol{u} = (u_1, u_2, \cdots, u_m)^t \in E^m$，$\boldsymbol{g}(\boldsymbol{x}) = (g_1(\boldsymbol{x}), g_2(\boldsymbol{x}), \cdots, g_m(\boldsymbol{x}))^t$ とおき，

$$\theta(\boldsymbol{u}) = \inf_{\boldsymbol{x} \in X} \{f(\boldsymbol{x}) + \sum_{i=1}^{m} u_i g_i(\boldsymbol{x})\}$$

とおく．

さて，双対問題の幾何学的な解釈を考えてみるために，簡単な $f: E^1 \longrightarrow E^1$ に対して

$$\text{主問題 (IP)} \begin{cases} \text{目的関数}: f(\boldsymbol{x}) \text{ を最小} \\ \text{制約条件}: g(\boldsymbol{x}) \leq 0 \\ \qquad\qquad\quad \boldsymbol{x} \in X \end{cases}$$

を考察することにする．(x, y) 平面に，ある $\boldsymbol{x} \in X$ に対する集合 $\{(x, y) \in E^2 \mid x = g(\boldsymbol{x}), y = f(\boldsymbol{x})\}$ は図 10.6 の G で示している．この集合 G は写像 (g, f) による X の像を与えている．x 軸の負の部分に y 軸上で最小値を与える座標を G の中で見つけることとなる．図では，この求める点は (x_0, y_0) となっている．

次に，$u \geq 0$ が与えられたとすると，$\theta(u)$ を求めることは，$f(\boldsymbol{x}) + ug(\boldsymbol{x})$ を X 上で最小にすることが必要になる．$\boldsymbol{x} \in X$ に対して $x = g(\boldsymbol{x}), y = f(\boldsymbol{x})$ と

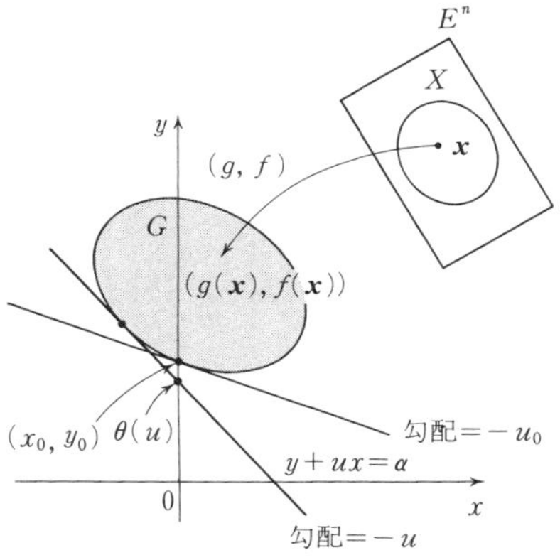

図 10.6 ラグランジアン双対問題の幾何学的説明

おくとき，集合 G の上で $y + ux$ を最小にすることになる．$y + ux = \alpha$ が勾配 $-u$ をもち，y 軸上の切片 α をもつ直線を表しているので，集合 G 上で直線 $y + ux$ を最小にするためには，この直線を G に接するまでできるだけ平行に下に動かすことが必要となる．よって，図 10.6 のように y 軸上の切片が求める $\theta(u)$ になる．それゆえに，双対問題は y 軸上の切片を最大にするような支持超平面の勾配を見つけることと同値になる．そこで図では，この超平面の勾配が $-u_0$ であり，点 (x_0, y_0) で集合 G を支持している．このときの最適解が x_0 であり，目的関数の最大値は y_0 となる．

[例題] 次の最適化問題を考察する．

$$
\text{主問題 (IP)}\begin{cases} \text{目的関数：} f(x,y) = x^2 + y^2 \text{ を最小} \\ \text{制約条件：} -x - y + 4 \leq 0 \\ \qquad\qquad\qquad -x \leq 0 \\ \qquad\qquad\qquad -y \leq 0 \end{cases}
$$

この問題の最適解は $(x_0, y_0)^t = (2, 2)^t$ であり，その目的関数の最大値は 8 となる．

ここで，$g(x,y) = -x - y + 4$ で $X = \{(x,y) \in E^n \mid x, y \geq 0\}$ とおくと，双対関数は次のように与えられる．

$$
\begin{aligned}
\theta(u) &= \inf_{(x,y)\in X} \{x^2 + y^2 + u(-x - y + 4)\} \\
&= \inf_{x\geq 0} \{x^2 - ux\} + \inf_{y\geq 0} \{y^2 - uy\} + 4u
\end{aligned}
$$

上の関数の最小値は，$u \geq 0$ ならば $x = y = u/2$ で与えられ，$u < 0$ ならば

$\alpha(x) = \frac{1}{2}(4-x)^2$，$\beta(x) = (4-x)^2$，$x \leqq 4$

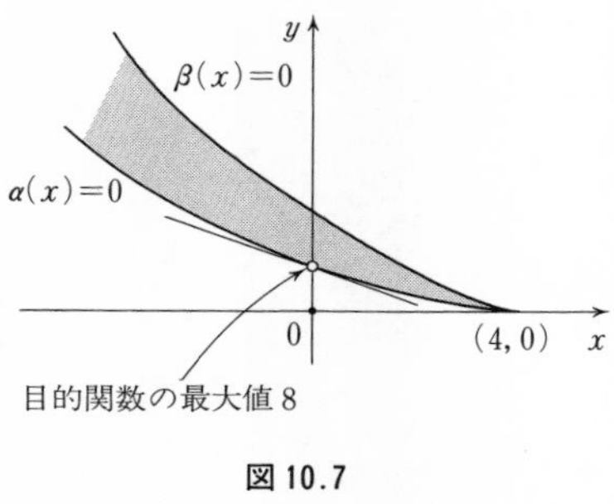

図 10.7

$x = y = 0$ で与えられる．したがって，**双対関数**は次のように整理された形で与えられる．

$$\theta(u) = \begin{cases} -\frac{1}{2}u^2 + 4u & (u \geq 0 \text{　のとき}) \\ 4u & (u < 0 \text{　のとき}) \end{cases}$$

よって，$\theta(u)$ は凹関数となり，$u \geq 0$ での最大値は $u_0 = 4$ のとき 8 で与えられる．両問題における目的関数の最適値はともに 8 に等しくなっている．

定理 10.13. (**弱双対定理** (weak duality theorem))
主問題 (IP) の制約条件を満たす任意のベクトル $\boldsymbol{x}$ (すなわち，(IP) の許容解) と双対問題 (D) の制約条件を満たす任意のベクトル $\boldsymbol{u}$ (すなわち，(D) の実行可能解) に対して，次の不等式が成立する．

$$f(\boldsymbol{x}) \ \geq \ \theta(\boldsymbol{u})$$

証明. $\theta(\boldsymbol{u})$ の定義と，$\boldsymbol{u} \geq \boldsymbol{\theta}$ で $\boldsymbol{g}(\boldsymbol{x}) \leq \boldsymbol{\theta}$ より，$\langle \boldsymbol{u}, \boldsymbol{g}(\boldsymbol{x}) \rangle \leq 0$ が成立することを考慮して

$$\begin{aligned} \theta(\boldsymbol{u}) &= \inf_{\boldsymbol{x} \in X} \{f(\boldsymbol{x}) + \langle \boldsymbol{u}, \boldsymbol{g}(\boldsymbol{x}) \rangle\} \\ &\leq f(\boldsymbol{x}) + \langle \boldsymbol{u}, \boldsymbol{g}(\boldsymbol{x}) \rangle \\ &\leq f(\boldsymbol{x}) \end{aligned}$$

が得られ，証明は終わる． □

系 10.2.

$$\inf_{\boldsymbol{x} \in X, \boldsymbol{g}(\boldsymbol{x}) \leq \boldsymbol{\theta}} f(\boldsymbol{x}) \geq \sup_{\boldsymbol{u} \geq \boldsymbol{\theta}} \theta(\boldsymbol{u})$$

この系の証明は定理 10.13 より直接示される．

系 10.3. 主問題 (IP) の実行可能解 $\boldsymbol{x}_0$ と，双対問題 (D) の実行可能解 $\boldsymbol{u}_0$ に対して，$f(\boldsymbol{x}_0) \leq \theta(\boldsymbol{u}_0)$ が成立するとする．このとき，ベクトル $\boldsymbol{x}_0$ は主問題 (P) の最適解となり，ベクトル $\boldsymbol{u}_0$ は双対問題 (D) の最適解となる．

証明. 系 10.2 の結果

$$\inf_{\boldsymbol{x} \in X, \boldsymbol{g}(\boldsymbol{x}) \leq \boldsymbol{\theta}} f(\boldsymbol{x}) \geq \sup_{\boldsymbol{u} \geq \boldsymbol{\theta}} \theta(\boldsymbol{u})$$

と，この系の条件 $f(\boldsymbol{x}_0) \leq \theta(\boldsymbol{u}_0)$ より，上の不等号がすべて等号で成立するこ

とになるので，系の結果が得られる．□

下の2つの系は系10.2より直接示されるので，証明は省略する．

系 10.4.

$$\inf_{\boldsymbol{x}\in X,\boldsymbol{g}(\boldsymbol{x})\le\boldsymbol{\theta}} f(\boldsymbol{x}) = -\infty$$

ならば，すべての $\boldsymbol{u}\ge\boldsymbol{\theta}$ に対して，$\theta(\boldsymbol{u}) = -\infty$ が成立する．

系 10.5.

$$\sup_{\boldsymbol{u}\ge\boldsymbol{\theta}} \theta(\boldsymbol{u}) = \infty$$

ならば，主問題 (IP) は実行可能解をもたない．

双対問題に関する定理10.13の系10.2より，主問題における目的関数の最小値は双対問題における目的関数の最大値より大きくなるか，または等しいことになることが理解できた．ここで，2つの値の間に等号なしの不等式が成立するとき，**双対ギャップ** (duality gap) が存在すると呼ぶ．図10.8は1つの不等式制約をもつ最適化問題に対して，双対ギャップの存在する場合の簡単な説明を与えたものである．

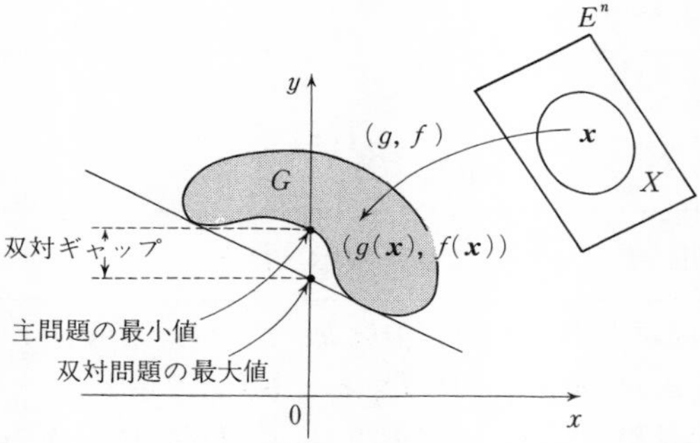

図 10.8　双対ギャップの存在

定理 10.14. (鞍点 (saddle point) 定理)

X を E^n の空でない部分集合とし，$f: E^n \to E^1$, $\boldsymbol{g} = (g_1, g_2, \cdots, g_m)$: $E^n \to E^m$ とし，$\Phi(\boldsymbol{x},\boldsymbol{u}) = f(\boldsymbol{x}) + \langle \boldsymbol{u}, \boldsymbol{g}(\boldsymbol{x})\rangle$ とおくとき，$(\boldsymbol{x}_0, \boldsymbol{u}_0)$ が

$\Phi(\boldsymbol{x}, \boldsymbol{u})$ の鞍点，すなわち

$$\Phi(\boldsymbol{x}_0, \boldsymbol{u}) \leq \Phi(\boldsymbol{x}_0, \boldsymbol{u}_0) \leq \Phi(\boldsymbol{x}, \boldsymbol{u}_0),\ \boldsymbol{x} \in X,\ \boldsymbol{u} \geq \boldsymbol{\theta}$$

を満たす $\boldsymbol{x}_0 \in X$, $\boldsymbol{u}_0 \geq \boldsymbol{\theta}$ が存在するとする．このとき，$\boldsymbol{x}_0$ は (IP) の最適解であり，$\boldsymbol{u}_0$ は (D) の最適解となっている．

証明． $\boldsymbol{x}_0 \in X$, $\boldsymbol{u}_0 \geq \boldsymbol{\theta}$ が $\Phi(\boldsymbol{x}, \boldsymbol{u})$ の鞍点であるから，任意の $\boldsymbol{x} \in X$, $\boldsymbol{u} \geq \boldsymbol{\theta}$ に対して，

$$f(\boldsymbol{x}_0) + \langle \boldsymbol{u}, \boldsymbol{g}(\boldsymbol{x}_0) \rangle = \Phi(\boldsymbol{x}_0, \boldsymbol{u}) \ \leq\ \Phi(\boldsymbol{x}_0, \boldsymbol{u}_0) = f(\boldsymbol{x}_0) + \langle \boldsymbol{u}_0, \boldsymbol{g}(\boldsymbol{x}_0) \rangle$$

が成立している．これより双対問題 (D) の任意の実行可能解 $\boldsymbol{u} \geq \boldsymbol{\theta}$ に対して，$\langle \boldsymbol{u} - \boldsymbol{u}_0, \boldsymbol{g}(\boldsymbol{x}_0) \rangle \ \leq\ 0$ が得られる．よって，$g(\boldsymbol{x}_0) \leq \boldsymbol{\theta}$ となるから，$\boldsymbol{x}_0$ は主問題 (IP) の実行可能解となる．

次に，$\boldsymbol{u} = \boldsymbol{\theta}$ とおくと $\langle \boldsymbol{u}_0, \boldsymbol{g}(\boldsymbol{x}_0) \rangle \geq 0$ が成立するが，しかし，$\boldsymbol{u}_0 \geq \boldsymbol{\theta}$, $\boldsymbol{g}(\boldsymbol{x}_0) \leq \boldsymbol{\theta}$ より $\langle \boldsymbol{u}_0, \boldsymbol{g}(\boldsymbol{x}_0) \rangle \leq 0$ が成立し，$\langle \boldsymbol{u}_0, \boldsymbol{g}(\boldsymbol{x}_0) \rangle = 0$ が得られる．また，$\langle \boldsymbol{u}_0, \boldsymbol{g}(\boldsymbol{x}_0) \rangle = 0$ が成立しているので，$\boldsymbol{x} \in X$ に対して

$$\Phi(\boldsymbol{x}_0, \boldsymbol{u}_0) = f(\boldsymbol{x}_0) + \langle \boldsymbol{u}_0, \boldsymbol{g}(\boldsymbol{x}_0) \rangle \ \leq\ \Phi(\boldsymbol{x}, \boldsymbol{u}_0) = f(\boldsymbol{x}) + \langle \boldsymbol{u}_0, \boldsymbol{g}(\boldsymbol{x}) \rangle$$

が示され

$$f(\boldsymbol{x}_0) \leq \inf_{\boldsymbol{x} \in X} \{ f(\boldsymbol{x}) + \langle \boldsymbol{u}_0, \boldsymbol{g}(\boldsymbol{x}) \rangle \} = \theta(\boldsymbol{u}_0)$$

が得られる．系 10.3 の結果から，この $\boldsymbol{x}_0$ は (IP) の最適解であり，$\boldsymbol{u}_0$ は (D) の最適解となっている． □

定理 10.15. X を E^n の空でない凸集合とし，$f : E^n \to E^1$ は凸関数で，$\boldsymbol{g} = (g_1, g_2, \cdots, g_m) : E^n \to E^m$ の各要素関数 g_i $(i = 1, 2, \cdots, m)$ も凸関数とする．ここで，$\boldsymbol{x}_0 \in X$ で $\boldsymbol{g}(\boldsymbol{x}_0) < \boldsymbol{\theta}$ を満たす $\boldsymbol{x}_0$ が (IP) の最適解であるとする．このとき，$(\boldsymbol{x}_0, \boldsymbol{u}_0)$ が $\Phi(\boldsymbol{x}, \boldsymbol{u})$ の鞍点となる $\boldsymbol{u}_0 \geq \boldsymbol{\theta}$ が存在する．

証明． まず，$E^1 \times E^m$ の 2 つの部分集合を，

$$A = \{ (r, \boldsymbol{u}) \in E^1 \times E^m \mid r \geq f(\boldsymbol{x}),\ \boldsymbol{u} \geq \boldsymbol{g}(\boldsymbol{x}),\ \boldsymbol{x} \in X \}$$
$$B = \{ (r, \boldsymbol{u}) \in E^1 \times E^m \mid r \leq f(\boldsymbol{x}_0),\ \boldsymbol{u} \leq \boldsymbol{\theta} \}$$

とおくとき，f と $\boldsymbol{g}$ の各要素関数 g_i は凸関数であるから，A も B も凸集合で

ある．ここで，$\boldsymbol{x}_0$ は定理の条件を満たす (IP) の最適解であるから，$\mathrm{int}B \neq \emptyset$ となり $A \cap \mathrm{int}B = \emptyset$ が成立する．したがって，A と B を分離する超平面が存在する．すなわち，非零ベクトル $\boldsymbol{w}_0 = (r_0, \boldsymbol{u}_0) \neq (0, \boldsymbol{\theta})$ が存在し，すべての $(r_1, \boldsymbol{u}_1) \in A$ とすべての $(r_2, \boldsymbol{u}_2) \in B$ に対して，

$$r_0 r_1 + \langle \boldsymbol{u}_0, \boldsymbol{u}_1 \rangle \geq r_0 r_2 + \langle \boldsymbol{u}_0, \boldsymbol{u}_2 \rangle$$

が成立する．

このとき，$\boldsymbol{w}_0 \not\geq \boldsymbol{\theta}$，すなわち，$r_0 < 0$ または $\boldsymbol{u}_0 \not\geq \boldsymbol{\theta}$ とすると，B の定義から $r_2 \to -\infty$ または $\boldsymbol{u}_2$ のある i 番目の要素 $u_{2,i} \to -\infty$ とすることにより，上の式の右辺が無限大に発散し，矛盾が起ることより，$\boldsymbol{w}_0 \geq \boldsymbol{\theta}$ すなわち $r_0 \geq 0$, $\boldsymbol{u}_0 \geq \boldsymbol{\theta}$ が得られる．次に，$(f(\boldsymbol{x}_0), \boldsymbol{\theta}) \in B$ であることから，$r_2 = f(\boldsymbol{x}_0), \boldsymbol{u}_2 = \boldsymbol{\theta}$ とおくと，すべての $(r_1, \boldsymbol{u}_1) \in A$ に対して，

$$r_0 r_1 + \langle \boldsymbol{u}_0, \boldsymbol{u}_1 \rangle \ \geq \ r_0 f(\boldsymbol{x}_0)$$

が得られ，ここで，もし $r_0 = 0$ ならば，$\boldsymbol{u}_0 \neq \boldsymbol{\theta}$ かつ $\langle \boldsymbol{u}_0, \boldsymbol{g}(\boldsymbol{x}_0) \rangle \ \geq \ 0$ となる．

一方では，$\boldsymbol{g}(\boldsymbol{x}_0) < \boldsymbol{\theta}, \boldsymbol{u}_0 \neq \boldsymbol{\theta}, \boldsymbol{u}_0 \geq \boldsymbol{\theta}$ より $\langle \boldsymbol{u}_0, \boldsymbol{g}(\boldsymbol{x}_0) \rangle \ < \ 0$ となり矛盾が起る．したがって，$r_0 > 0$ となり，一般性を失うことなく $r_0 = 1$ とおくことができる．このとき，任意の $\boldsymbol{x} \in X$ に対して，$(f(\boldsymbol{x}), \boldsymbol{g}(\boldsymbol{x})) \in A$ となるから，

$$f(\boldsymbol{x}) + \langle \boldsymbol{u}_0, \boldsymbol{g}(\boldsymbol{x}) \rangle \ \geq \ f(\boldsymbol{x}_0)$$

が得られる．この式に $\boldsymbol{x} = \boldsymbol{x}_0$ とすると $\langle \boldsymbol{u}_0, \boldsymbol{g}(\boldsymbol{x}_0) \rangle \geq 0$ が成立するが，$\boldsymbol{u}_0 \geq \boldsymbol{\theta}$, $\boldsymbol{g}(\boldsymbol{x}_0) < \boldsymbol{\theta}$ であるから，$\langle \boldsymbol{u}_0, \boldsymbol{g}(\boldsymbol{x}_0) \rangle = 0$ が得られる．したがって，任意の $\boldsymbol{x} \in X$ に対して，

$$\Phi(\boldsymbol{x}, \boldsymbol{u}_0) = f(\boldsymbol{x}) + \langle \boldsymbol{u}_0, \boldsymbol{g}(\boldsymbol{x}) \rangle \ \geq \ f(\boldsymbol{x}_0) + \langle \boldsymbol{u}_0, \boldsymbol{g}(\boldsymbol{x}_0) \rangle = \Phi(\boldsymbol{x}_0, \boldsymbol{u}_0)$$

さらに，任意の $\boldsymbol{u} \geq \boldsymbol{\theta}$ に対して，$\boldsymbol{g}(\boldsymbol{x}_0) < \boldsymbol{\theta}$ かつ $\langle \boldsymbol{u}_0, \boldsymbol{g}(\boldsymbol{x}_0) \rangle = 0$ であるから，

$$\langle \boldsymbol{u}, \boldsymbol{g}(\boldsymbol{x}_0) \rangle \ \leq \ \langle \boldsymbol{u}_0, \boldsymbol{g}(\boldsymbol{x}_0) \rangle = 0$$

よって，任意の $\boldsymbol{u} \geq \boldsymbol{\theta}$ に対して，

$$\Phi(\boldsymbol{x}_0, \boldsymbol{u}) = f(\boldsymbol{x}_0) + \langle \boldsymbol{u}, \boldsymbol{g}(\boldsymbol{x}_0) \rangle \ \leq \ f(\boldsymbol{x}_0) + \langle \boldsymbol{u}_0, \boldsymbol{g}(\boldsymbol{x}_0) \rangle = \Phi(\boldsymbol{x}_0, \boldsymbol{u}_0)$$

が得られ，証明は終わる．　□

定理 10.16. $S = \{\boldsymbol{x} \in E^n \mid \boldsymbol{x} \in X,\ \boldsymbol{g}(\boldsymbol{x}) \leq \boldsymbol{\theta}\}$ とする主問題 (IP) に対して，$\boldsymbol{x}_0 \in S$ がカルーシュ-クーン-タッカーの条件を満たす．すなわち，$I = \{i : g_i(\boldsymbol{x}_0) = 0\}$ について，あるベクトル $\boldsymbol{u}_0 \geq \boldsymbol{\theta}$ が存在し，次式が成立する．

$$\nabla f(\boldsymbol{x}_0) + \nabla \boldsymbol{g}(\boldsymbol{x}_0)\boldsymbol{u}_0 = \boldsymbol{\theta}$$

$$\langle \boldsymbol{u}_0, \boldsymbol{g}(\boldsymbol{x}_0)\rangle = 0$$

さらに，f と各 $i \in I$ に対応する g_i が凸関数ならば，$(\boldsymbol{x}_0, \boldsymbol{u}_0)$ は $\Phi(\boldsymbol{x}, \boldsymbol{u})$ の鞍点となる．

証明. まず，$\boldsymbol{x}_0 \in S, \boldsymbol{u}_0 \geq \boldsymbol{\theta}$ がカルーシュ-クーン-タッカーの条件を満たし，さらに，f と各 $i \in I$ に対応する g_i が凸関数であるから，任意の $\boldsymbol{x} \in X$ に対して，定理 9.1 から

$$f(\boldsymbol{x}) \geq f(\boldsymbol{x}_0) + \langle \nabla f(\boldsymbol{x}_0), \boldsymbol{x} - \boldsymbol{x}_0\rangle$$

$$g_i(\boldsymbol{x}) \geq g_i(\boldsymbol{x}_0) + \langle \nabla g_i(\boldsymbol{x}_0), \boldsymbol{x} - \boldsymbol{x}_0\rangle$$

上の下式の各 $i \in I$ に対応する $g_i(\boldsymbol{x})$ に $\boldsymbol{u}_0 \geq \boldsymbol{\theta}$ の各対応する第 i 要素を掛け，上式と i を I で加えると，任意の $\boldsymbol{x} \in X$ に対して，

$$\begin{aligned}\Phi(\boldsymbol{x}, \boldsymbol{u}_0) &= f(\boldsymbol{x}) + \langle \boldsymbol{u}_0, \boldsymbol{g}(\boldsymbol{x})\rangle \\ &\geq f(\boldsymbol{x}_0) + \langle \boldsymbol{u}_0, \boldsymbol{g}(\boldsymbol{x}_0)\rangle + \langle \nabla f(\boldsymbol{x}_0) + \nabla \boldsymbol{g}(\boldsymbol{x}_0)\boldsymbol{u}_0, \boldsymbol{x} - \boldsymbol{x}_0\rangle \\ &= \Phi(\boldsymbol{x}_0, \boldsymbol{u}_0)\end{aligned}$$

次に，$\boldsymbol{g}(\boldsymbol{x}_0) \leq \boldsymbol{\theta}$, $\langle \boldsymbol{u}_0, \boldsymbol{g}(\boldsymbol{x}_0)\rangle = 0$ より，任意の $\boldsymbol{u} \geq \boldsymbol{\theta}$ に対して，

$$\Phi(\boldsymbol{x}_0, \boldsymbol{u}) = f(\boldsymbol{x}_0) + \langle \boldsymbol{u}, \boldsymbol{g}(\boldsymbol{x}_0)\rangle \ \leq \ f(\boldsymbol{x}_0) + \langle \boldsymbol{u}_0, \boldsymbol{g}(\boldsymbol{x}_0)\rangle = \Phi(\boldsymbol{x}_0, \boldsymbol{u}_0)$$

が得られる．したがって，$(\boldsymbol{x}_0, \boldsymbol{u}_0)$ は $\Phi(\boldsymbol{x}, \boldsymbol{u})$ の鞍点となっている． □

定理 10.17. $S = \{\boldsymbol{x} \in E^n \mid \boldsymbol{x} \in X,\ \boldsymbol{g}(\boldsymbol{x}) \leq \boldsymbol{\theta}\}$ とする主問題 (IP) に対して，f と $\boldsymbol{g}$ の各要素関数 g_i が微分可能であるとする．このとき，$(\boldsymbol{x}_0, \boldsymbol{u}_0)$（ただし，$\boldsymbol{x}_0 \in \mathrm{int}X, \boldsymbol{u}_0 \geq \boldsymbol{\theta}$）が $\Phi(\boldsymbol{x}, \boldsymbol{u})$ の鞍点ならば，$\boldsymbol{x}_0$ は主問題(IP)の実行可能解であり$(\boldsymbol{x}_0, \boldsymbol{u}_0)$はカルーシュ-クーン-タッカーの条件を満たす．

証明. まず，$(\boldsymbol{x}_0, \boldsymbol{u}_0)$ が $\Phi(\boldsymbol{x}, \boldsymbol{u})$ の鞍点であるから，任意の $\boldsymbol{u} \geq \boldsymbol{\theta}$ に対して，

$$f(\boldsymbol{x}_0)+\langle \boldsymbol{u}, \boldsymbol{g}(\boldsymbol{x}_0)\rangle = \Phi(\boldsymbol{x}_0,\boldsymbol{u}) \ \le\ \Phi(\boldsymbol{x}_0,\boldsymbol{u}_0) = f(\boldsymbol{x}_0)+\langle \boldsymbol{u}_0, \boldsymbol{g}(\boldsymbol{x}_0)\rangle$$

が成り立つので，

$$\langle \boldsymbol{u}_0, \boldsymbol{g}(\boldsymbol{x}_0)\rangle = 0 \text{ かつ } \boldsymbol{g}(\boldsymbol{x}_0) \le \boldsymbol{\theta}$$

よって，$\boldsymbol{x}_0$ は主問題 (IP) の実行可能解となる．

さらに，任意の $\boldsymbol{x} \in X$ に対して，

$$f(\boldsymbol{x}_0)+\langle \boldsymbol{u}_0, \boldsymbol{g}(\boldsymbol{x}_0)\rangle = \Phi(\boldsymbol{x}_0,\boldsymbol{u}_0) \ \le\ \Phi(\boldsymbol{x},\boldsymbol{u}_0) = f(\boldsymbol{x})+\langle \boldsymbol{u}_0, \boldsymbol{g}(\boldsymbol{x})\rangle$$

が成立しているので，$\boldsymbol{x}_0 \in \mathrm{int}X$ は $\Phi(\boldsymbol{x},\boldsymbol{u}_0)$ を X 上で最小にする最適解となっている．したがって，$\boldsymbol{x}_0 \in \mathrm{int}X$ であることより，$\boldsymbol{x}_0$ における $\Phi(\cdot,\boldsymbol{u}_0)$ の微分は $\nabla\Phi(\boldsymbol{x}_0,\boldsymbol{u}_0)=\boldsymbol{\theta}$，すなわち，

$$\nabla f(\boldsymbol{x}_0)+\nabla \boldsymbol{g}(\boldsymbol{x}_0)\boldsymbol{u}_0 = \boldsymbol{\theta}$$

が得られ，$(\boldsymbol{x}_0,\boldsymbol{u}_0)$ はカルーシュ-クーン-タッカーの条件を満たしていることが示され，証明は終わる．　□

10.5　接錐と法錐

定義10.5で与えた接錐 $T_S(\boldsymbol{x}_0)$ の中のベクトル列の要素を $\lambda_k(\boldsymbol{x}_k-\boldsymbol{x}_0)=\boldsymbol{d}_k$ とおくと，$\boldsymbol{x}_k=\boldsymbol{x}_0+\frac{1}{\lambda_k}\boldsymbol{d}_k$ と書けることより，$T_S(\boldsymbol{x}_0)$ は次のように表現することができる．すなわち，S を E^n の空でない部分集合とし，$\boldsymbol{x}_0 \in \mathrm{cl}S$ とするとき，

$$T_S(\boldsymbol{x}_0)=\{\boldsymbol{d}\in E^n \mid \boldsymbol{d}=\lim_{k\to\infty}\boldsymbol{d}_k, t_k>0,\ t_k \downarrow 0, \boldsymbol{x}_0+t_k\boldsymbol{d}_k \in S\}$$

でも定義は与えられる．

命題 10.2. S を E^n の空でない部分集合とし，$\boldsymbol{x}_0 \in \mathrm{cl}S$ とするとき，接錐 $T_S(\boldsymbol{x}_0)$ は零を含む閉錐となる．

証明. まず，接錐が閉であることを示す．そこで，接錐 $T_S(\boldsymbol{x}_0)$ の中のベクトル列 $\{\boldsymbol{d}_k\}$，すなわち，$\{\boldsymbol{d}_k\}\subset T_S(\boldsymbol{x}_0)$ が $\boldsymbol{d}$ に収束するとき，$\boldsymbol{d}\in T_S(\boldsymbol{x}_0)$ であることを示せば証明は終わる．まず，$\boldsymbol{d}_k \to \boldsymbol{d}$ であるから，任意の正の実数

$\varepsilon > 0$ について，大きな整数 N が存在して，すべての $k \geq N$ に対して，

$$\|\boldsymbol{d}_k - \boldsymbol{d}\| < \frac{\varepsilon}{2}$$

一方，$\boldsymbol{d}_k \in T_S(\boldsymbol{x}_0)$ であるから，すべての $k \geq N$ に対して，$\boldsymbol{d}_k^m \to \boldsymbol{d}_k, t_k^m \downarrow 0$ で，さらに $\boldsymbol{x}_0 + t_k^m \boldsymbol{d}_k^m \in S$ を満たす $\{\boldsymbol{d}_k^m\} \subset E^n, \{t_k^m\} \subset E^1$ が存在する．このとき，おのおのの $k \geq N$ について，N_k が存在し，$m \geq N_k$ に対して

$$\|\boldsymbol{d}_k^m - \boldsymbol{d}_k\| < \frac{\varepsilon}{2}, \quad 0 < t_k^m < \frac{1}{k}$$

が得られる．次に，$t_k^{N_k} \downarrow 0$ で，すべての $k \geq N$ に対して

$$\|\boldsymbol{d}_k^{N_k} - \boldsymbol{d}\| \leq \|\boldsymbol{d} - \boldsymbol{d}_k\| + \|\boldsymbol{d}_k^{N_k} - \boldsymbol{d}_k\| \leq \frac{\varepsilon}{2} + \frac{\varepsilon}{2} = \varepsilon$$

が成立する．このことは $\boldsymbol{d}_k^{N_k} \to \boldsymbol{d}$ で，さらに，$\boldsymbol{x}_0 + t_k^{N_k} \boldsymbol{d}_k^{N_k} \in S$ であることを示している．よって，$\boldsymbol{d} \in T_S(\boldsymbol{x}_0)$ であり，$T_S(\boldsymbol{x}_0)$ は閉集合である．

次に，$T_S(\boldsymbol{x}_0)$ が錐であることを示す．まず，明らかに $\boldsymbol{\theta} \in T_S(\boldsymbol{x}_0)$ は成立している．任意の $\boldsymbol{d} \in T_S(\boldsymbol{x}_0)$ をとるとき，任意の k に対して，$\{\boldsymbol{d}_k\} \subset E^n$ と $\{t_k\} \subset E^1$ が存在して，$\boldsymbol{d}_k \to \boldsymbol{d}, t_k \downarrow 0$ が成立し，すべての k について，$\boldsymbol{x}_0 + t_k \boldsymbol{d}_k \in S$ が成立している．$\lambda > 0$ を固定し，$\boldsymbol{d}'_k = \lambda \boldsymbol{d}_k, t'_k = t_k/\lambda$ とおき，$k \to \infty$ とすると，$t'_k \downarrow 0$ で，

$$\|\boldsymbol{d}'_k - \lambda \boldsymbol{d}\| = \lambda \|\boldsymbol{d}_k - \boldsymbol{d}\| \to 0$$

が得られることより

$$\boldsymbol{x}_0 + t'_k \boldsymbol{d}'_k = \boldsymbol{x}_0 + \frac{t_k}{\lambda} \lambda \boldsymbol{d}_k \in S$$

が成立し，$\lambda \boldsymbol{d} \in T$ となる．これは $T_S(\boldsymbol{x}_0)$ が錐となることを示し，証明が終わる． □

命題 10.3. S を E^n の空でない凸集合とし，$\boldsymbol{x}_0 \in \mathrm{cl} S$ とするとき，接錐 $T_S(\boldsymbol{x}_0)$ は閉凸錐となる．

証明. 閉錐であることは命題 10.2 よりすでに示しているので，凸集合であることのみを示せば証明は終わる．そこで，任意の $\lambda \in (0, 1)$ と任意の $\boldsymbol{d}^1, \boldsymbol{d}^2 \in T_S(\boldsymbol{x}_0)$ に対して，$\boldsymbol{d} = (1 - \lambda)\boldsymbol{d}^1 + \lambda \boldsymbol{d}^2$ が $T_S(\boldsymbol{x}_0)$ に属することを示すことにする．

まず，$T_S(\boldsymbol{x}_0)$ の定義より，無限ベクトル列 $\{\boldsymbol{d}_k^1\},\{\boldsymbol{d}_k^2\}\subset E^n$ と実数列 $\{t_k^1\}$, $\{t_k^2\}\subset E^1$ が存在して，$i=1,2$ に対して

$$\boldsymbol{d}_k^i \to \boldsymbol{d}^i,\ t_k^i \downarrow 0$$

が成立し，さらに，任意の $k=1,2,\cdots$ に対して

$$\boldsymbol{x}_0 + t_k^i \boldsymbol{d}_k^i \in S$$

が成立している．ここで，

$$\boldsymbol{d}_k = (1-\lambda)\boldsymbol{d}_k^1 + \lambda \boldsymbol{d}_k^2, \quad t_k = \min\{t_k^1, t_k^2\}$$

および

$$\boldsymbol{d} = (1-\lambda)\boldsymbol{d}^1 + \lambda \boldsymbol{d}^2$$

とおくと，S は凸集合であるから，

$$\boldsymbol{x}_0 + t_k \boldsymbol{d}_k = (1-\lambda)(\boldsymbol{x}_0 + t_k \boldsymbol{d}_k^1) + \lambda(\boldsymbol{x}_0 + t_k \boldsymbol{d}_k^2) \in S$$

が成立する．各 i に対して $t_k/t_k^i \in (0,1]$ であることより，

$$\boldsymbol{x}_0 + t_k \boldsymbol{d}_k^i = (1 - \frac{t_k}{t_k^i})\boldsymbol{x}_0 + \frac{t_k}{t_k^i}(\boldsymbol{x}_0 + t_k^i \boldsymbol{d}_k^i) \in S$$

が成立しているからである．したがって，$\boldsymbol{d}_k \in T_S(\boldsymbol{x}_0)$ で，$k \to \infty$ のとき，

$$\begin{aligned}\|\boldsymbol{d}_k - \boldsymbol{d}\| &= \|(1-\lambda)\boldsymbol{d}_k^1 + \lambda \boldsymbol{d}_k^2 - (1-\lambda)\boldsymbol{d}^1 - \lambda \boldsymbol{d}^2\| \\ &\le (1-\lambda)\|\boldsymbol{d}_k^1 - \boldsymbol{d}^1\| + \lambda \|\boldsymbol{d}_k^2 - \boldsymbol{d}^2\| \to 0\end{aligned}$$

が得られる．このことは $\boldsymbol{d} \in T_S(\boldsymbol{x}_0)$ であることを示しているので，証明は終わる．　□

定義 10.8.　S を E^n の空でない部分集合とし，$\boldsymbol{x} \in \mathrm{cl}S$ とするとき，

$$N_S(\boldsymbol{x}) = \{\boldsymbol{z} \in E^n \mid \langle \boldsymbol{z}, \boldsymbol{y} \rangle \le 0,\ \text{すべての}\ \boldsymbol{y} \in T_S(\boldsymbol{x})\ \text{に対して}\}$$

を $\boldsymbol{x}$ での S の**法錐** (normal cone) と呼び，$N_S(\boldsymbol{x})$ のベクトルを**法線ベクトル** (normal vector) と呼ぶ．

命題 10.4. S を E^n の空でない凸集合とし，$\boldsymbol{x} \in S$ とするとき，法錐 $N_S(\boldsymbol{x})$ は零を含む閉凸錐となる．

定義 10.8 より成立することが容易に示されるので，証明は省略する．

定理 10.18. S を E^n の空でない凸集合とし，$\boldsymbol{x} \in \mathrm{cl}S$ とするとき，接錐は次のように表現される．

$T_S(\boldsymbol{x}) = \mathrm{cl}\{\boldsymbol{d} \in E^n \mid \boldsymbol{x} + t\boldsymbol{d} \in S$ を満たすある正の実数 $t > 0$ が存在する $\}$

証明． 次の記号

$$K = \{\boldsymbol{d} \in E^n \mid \boldsymbol{x} + t\boldsymbol{d} \in S,\ \text{ある正の実数 } t > 0 \text{ が存在する }\}$$

を導入して，$T_S(\boldsymbol{x}) = \mathrm{cl}K$ を示すことにする．

まず，$T_S(\boldsymbol{x}) \subset \mathrm{cl}K$ となることを示すために，任意の $\boldsymbol{d} \in T_S(\boldsymbol{x})$ をとり，この $\boldsymbol{d}$ に対して，あるベクトル列 $\{\boldsymbol{d}_k\}$ と実数列 $\{t_k\}$ が存在して，$t_k \downarrow 0$ で $\boldsymbol{d}_k \to \boldsymbol{d}$ を満たし，さらに，すべての k に対して，$\boldsymbol{x} + t_k\boldsymbol{d}_k \in S$ を満たしている．したがって，$\boldsymbol{d} \in \mathrm{cl}K$ が成立している．

次に，逆の包含関係を示すために，$\boldsymbol{d} \in \mathrm{cl}K$ が成立しているとする．そこで，すべての k に対して，$\boldsymbol{x} + t_k\boldsymbol{d}_k \in S$ を満たし，さらに，実数 $t_k > 0$ と $\boldsymbol{d}_k \to \boldsymbol{d}$ を満たすベクトル列 $\{\boldsymbol{d}_k\}$ が存在する．よって，$t'_k \downarrow 0$ であり，すべての k に対して，$\boldsymbol{x} + t'_k\boldsymbol{d}_k \in S$ を満たす実数列 $\{t'_k\}$ が存在することを示せば十分となる．ここで，$t'_k = \min\{t_k, \frac{1}{k}\}$ とおくと，

$$0 < \ t'_k \leq \frac{1}{k} \to 0$$

が成立し，また S が凸集合であるから

$$\boldsymbol{x} + t'_k\boldsymbol{d}_k = (1 - \frac{t'_k}{t_k})\boldsymbol{x} + \frac{t'_k}{t_k}(\boldsymbol{x} + t_k\boldsymbol{d}_k) \in S$$

が得られ，証明は終わる． □

定理 10.19. S を E^n の空でない凸集合とし，$\boldsymbol{x} \in S$ とするとき，法錐は次のように表現される．

$$N_S(\boldsymbol{x}) = \{\boldsymbol{z} \in E^n \mid \langle \boldsymbol{y} - \boldsymbol{x}, \boldsymbol{z} \rangle \leq 0,\ \text{すべての } \boldsymbol{y} \in S \text{ に対して }\}$$

証明. 次の記号

$$L = \{z \in E^n \mid \langle y - x, z \rangle \leq 0, \text{ すべての } y \in S \text{ に対して } \}$$

を導入して，$N_S(x) = L$ を示すことにする．

まず，$z \in N_S(x)$ とおくとき，定義 10.8 より，すべての $y \in T_S(x)$ に対して，

$$\langle y, z \rangle \leq 0$$

定理 10.18 より，任意の $x' \in S$ に対して，$y = x' - x$ とおき，$t = 1$ とおくと，

$$x + ty = x + tx' - tx = x' \in S$$

が得られ，$\langle x' - x, z \rangle \leq 0$ が示されるので，$N_S(x) \subset L$ が結論される．

一方，$z \in L$ とおくとき，$d \in T_S(x)$ について，すべての k に対して，$x + t_k d_k \in S$ を満たし，さらに，実数 $t_k > 0$ で $t_k \downarrow 0$ のときに $d_k \to d$ を満たすベクトル列 $\{d_k\}$ と実数列 $\{t_k\}$ が存在する．ここで，$d'_k = x + t_k d_k \in S$ とおくと，$t_k \langle d_k, z \rangle = \langle d'_k - x, z \rangle \leq 0$ が成立する．このとき，$t_k > 0$ は正数であるから，$\langle d_k, z \rangle \leq 0$ が成立する．よって，

$$\begin{aligned} \langle d, z \rangle &= \langle d_k, z \rangle + \langle d - d_k, z \rangle \\ &\leq \langle d_k, z \rangle + \|z\| \, \|d - d_k\| \\ &\leq \|z\| \, \|d - d_k\| \end{aligned}$$

が得られる．ここで，$k \to \infty$ とするとき，$\|d_k - d\| \to 0$ が成立するので，すべての $d \in T_S(x)$ に対して，$\langle d, z \rangle \leq 0$ が成り立つ．そこで，$L \subset N_S(x)$ となり，証明は終わる． □

定理 10.20. S を E^n の空でない凸集合とし，$x \in \mathrm{cl}S$ とするとき，接錐は，また，次のように表現される．

$$T_S(x) = \{d \in E^n \mid \rho'_S(x; d) = 0\}$$

ここで，$\rho_S(x) = \inf_{y \in S} \|x - y\|$ で与え，$\rho'_S(x; \cdot)$ は $\rho_S(x)$ の方向微分を表している．

証明. 次の記号

$$K = \{d \in E^n \mid \rho'_S(x; d) = 0\}$$

を導入して，$T_S(\boldsymbol{x}) = K$ を示すことにする．

まず，$T_S(\boldsymbol{x}) \subset K$ を示すために，任意の $\boldsymbol{d} \in T_S(\boldsymbol{x})$ をとる．この $\boldsymbol{d}$ に対して，あるベクトル列 $\{\boldsymbol{d}_k\}$ と実数列 $\{t_k\}$ が存在して，$\boldsymbol{d}_k \to \boldsymbol{d}$ で $t_k \downarrow 0$ を満たし，さらに，すべての k に対して，$\boldsymbol{x} + t_k\boldsymbol{d}_k \in S$ を満たしている．また，常に $\rho'_S(\boldsymbol{x};\boldsymbol{d}) \geq 0$ であるから，$\rho'_S(\boldsymbol{x};\boldsymbol{d}) \leq 0$ を示せば証明は終わる．このとき，

$$
\begin{aligned}
\rho'_S(\boldsymbol{x};\boldsymbol{d}) &= \lim_{t\downarrow 0} \frac{\rho_S(\boldsymbol{x}+t\boldsymbol{d}) - \rho_S(\boldsymbol{x})}{t} \\
&\qquad (\boldsymbol{x} \in S \text{ のときに } \rho_S(\boldsymbol{x}) = 0) \\
&= \lim_{t\downarrow 0} \frac{\inf_{\boldsymbol{c}\in S} \|\boldsymbol{x}+t\boldsymbol{d}-\boldsymbol{c}\|}{t} \\
&\leq \lim_{t\downarrow 0} \frac{\inf_{\boldsymbol{c}\in S} \|\boldsymbol{x}+t\boldsymbol{d}_k-\boldsymbol{c}\| + \|t\boldsymbol{d}-t\boldsymbol{d}_k\|}{t}
\end{aligned}
$$

と書ける．さらに，$t \leq t_k$ のとき，S は凸集合であるから

$$
\inf_{\boldsymbol{c}\in S} \|\boldsymbol{x}+t\boldsymbol{d}_k-\boldsymbol{c}\| = \inf_{\boldsymbol{c}\in S} \|(1-\frac{t}{t_k})\boldsymbol{x} + \frac{t}{t_k}(\boldsymbol{x}+t_k\boldsymbol{d}_k) - \boldsymbol{c}\| = 0
$$

ゆえに，$k \to \infty$ のとき，

$$
\rho'_S(\boldsymbol{x};\boldsymbol{d}) \leq \|\boldsymbol{d}-\boldsymbol{d}_k\| \to 0
$$

が得られるので，$\rho'_S(\boldsymbol{x};\boldsymbol{d}) = 0$ が成立し，$T_S(\boldsymbol{x}) \subset K$ が結論される．

次に，逆の包含関係を示すために，$\boldsymbol{d} \in K$ とし，$t_k \downarrow 0$ を満たす数列 $\{t_k\}$ をとると，K の定義から，

$$
\rho'_S(\boldsymbol{x};\boldsymbol{d}) = \lim_{t_k\downarrow 0} \frac{\rho_S(\boldsymbol{x}+t_k\boldsymbol{d})}{t_k} = 0
$$

が得られる．さらに，ρ_S の下限の定義から，

$$
\|\boldsymbol{x}+t_k\boldsymbol{d}-\boldsymbol{c}_k\| \leq \rho_S(\boldsymbol{x}+t_k\boldsymbol{d}) + \frac{t_k}{k}
$$

を満たすベクトル $\boldsymbol{c}_k \in S$ を取り出すことができる．そこで，

$$
\boldsymbol{d}_k = \frac{\boldsymbol{c}_k - \boldsymbol{x}}{t_k}
$$

とおくと，

$$
\boldsymbol{x} + t_k\boldsymbol{d}_k = \boldsymbol{x} + t_k\frac{\boldsymbol{c}_k-\boldsymbol{x}}{t_k} = \boldsymbol{c}_k \in S
$$

が成立し，さらに，$k \to \infty$ のとき，

$$\begin{aligned}\|\boldsymbol{d}-\boldsymbol{d}_k\| &= \|\boldsymbol{d}-\frac{\boldsymbol{c}_k-\boldsymbol{x}}{t_k}\| \\ &= \frac{\|\boldsymbol{x}+t_k\boldsymbol{d}-\boldsymbol{c}_k\|}{t_k} \\ &\leq \frac{\rho_S(\boldsymbol{x}+t_k\boldsymbol{d})}{t_k}+\frac{1}{k}\to 0\end{aligned}$$

が得られる．よって，$\boldsymbol{d}\in T_S(\boldsymbol{x})$ となり，$K=T_S(\boldsymbol{x})$ が示され，証明は終わる．

□

定理 10.21. $f:E^n\to E^1$ は凸関数とする．このとき，関数 $\boldsymbol{d}\to f'(\boldsymbol{x},\boldsymbol{d})$ のエピグラフ $\mathrm{epi}f'(\boldsymbol{x},\cdot)$ は零を含む凸錐となる．ここで，$f'(\boldsymbol{x};\cdot)$ は f の $\boldsymbol{x}$ での方向微分を表している．

定理 8.6 より成立することが容易に示されるので，証明は省略する．

定理 10.22. $f:E^n\to E^1$ は凸関数とする．このとき，次が成立する．

$$\mathrm{epi}f'(\boldsymbol{x},\cdot)=T_{\mathrm{epi}f}(\boldsymbol{x},f(\boldsymbol{x}))$$

証明. まず，$T_{\mathrm{epi}f}(\boldsymbol{x},f(\boldsymbol{x}))\subset\mathrm{epi}f'(\boldsymbol{x},\cdot)$ を示すことにする．そこで，任意のベクトル $(\boldsymbol{d},r)\in T_{\mathrm{epi}f}(\boldsymbol{x},f(\boldsymbol{x}))$ に対して，$f'(\boldsymbol{x};\boldsymbol{d})\leq r$ が成立することを示せば，$(\boldsymbol{d},r)\in\mathrm{epi}f'(\boldsymbol{x},\cdot)$ を満たすので証明は終わる．接錐の定義より，ベクトル列 $\{(\boldsymbol{d}_k,r_k)\}$ と正の実数列 $\{t_k\}$ が存在して，$t_k\downarrow 0$ のとき，$(\boldsymbol{d}_k,r_k)\to(\boldsymbol{d},r)$ が成立し，さらに，すべての k に対して，

$$(\boldsymbol{x},f(\boldsymbol{x}))+t_k(\boldsymbol{d}_k,r_k)\in\mathrm{epi}f$$

すなわち，

$$(\boldsymbol{x}+t_k\boldsymbol{d}_k,f(\boldsymbol{x})+t_kr_k)\in\mathrm{epi}f$$

が成り立つので，

$$f(\boldsymbol{x}+t_k\boldsymbol{d}_k)\leq f(\boldsymbol{x})+t_kr_k$$

が得られる．よって，

$$f'(\boldsymbol{x};\boldsymbol{d})=\lim_{t\downarrow 0}\frac{f(\boldsymbol{x}+t\boldsymbol{d})-f(\boldsymbol{x})}{t}$$

$$
\begin{aligned}
&= \lim_{k\to\infty} \frac{f(\boldsymbol{x}+t_k\boldsymbol{d}_k)-f(\boldsymbol{x})}{t_k} \\
&\leq \lim_{k\to\infty} r_k = r
\end{aligned}
$$

が得られ，定理の前半の結果が示される．

次に，$\mathrm{epi} f'(\boldsymbol{x},\cdot) \subset T_{\mathrm{epi} f}(\boldsymbol{x}, f(\boldsymbol{x}))$ を示すために，任意のベクトル $(\boldsymbol{d}, r) \in \mathrm{epi} f'(\boldsymbol{x},\cdot)$ をとると，

$$
f'(\boldsymbol{x};\boldsymbol{d}) = \lim_{t\downarrow 0} \frac{f(\boldsymbol{x}+t\boldsymbol{d})-f(\boldsymbol{x})}{t} \leq r
$$

が成立している．

$$
\frac{f(\boldsymbol{x}+t_k\boldsymbol{d})-f(\boldsymbol{x})}{t_k} \leq r + \frac{1}{k}
$$

を満たし，さらに $t_k \downarrow 0$ を満たす正の実数列 $\{t_k\} \subset E^1$ をとると，

$$
f(\boldsymbol{x}+t_k\boldsymbol{d}) \leq f(\boldsymbol{x}) + t_k(r+\frac{1}{k})
$$

が成立し，次式が得られる．

$$
(\boldsymbol{x}, f(\boldsymbol{x})) + t_k(\boldsymbol{d}, r+\frac{1}{k}) \in \mathrm{epi} f
$$

この事実と $(\boldsymbol{d}, r+\frac{1}{k}) \to (\boldsymbol{d}, r)$ が成立することは $(\boldsymbol{d}, r) \in T_{\mathrm{epi} f}(\boldsymbol{x}, f(\boldsymbol{x}))$ となることを示している．したがって，両集合の包含関係が示されたので，証明は終わる．　□

演習問題 10

1. 次の各集合の点 $\boldsymbol{\theta} = (0,0)$ での接錐を求めよ．

(1) $S = \{(x_1, x_2) \in E^2 \mid x_2 \geq -x_1^3\}$

(2) $S = \{(x_1, x_2) \in E^2 \mid x_1$ は整数$, x_2 = 0\}$

(3) $S = \{(x_1, x_2) \in E^2 \mid x_1$ は有理数$, x_2 = 0\}$

2. S を E^n の部分集合とし，$\overline{\boldsymbol{x}} \in \mathrm{int} S$ とする．このとき，点 $\overline{\boldsymbol{x}}$ での S の接錐 $T_S(\overline{\boldsymbol{x}})$ は E^n となることを証明せよ．

3. A は $m \times n$ 次の行列とする．このとき，錐 $G_1 = \{\boldsymbol{d} \in E^n \mid A\boldsymbol{d} < 0\}$ と錐 $G_2 = \{\boldsymbol{d} \in E^n \mid A\boldsymbol{d} \leq 0\}$ について，次の各問を証明せよ．

(1) G_1 は開凸錐である．

(2) G_2 は閉凸錐である．

(3) $G_1 = \mathrm{int}G_2$ である．

(4) もし $G_1 \neq \emptyset$ ならば，$\mathrm{cl}G_1 = G_2$ である．

4. 点 $\overline{\boldsymbol{x}}$ での S の接錐は次のように与えられることと同値になることを証明せよ．

$$T = \{\boldsymbol{d} \mid \boldsymbol{x}_k = \overline{\boldsymbol{x}} + \lambda_k \boldsymbol{d} + \lambda_k \alpha(\lambda_k) \in S,\ \text{各 } k \text{ に対して}\}$$

ここで，$\lambda_k > 0$ で $k \to \infty$ に対して $\lambda_k \downarrow 0$ に収束し，$\alpha : E^1 \to E^n$ は $\lambda \downarrow 0$ のとき，$\alpha \to 0$ を満たす実関数である．

付　　録

A.1 集　　合

集合とは，１つ１つが明確に区別できる要素，または元と呼ばれる物の集まりに対する名称であり，集合はその要素を具体的に記入するか，またはその要素が満たす条件を指定することで表現する．例えば，集合 $S = \{1, 2, 3, 4\}$ か，または $S = \{x \mid 1 \leq x \leq 4, x$ は整数$\}$ と表す．もし $\boldsymbol{x}$ が集合 S の要素であれば，$\boldsymbol{x} \in S$ と書き表し，もし $\boldsymbol{x}$ が S の要素でなければ，$\boldsymbol{x} \notin S$ と書き表す．通常，集合はローマ字の大文字 S, X 等で示される．特に，要素をもたない集合は空集合と呼び，記号 $\emptyset$ で表す．

２つの集合 S_1, S_2 に対して，S_1 か，または S_2 のどちらかに属する要素からなる集合を S_1 と S_2 の合併集合と呼び，記号で $S_1 \cup S_2$ と書く．また，S_1 と S_2 の両方に属する要素からなる集合を S_1 と S_2 の共通集合と呼び，記号で $S_1 \cap S_2$ と書く．S_1 の各要素が S_2 の要素になるとき，集合 S_1 が集合 S_2 の部分集合であると呼び，記号で $S_1 \subset S_2$ または $S_2 \supset S_1$ と書く．

A.2 上極限および下極限

実数の全体，すなわち E^1 の部分集合 S について，S に属するすべての要素 x に対して，$x \leq a$ となる $a \in E^1$ が存在するとき，S は上に有界であると呼び，このような a を S の上界と呼ぶ．同様に，S に属するすべての要素 x に対して，$x \geq b$ となる $b \in E^1$ が存在するとき，S は下に有界であると呼び，このような b を S の下界と呼ぶ．S の上界全体の集合の最小数を S の上限と呼び，S の下界全体の集合の最大数を S の下限と呼ぶ．ここで，次のように上限および下限を特徴づけることができる．これを命題として述べる．

命題 A.2.1. S を E^1 の部分集合とする．このとき，$\overline{a}$ が集合 S の上限であるための必要十分条件は，次の事柄が成り立つことである．

1. すべての $x \in S$ に対して，$x \leq \overline{a}$
2. 任意の $\varepsilon > 0$ に対して，$\overline{a} - \varepsilon < x$ を満たす $x \in S$ が存在する．

命題 A.2.2. S を E^1 の部分集合とする．このとき，$\overline{b}$ が集合 S の下限であるための必要十分条件は，次の事柄が成り立つことである．

1. すべての $x \in S$ に対して，$x \geq \overline{b}$
2. 任意の $\varepsilon > 0$ に対して，$\overline{b} + \varepsilon > x$ を満たす $x \in S$ が存在する．

特に，上限および下限の定義において，上に有界でないときは，上限を $+\infty$ とし，同様に，下限が下に有界でないときには，下限を $-\infty$ とする．

ここで，実数列 $\{a_k\}_{k=1,2,\cdots}$ の上限および下限を記号で $\sup_k a_k$ および $\inf_k a_k$ と簡単に書く．さらに，実数列 $\{a_k\}_{k=1,2,\cdots}$ に対して，$\alpha_m = \sup_{k \geq m} a_k$ とおく．このとき，実数列 $\alpha_1, \alpha_2, \cdots$ は単調減少列，すなわち，$\alpha_1 \geq \alpha_2 \geq \cdots$ となり，実数列 $\{\alpha_k\}_{k=1,2,\cdots}$ の下限 $\inf_m \alpha_m$ に収束する．また，同様にして，$\beta_m = \inf_{k \geq m} a_k$ とおく．このとき，実数列 $\beta_1, \beta_2, \cdots$ は単調増加列，すなわち，$\beta_1 \leq \beta_2 \leq \cdots$ となり，実数列 $\{\beta_k\}_{k=1,2,\cdots}$ の上限 $\sup_m \beta_m$ に収束する．

上の事柄より，数列 $\{a_k\}_{k=1,2,\cdots}$ の上極限 $\overline{\lim}_{m\to\infty} a_m$ あるいは $\limsup_{m\to\infty} a_m$ を

$$\overline{\lim_{m\to\infty}}\, a_m = \inf_m \alpha_m$$

として定義し，下極限 $\underline{\lim}_{m\to\infty} a_m$ あるいは $\liminf_{m\to\infty} a_m$ を

$$\underline{\lim_{m\to\infty}}\, a_m = \sup_m \beta_m$$

と定義する．このとき，次の定理が成立する．

定理 A.2.1. 実数列 $\{a_k\}_{k=1,2,\cdots}$ に対して，次が成立する．

$$\inf_k a_k \leq \underline{\lim_{m\to\infty}}\, a_m \leq \overline{\lim_{m\to\infty}}\, a_m \leq \sup_k a_k$$

証明. 下極限の定義より,

$$\inf_k a_k = \inf_{1\le k} a_k \le \sup_m \inf_{m\le k} a_k = \varliminf_{m\to\infty} a_m$$

が得られ，同様に上極限の定義より,

$$\varlimsup_{m\to\infty} a_m = \inf_m \sup_{m\le k} a_k \le \sup_{1\le k} a_k = \sup_k a_k$$

が成立する．よって，$\varliminf_{m\to\infty} a_m \le \varlimsup_{m\to\infty} a_m$ が成立することを示せば証明は終わる．そこで，m, N を任意の自然数とし，p を $N < p, m < p$ なる自然数とおくと,

$$\inf_{N\le k} a_k \le a_p \le \sup_{m\le k} a_k$$

が成立する．ここで，N を固定すると，$\inf_{N\le k} a_k$ が $\{\sup_{m\le k} a_k\}$ の 1 つの下界となっているので,

$$\inf_{N\le k} a_k \le \inf_m \sup_{m\le k} a_k = \varlimsup_{m\to\infty} a_m$$

が成立する．この不等式は任意の自然数 N について成立しているので，$\varlimsup_{m\to\infty} a_m$ は $\{\inf_{n\le k} a_k\}$ の 1 つの上界になっている．よって

$$\varliminf_{m\to\infty} a_m \le \sup_m \inf_{m\le k} a_k = \varlimsup_{m\to\infty} a_m$$

であることが示され，定理の証明は終わる． □

特に，$\varliminf_{m\to\infty} a_m$ と $\varlimsup_{m\to\infty} a_m$ の値が有限で一致するとき，実数列 $\{a_k\}_{k=1,2,\cdots}$ は収束していると呼び，その値を極限値と呼ぶ．その極限値を記号 $\lim_{m\to\infty} a_m$ で書く．

次に，実数の空間 E^1 の完備性についての議論を進めるために，再度, 実数列のコーシー列の定義を与える．

定義 A.2.1. 実数列 $\{a_k\}_{k=1,2,\cdots}$ について，正の実数 $\varepsilon > 0$ に対して，ある正の整数 N が存在して，すべての整数 $k, m \ge N$ に対して

$$|a_k - a_m| < \varepsilon$$

を満たすとき，この実数列 $\{a_k\}_{k=1,2,\cdots}$ をコーシー列であると呼ぶ．

定理 A.2.2. 実数列 $\{a_k\}_{k=1,2,\cdots}$ をコーシー列とする．このとき，この実数列 $\{a_k\}_{k=1,2,\cdots}$ は有界である．すなわち，ある正の実数 $M>0$ が存在して，すべての正の整数 k に対して

$$|a_k| \leq M$$

が成立している．

この定理の証明は，本文の命題 2.9 参照．

上の定理を用いて，E^1 の完備性と呼ばれる重要な性質を次の定理で与える．この性質は本文中でもたびたび使用されている．

定理 A.2.3. 実数列 $\{a_k\}_{k=1,2,\cdots}$ をコーシー列とする．このとき，この実数列 $\{a_k\}_{k=1,2,\cdots}$ は収束する．

証明. 実数列 $\{a_k\}_{k=1,2,\cdots}$ はコーシー列であるから，ある正の整数 N が存在して，すべての整数 $k, m \geq N$ に対して

$$|a_k - a_m| < \varepsilon$$

が成立している．よって，$k, m \geq N$ に対して，$-\varepsilon < a_k - a_m < \varepsilon$ である．ここで，m を N 以上のある整数に固定すると，$k \geq N$ に対して

$$a_m - \varepsilon < a_k$$

が得られ，

$$a_m - \varepsilon \leq \inf_{N \leq k} a_k \leq \sup_{m} \inf_{m \leq k} a_k = \varliminf_{m\to\infty} a_m$$

が成立する．上式からすべての $m \geq N$ に対して，

$$a_m \leq \varliminf_{m\to\infty} a_m + \varepsilon$$

が得られるので，

$$\varlimsup_{m\to\infty} a_m = \inf_{m} \sup_{m \leq k} a_k \leq \sup_{N \leq k} a_k \leq \varliminf_{m\to\infty} a_m + \varepsilon$$

が成立する．ここで，$\varepsilon > 0$ は任意であるから $\varepsilon \downarrow 0$ とすると，

$$\varlimsup_{m\to\infty} a_m \leq \varliminf_{m\to\infty} a_m$$

となる．よって，

$$\overline{\lim_{m\to\infty}}\, a_m = \underline{\lim_{m\to\infty}}\, a_m$$

が示され，実数列 $\{a_k\}_{k=1,2,\cdots}$ は収束することになる．　□

A.3　微分とテイラー展開

E^1 の開区間 $I=(a,b)\ (a<b)$ を定義域とし，関数 $f: I \to E^1$ が与えられている．実数 $x_0 \in I$ と 任意の実数 $|h|>0,\ x_0+h \in I$ に対して，

$$\lim_{h\to 0}\frac{f(x_0+h)-f(x_0)}{h}$$

が有限な値をとるとき，その極限値を $f'(x_0)$ とおき，f は点 x_0 で微分可能であると呼び，この極限値 $f'(x_0)$ を f の点 x_0 における微係数，または微分係数と呼ぶ．また，f が開区間 $I=(a,b)\ (a<b)$ の各点で微分可能であるとき，f は開区間 I で微分可能であると呼ぶ．このとき，各点 $x\in I$ で求められる微係数 $f'(x)$ は x の関数となるので， $f'(x)$ を開区間 I における導関数と呼び，この導関数を記号で

$$f'(x),\quad \frac{df}{dx}(x),\quad \frac{d}{dx}f(x),\quad Df(x)$$

等で表す．

上の微係数の定義より点 $x_0\in I$ で微分可能であれば，もちろん，関数 f は点 x_0 で連続である．したがって，開区間 I で微分可能ならば,その開区間 I で f は連続である．

次に，関数 f の導関数 $f'(x)$ に対して

$$\lim_{h\to 0}\frac{f'(x_0+h)-f'(x_0)}{h}$$

が有限な値をとるとき，その極限値を $f''(x_0)$ とおき，この極限値を f の点 x_0 における第 2 次微係数と呼び，f は点 x_0 において 2 回微分可能と呼ぶ．また，定義域 I のすべての点で 2 回微分可能ならば，この定義域 I で f は 2 回微分可能と呼び，ここで定義される第 2 次導関数を記号

$$f''(x),\quad \frac{d^2f}{dx^2}(x),\quad \frac{d^2}{dx^2}f(x),\quad D_x^2f(x)$$

等で表す．

同様にして，第 3 次微係数，第 4 次微係数，$\cdots$，第 k 次微係数や第 3 次導関数，第 4 次導関数，$\cdots$，第 k 次導関数およびそれらの導関数の記号

$$f^{(k)}(x),\quad \frac{d^k f}{dx^k}(x),\quad \frac{d^k}{dx^k}f(x),\quad D_x^k f(x)$$

等が定義される．

次に，平均値の定理およびテイラーの定理の証明に重要なロル (Rolle) の定理を与える．

> **定理 A.3.4.** (**ロル** (Rolle) **の定理**)
> 関数 $f(x)$ が閉区間 $[a,b]$ $(a<b)$ で連続で，開区間 (a,b) で微分可能であり，$f(a)=f(b)$ とする．このとき，$f'(\xi)=0$ を満たす ξ が開区間内，すなわち，$a<\xi<b$ に存在する．

証明． $F(x)=f(x)-f(a)$ とおくと，$F(x)$ は閉区間 $[a,b]$ で連続で，開区間 (a,b) で微分可能となり，さらに，$F(b)=F(a)=0$ を満たす．このとき，閉区間 $[a,b]$ は E^1 のコンパクト集合であることより，ワイエルシュトラスの定理 (定理 2.5 参照) を適用すると，$F(x)$ の最大値 M および最小値 m に対して，$M=F(\xi)$ および $m=F(\nu)$ を満たす ξ および ν が閉区間 $[a,b]$ に存在する．そこで，次の 3 つの場合に分けて定理の証明を与える．

1. $M=m$ ならば，すべての $x\in[a,b]$ で $F(x)=0$ であるから，任意の点 $\xi\,(a<\xi<b)$ に対して，$F'(\xi)=0$ が示される．

2. $M>0$ ならば，$F(b)=F(a)=0$ を満たすことより，$F(\xi)=M$ を満たす点 ξ が開区間 (a,b) に存在する．そこで，ある正の実数 $\delta>0$ が存在し，$0<h<\delta$ を満たす任意の実数 h に対して，$(\xi-h,\xi+h)\subset(a,b)$ を満たし，

$$\frac{F(\xi+h)-F(\xi)}{h}\leq 0,\qquad \frac{F(\xi-h)-F(\xi)}{-h}\geq 0$$

が成り立つようにできる．これらの不等式で $h\downarrow 0$ とすると，上式の左側より $F'(\xi)\leq 0$ が示され，さらに，上式の右側より $F'(\xi)\geq 0$ が示されるので，結論として

$$F'(\xi)=0$$

が示される．

3. $m < 0$ のときも同様に，

$$F'(\xi) = 0$$

を満たす点 ξ が開区間 (a, b) に存在する．

以上より，$F'(\xi) = 0$ が存在し，定数 $f(a)$ の微分は零に等しいことを思い出すことで $F'(\xi) = f'(\xi)$ が得られ，$f'(\xi) = 0$ が示され，証明は終わる． □

定理 A.3.5. (平均値の定理)
関数 $f(x)$ が閉区間 $[a, b]$ で連続で，開区間 $I = (a, b)$ で微分可能であるとする．このとき，任意の $x, y \in I$ $(x < y)$ に対して

$$\frac{f(y) - f(x)}{y - x} = f'(\xi)$$

を満たす点 ξ $(x < \xi < y)$ が存在する．

証明． まず，

$$\frac{f(y) - f(x)}{y - x} = s$$

とおくと，$f(y) - f(x) - s(y - x) = 0$ となる．そこで，関数 $G(z) = f(y) - f(z) - s(y - z)$ は開区間 (a, b) で微分可能であることより，I の部分閉区間 $[x, y]$ で連続となる．さらに，$G(y) = G(x) = 0$ が成立している．よって，ロルの定理より，$G'(\xi) = 0$ を満たす ξ が開区間内，すなわち，$x < \xi < y$ に存在する．したがって，$G'(\xi) = -f'(\xi) + s$ が得られるから

$$f'(\xi) = s = \frac{f(y) - f(x)}{y - x}$$

が示され，証明は終わる． □

この平均値の定理で，特に

$$\frac{\xi - x}{y - x} = \theta$$

とおくと，$0 < \theta < 1$ で $\xi = x + \theta(y - x)$ と書けることより，平均値の定理における等式は次のように与えられる

$$f(y) = f(x) + (y - x)f'\{x + \theta(y - x)\}$$

さらに，f が 2 回微分可能のときには，上の平均値の定理は次のように拡張した形で与えられる．

$$f(y) = f(x) + (y-x)f'(x) + \frac{(y-x)^2}{2!}f''\{x+\theta(y-x)\} \quad (0 < \theta < 1)$$

上の式を示すには，s を次式

$$f(y) - f(x) - f'(x)(y-x) = s(y-x)^2$$

を満たすようにおき，

$$G(z) = f(y) - f(z) - f'(z)(y-z) - s(y-z)^2$$

とすると，$G(y) = G(x) = 0$ が成立し，$G'(\xi) = 0$ を満たす ξ が開区間内，すなわち，$x < \xi < y$ に存在する．したがって，

$$G'(\xi) = (y-\xi)(2s - f''(\xi))$$

が得られることから

$$s = \frac{1}{2}f''(\xi)$$

が求められ，

$$\frac{\xi - x}{y - x} = \theta$$

とおくと，$0 < \theta < 1$ で $\xi = x + \theta(y-x)$ と書けるので，求める結果が示される．

これらの結果をさらに拡張し，次のテイラーの定理としてまとめて述べておくことにする．

定理 A.3.6.（テイラー (Taylor) の定理）

関数 $f(x)$ が開区間 $I = (a,b)$ で第 k 次まで微分可能であり，第 $k-1$ 次までの導関数が区間 I の閉区間 $[a,b]$ で連続であるとする．このとき，任意の $x, y \in I$ $(x < y)$ に対して

$$f(y) = f(x) + f'(x)(y-x) + \frac{f''(x)}{2!}(y-x)^2 + \cdots + \frac{f^{k-1}(x)}{(k-1)!}(y-x)^{k-1} + \frac{f^k(x+\theta(y-x))}{k!}(y-x)^k$$

を満たす θ $(0 < \theta < 1)$ が存在する．

A.4　偏微分および全微分

S を E^n の空でない部分集合とし，関数 $f: S \to E^1$ とする．ここで，ベクトル $\boldsymbol{x}_0 \in \mathrm{int}S$ (ただし，$\mathrm{int}S$ は S の内部) について，ある正の実数 $\delta > 0$ が存在して $0 < |h_i| < \delta$ を満たす任意の実数 h_i に対して，$\boldsymbol{x}_0 + h_i\boldsymbol{e}_i \in S$ を満たしているとする．ただし，$\boldsymbol{e}_i \in E^n$ は第 i 番目の要素が 1 で，他の要素を零とするベクトル，すなわち，

$$\boldsymbol{e}_i = (0, 0, \cdots, 0, 1, 0, \cdots, 0)^t$$

を示している．ただし，記号 t はベクトルの転置を表している．これらのベクトル $\boldsymbol{e}_i$ $(i = 1, 2, \cdots, n)$ は E^n の標準基底を作っており，その各ベクトルを基本ベクトルと呼ぶ (本文 1 章 2 節参照)．このとき，上の条件を満たす実数 h_i に対して，

$$\lim_{h_i \to 0} \frac{f(\boldsymbol{x}_0 + h_i\boldsymbol{e}_i) - f(\boldsymbol{x}_0)}{h_i}$$

が有限な値をとるとき，その極限値を $f_{x_i}(\boldsymbol{x}_0)$ とおき，$f_{x_i}(\boldsymbol{x}_0)$ をベクトル $\boldsymbol{x}_0$ における f の x_i に関する偏微分係数と呼び，f はベクトル $\boldsymbol{x}_0$ で x_i に関して偏微分可能であると呼ぶ．特に，f が S のすべてのベクトルで x_i に関して偏微分可能であるとき，S の x_i に関する偏微分係数は S の上の関数となるので，$f_{x_i}(\boldsymbol{x})$ を x_i に関する偏導関数と呼び，記号

$$f_{x_i}(\boldsymbol{x}), \quad \frac{\partial f}{\partial x_i}(\boldsymbol{x})$$

等で表す．

同様にして，すべての x_k $(k = 1, 2, \cdots, i, \cdots, n)$ に関する偏微分係数および偏導関数を求めることができる．そして，x_k $(k = 1, 2, \cdots, i, \cdots, n)$ に関するすべての偏導関数 $f_{x_k}(\boldsymbol{x})$ が S で連続のとき f は C^1 級の関数と呼び，記号で $f \in C^1(S)$ と書く．また，微分とは関係なく，一般に関数 f が S で連続のとき f は C 級の関数と呼び，記号で $f \in C(S)$ と書く．

次に，f の x_i に関する偏導関数 $f_{x_i}(\boldsymbol{x})$ がさらに x_k に関して偏微分可能であるとき，これらを偏微分したものを第 2 次偏導関数と呼び，記号

$$f_{x_i x_k}(\boldsymbol{x}), \quad \frac{\partial^2 f}{\partial x_i x_k}(\boldsymbol{x})$$

等で表す．そして，すべての第 2 次偏導関数 $f_{x_i x_k}(\boldsymbol{x})$ $(i,k=1,2,\cdots,n)$ が S で連続のとき f は C^2 級の関数と呼び，記号で $f \in C^2(S)$ と書く．第 m 次偏導関数等も同様に定義される．

定理 A.4.7. S を E^n の空でない開凸集合とし，関数 $f: S \to E^1$ が S において $f \in C^1(S)$ とする．このとき，任意のベクトル $\boldsymbol{x}, \boldsymbol{y} \in S$ に対して，

$$f(\boldsymbol{y}) = f(\boldsymbol{x}) + \langle \nabla f(\boldsymbol{x}), \boldsymbol{y}-\boldsymbol{x} \rangle + \|\boldsymbol{y}-\boldsymbol{x}\| \alpha(\boldsymbol{x}:\boldsymbol{y}-\boldsymbol{x})$$

と表せる．ここで，$\nabla f(\boldsymbol{x}) = (f_{x_1}(\boldsymbol{x}), f_{x_2}(\boldsymbol{x}), \cdots, f_{x_n}(\boldsymbol{x}))^t$ で $\alpha: E^n \to E^1$ は $\lim_{\boldsymbol{y}\to\boldsymbol{x}} \alpha(\boldsymbol{x}:\boldsymbol{y}-\boldsymbol{x}) = 0$ を満たす実関数である．

証明. $\boldsymbol{y} = (y_1, y_2, \cdots, y_n)^t, \boldsymbol{x} = (x_1, x_2, \cdots, x_n)^t \in S$ に対して，記号 $(\boldsymbol{x}^i, \boldsymbol{y}) = (x_1, x_2, \cdots, x_i, y_{i+1}, y_{i+2}, \cdots, y_n)^t$ $(i = 0, 1, 2, \cdots, n)$ を用いて，次の式が得られる．

$$f(\boldsymbol{y}) - f(\boldsymbol{x}) = \sum_{i=0}^{n-1} (f(\boldsymbol{x}^i, \boldsymbol{y}) - f(\boldsymbol{x}^{i+1}, \boldsymbol{y}))$$

この式の各 $f(\boldsymbol{x}^i, \boldsymbol{y}) - f(\boldsymbol{x}^{i+1}, \boldsymbol{y})$ のベクトル $(\boldsymbol{x}^i, \boldsymbol{y})$ の第 $i+1$ 番目の要素に関する 1 変数に平均値の定理を適用すると，

$$f(\boldsymbol{x}^i, \boldsymbol{y}) - f(\boldsymbol{x}^{i+1}, \boldsymbol{y}) = (y_{i+1} - x_{i+1}) f_{x_{i+1}}((\boldsymbol{x}^{i+1}, \boldsymbol{y}) + \theta_{i+1}(y_{i+1} - x_{i+1}) \boldsymbol{e}_{i+1})$$

ただし，$\boldsymbol{e}_{i+1}$ は第 $i+1$ 番目の要素が 1 で，他の要素は零である E^n の基本ベクトルを示しており，もちろん，0 より大きく 1 より小さい θ_{i+1} (すなわち，$0 < \theta_{i+1} < 1$) が存在する．このとき，$f \in C^1$ であることより，

$$f_{x_{i+1}}((\boldsymbol{x}^{i+1}, \boldsymbol{y}) + \theta_{i+1}(y_{i+1} - x_{i+1}) \boldsymbol{e}_{i+1}) = f_{x_{i+1}}(\boldsymbol{x}) + \varepsilon_{i+1}$$

とおけば，$\boldsymbol{y} - \boldsymbol{x} \to \boldsymbol{\theta}$ のときに $\varepsilon_{i+1} \to 0$ が成立する．ここで，ε_{i+1} は $\boldsymbol{x}$ と $\boldsymbol{y} - \boldsymbol{x}$ に従属している実関数を表している．

上の等式を総合すると，次の式が得られる．

$$f(\boldsymbol{y}) - f(\boldsymbol{x}) = \sum_{i=0}^{n-1} (f_{x_{i+1}}(\boldsymbol{x}) + \varepsilon_{i+1})(y_{i+1} - x_{i+1})$$

すなわち，

$$f(\boldsymbol{y}) - f(\boldsymbol{x}) = \langle \nabla f(\boldsymbol{x}), \boldsymbol{y} - \boldsymbol{x} \rangle + \sum_{i=0}^{n-1} \varepsilon_{i+1}(y_{i+1} - x_{i+1})$$

ここで，$\{\sum_{i=0}^{n-1} \varepsilon_{i+1}(y_{i+1} - x_{i+1})\}^2 \leq \|\boldsymbol{y} - \boldsymbol{x}\|^2 (\sum_{i=0}^{n-1} \varepsilon_{i+1}^2)$ から，

$$\frac{|\sum_{i=0}^{n-1} \varepsilon_{i+1}(y_{i+1} - x_{i+1})|}{\|\boldsymbol{y} - \boldsymbol{x}\|} \leq \sqrt{\sum_{i=0}^{n-1} \varepsilon_{i+1}^2}$$

が成立するので，

$$\alpha = \frac{\sum_{i=0}^{n-1} \varepsilon_{i+1}(y_{i+1} - x_{i+1})}{\|\boldsymbol{y} - \boldsymbol{x}\|}$$

とおけば，この実関数 α は定理の条件を満たしていることが示され，証明は終わる． □

定義 9.1 における意味で微分可能の概念は，多変数関数の全微分可能に対応する概念であるので，この付録では全微分可能の用語を用いることにする．

定理 A.4.8. S を E^n の空でない開凸集合とし，関数 $f : S \to E^1$ が S において全微分可能であるとする．すなわち，任意のベクトル $\boldsymbol{x}, \boldsymbol{y} \in S$ に対して，

$$f(\boldsymbol{y}) = f(\boldsymbol{x}) + \langle \boldsymbol{\xi}, \boldsymbol{y} - \boldsymbol{x} \rangle + \|\boldsymbol{y} - \boldsymbol{x}\| \alpha(\boldsymbol{x} : \boldsymbol{y} - \boldsymbol{x})$$

が成立していると仮定する．ただし，実関数 $\alpha : E^n \to E^1$ は $\lim_{\boldsymbol{y} \to \boldsymbol{x}} \alpha(\boldsymbol{x} : \boldsymbol{y} - \boldsymbol{x}) = 0$ を満たしている．このとき，f は S で連続でしかも偏微分可能となり，次が成立する．

$$\boldsymbol{\xi} = \nabla f(\boldsymbol{x})$$

証明． 全微分可能であるから

$$f(\boldsymbol{y}) - f(\boldsymbol{x}) = \langle \boldsymbol{\xi}, \boldsymbol{y} - \boldsymbol{x} \rangle + \|\boldsymbol{y} - \boldsymbol{x}\| \alpha(\boldsymbol{x} : \boldsymbol{y} - \boldsymbol{x})$$

が成り立つ．上式で，実関数 α は $\lim_{\boldsymbol{y} \to \boldsymbol{x}} \alpha(\boldsymbol{x} : \boldsymbol{y} - \boldsymbol{x}) = 0$ を満たすことより，f は S で連続となることが容易に理解される．

次に，S が開集合であることから，ある正の実数 $\delta > 0$ が存在して，$0 < |h_i| < \delta$ を満たす任意の実数 h_i に対して $\boldsymbol{x} + h_i \boldsymbol{e}_i \in S$ を満たしているとする．ただし，$\boldsymbol{e}_i$ は基本ベクトルを示している．このとき，上の条件を満たす任意の

実数 h_i を用いて $\boldsymbol{y} = \boldsymbol{x} + h_i \boldsymbol{e}_i$ とおくと，

$$f(\boldsymbol{x} + h_i \boldsymbol{e}_i) - f(\boldsymbol{x}) = \xi_i h_i + |h_i| \alpha(\boldsymbol{x} : h_i \boldsymbol{e}_i)$$

が得られる．ただし，ξ_i はベクトル $\boldsymbol{\xi}$ の第 i 番目の要素を示している．よって，$h_i \to 0$ とすると，

$$\xi_i = \lim_{h_i \to 0} \frac{f(\boldsymbol{x} + h_i \boldsymbol{e}_i) - f(\boldsymbol{x})}{h_i}$$

が得られ，

$$f_{x_i}(\boldsymbol{x}) = \xi_i$$

が示され，証明は終わる． □

定理 A.4.9. S を E^n の空でない開凸集合とし，関数 $f : S \to E^1$ が S において $f \in C^2(S)$ ならば，任意のベクトル $\boldsymbol{x} \in S$ と任意の $i, k = 1, 2, \cdots, n$ に対して，次が成立する．

$$\frac{\partial^2 f}{\partial x_i x_k}(\boldsymbol{x}) = \frac{\partial^2 f}{\partial x_k x_i}(\boldsymbol{x})$$

証明. S が開集合であるから，ある正の実数 $\delta > 0$ が存在して，$0 < |h_i| < \delta$, $0 < |h_k| < \delta$ を満たす任意の実数 h_i, h_k に対して，$\boldsymbol{x} + h_i \boldsymbol{e}_i, \boldsymbol{x} + h_k \boldsymbol{e}_k, \boldsymbol{x} + h_i \boldsymbol{e}_i + h_k \boldsymbol{e}_k \in S$ を満たしているとする．ただし，$\boldsymbol{e}_i, \boldsymbol{e}_k$ は基本ベクトルを示している．このとき，上の条件を満たす実数 h_i, h_k を用いて

$$\begin{aligned} K(\boldsymbol{x}, h_i, h_k) &= f(\boldsymbol{x} + h_i \boldsymbol{e}_i + h_k \boldsymbol{e}_k) - f(\boldsymbol{x} + h_i \boldsymbol{e}_i) - f(\boldsymbol{x} + h_k \boldsymbol{e}_k) - f(\boldsymbol{x}) \\ G(\boldsymbol{x}, h_i) &= f(\boldsymbol{x} + h_i \boldsymbol{e}_i) - f(\boldsymbol{x}) \\ H(\boldsymbol{x}, h_k) &= f(\boldsymbol{x} + h_k \boldsymbol{e}_k) - f(\boldsymbol{x}) \end{aligned}$$

とおくと，

$$K(\boldsymbol{x}, h_i, h_k) = G(\boldsymbol{x} + h_i \boldsymbol{e}_i, h_k) - G(\boldsymbol{x}, h_k)$$

が得られ，第 i 番目の変数に関する平均値の定理を適用して

$$\begin{aligned} K(\boldsymbol{x}, h_i, h_k) &= h_i G_{x_i}(\boldsymbol{x} + \theta_1 h_i \boldsymbol{e}_i, h_k) \\ &= h_i (f_{x_i}(\boldsymbol{x} + \theta_1 h_i \boldsymbol{e}_i + h_k \boldsymbol{e}_k) - f_{x_i}(\boldsymbol{x} + \theta_1 h_i \boldsymbol{e}_i)) \end{aligned}$$

が示され，もちろん，$0 < \theta_1 < 1$ である．

再度，この式に第 k 番目の変数に関する平均値の定理を適用して

$$K(\boldsymbol{x}, h_i, h_k) = h_i h_k f_{x_i x_k}(\boldsymbol{x} + \theta_1 h_i \boldsymbol{e}_i + \theta_2 h_k \boldsymbol{e}_k)$$

が得られる．ここでも，もちろん，$0<\theta_2<1$ である．

次に，同様に

$$K(\boldsymbol{x},h_i,h_k)=H(\boldsymbol{x}+h_k\boldsymbol{e}_k,h_i)-H(\boldsymbol{x},h_i)$$

から

$$K(\boldsymbol{x},h_i,h_k)=h_ih_kf_{x_kx_i}(\boldsymbol{x}+\theta_3h_i\boldsymbol{e}_i+\theta_4h_k\boldsymbol{e}_k)$$

が示され，$0<\theta_3<1$, $0<\theta_4<1$ である．したがって，

$$f_{x_ix_k}(\boldsymbol{x}+\theta_1h_i\boldsymbol{e}_i+\theta_2h_k\boldsymbol{e}_k)=f_{x_kx_i}(\boldsymbol{x}+\theta_3h_i\boldsymbol{e}_i+\theta_4h_k\boldsymbol{e}_k)$$

が得られ，$f_{x_ix_k}, f_{x_kx_i}$ はともに連続であるから，$h_i, h_k\to 0$ として結論が示され，証明は終わる． □

定理 A.4.10. 実直線 E^1 の開区間 $I=(a,b)$ $(a<b)$ を定義域とし，$I=(a,b)\,(a<b)$ で微分可能な n 個の関数 $\phi_i:I\to E^1, i=1,2,\cdots,n$ が与えられており，すべての実数 $t\in I$ に対して，$\boldsymbol{x}=(\phi_1(t),\phi_2(t),\cdots,\phi_n(t))^t\in S$ とする．ここで，S を E^n の空でない開凸集合とし，関数 $f:S\to E^1$ が S において C^1 級の関数とする．このとき，合成関数

$$F(t)=f(\phi_1(t),\phi_2(t),\cdots,\phi_n(t))$$

は開区間 I で微分可能となり

$$\frac{dF}{dt}(t)=\langle\nabla f(\boldsymbol{x}),\frac{\boldsymbol{d\phi}}{\boldsymbol{dt}}(t)\rangle$$

が得られる．ただし，記号

$$\frac{\boldsymbol{d\phi}}{\boldsymbol{dt}}(t)=(\frac{d\phi_1}{dt}(t),\frac{d\phi_2}{dt}(t),\cdots,\frac{d\phi_n}{dt}(t))^t$$

が用いられている．

この定理は定理 A.4.8 と同様の計算で求められ，さらに f が S において C^2 級の関数ならば，上の合成関数は開区間 I で 2 回微分可能となり，その第 2 次導関数は次の式で与えられる．

$$\frac{d^2F}{dt^2}(t)=(\frac{\boldsymbol{d\phi}}{\boldsymbol{dt}}(t))^tH(\boldsymbol{x})\frac{\boldsymbol{d\phi}}{\boldsymbol{dt}}(t)$$

ただし，$H(\boldsymbol{x})$ はベクトル $\boldsymbol{x}$ における f のヘッセ行列を示している．

定理 A.4.11. (平均値の定理 (多変数))
S を E^n の空でない開凸集合とし，関数 $f: S \to E^1$ が S において C^1 級であるとする．このとき，任意の 2 つのベクトル $\boldsymbol{x}, \boldsymbol{y} \in S$ に対して

$$f(\boldsymbol{y}) - f(\boldsymbol{x}) = \langle \nabla f((1-\theta)\boldsymbol{x} + \theta\boldsymbol{y}), \boldsymbol{y} - \boldsymbol{x} \rangle$$

を満足する実数 θ $(0 < \theta < 1)$ が存在する．

証明. 2 つのベクトル $\boldsymbol{x}, \boldsymbol{y} \in S$ に対して，それらの各ベクトルの第 i 要素を x_i および y_i とおき，$\phi_i(t) = x_i + t(y_i - x_i)$ $(i = 1, 2, \cdots, n)$ と定義する．このとき，$\phi_i(t)$ は変数 t について，もちろん，微分可能で $f \in C^1(S)$ であるから，合成関数

$$F(t) = f(\phi_1(t), \phi_2(t), \cdots, \phi_n(t))$$

は t に関して微分可能となる．よって，1 変数 t についての平均値の定理を適用して

$$F(t) = F(0) + tF'(\theta t) \quad (0 < \theta < 1)$$

が得られるので，$t = 1$ とおくと，

$$F(1) = f(\boldsymbol{y}),\ F(0) = f(\boldsymbol{x}),\ F'(\theta) = \langle \nabla f((1-\theta)\boldsymbol{x} + \theta\boldsymbol{y}), \boldsymbol{y} - \boldsymbol{x} \rangle$$

が成立しているので，定理の結論が示され，証明は終わる．□

定理 A.4.12. (テイラーの定理 (多変数))
S を E^n の空でない開凸集合とし，関数 $f: S \to E^1$ が S において C^2 級であるとする．このとき，任意の 2 つのベクトル $\boldsymbol{x}, \boldsymbol{y} \in S$ に対して

$$f(\boldsymbol{y}) = f(\boldsymbol{x}) + \langle \nabla f(\boldsymbol{x}), \boldsymbol{y} - \boldsymbol{x} \rangle + \frac{1}{2!}(\boldsymbol{y} - \boldsymbol{x})^t H(\overline{\boldsymbol{x}})(\boldsymbol{y} - \boldsymbol{x})$$

が成立する．ここで，$\overline{\boldsymbol{x}} = (1-\theta)\boldsymbol{x} + \theta\boldsymbol{y}$ で表され，θ は $0 < \theta < 1$ を満たしている実数である．

証明. 上の定理におけると同様の合成関数

$$F(t) = f(\phi_1(t), \phi_2(t), \cdots, \phi_n(t))$$

は t に関して 2 回微分可能となり，1 変数についてのテイラーの定理を適用して

$$F(t) = F(0) + tF'(t) + \frac{1}{2!}t^2 F''(\theta t) \quad (0 < \theta < 1)$$

が得られるので，$t=1$ とおくと，

$$F(1)=f(\boldsymbol{y}),\ F(0)=f(\boldsymbol{x}),\ F'(\theta)=\langle\nabla f((1-\theta)\boldsymbol{x}+\theta\boldsymbol{y},\boldsymbol{y}-\boldsymbol{x}\rangle$$

が得られ，さらに

$$F''(\theta)=(\boldsymbol{y}-\boldsymbol{x})^t H(\overline{\boldsymbol{x}})(\boldsymbol{y}-\boldsymbol{x}),\ \ \overline{\boldsymbol{x}}=(1-\theta)\boldsymbol{x}+\theta\boldsymbol{y}\ \ (0<\theta<1)$$

が示されるので，定理の結論が得られ，証明は終わる． □

A.5 積　分

実関数列の一様収束の定義を与え，積分との関連性について簡単に述べる．

定義 A.5.2. 実関数列 f_k $(k=1,2,\cdots)$ と実関数 f は E^n の有界閉集合 K，すなわち，コンパクト集合上で定義されている．このとき，任意の正の実数 $\varepsilon>0$ に対して，自然数 N が存在し，すべての $k\geq N$ と任意のベクトル $\boldsymbol{x}\in K$ に対して，

$$|f_k(\boldsymbol{x})-f(\boldsymbol{x})|<\varepsilon$$

が成立しているとき，関数列 f_k $(k=1,2,\cdots)$ は K 上で f に**一様収束**していると呼ぶ．

上の定義より，実関数列 f_k $(k=1,2,\cdots)$ が f に K 上で各点収束している．このとき，任意の $\varepsilon>0$ に対して，定義の条件を満たす自然数 N が K の中のベクトルに無関係に選べることが収束の一様性に当たっている．

命題 A.5.3. 実関数列 f_k $(k=1,2,\cdots)$ と実関数 f は E^n の有界閉集合 K 上で定義されており，f_k $(k=1,2,\cdots)$ は K 上で f に一様収束しているとする．このとき，f は K 上で連続である．

証明. $\boldsymbol{x}_0$ を K の任意のベクトルとするとき，f が $\boldsymbol{x}_0$ で連続であることを示せば証明は終わる．そこで，まず，一様収束の定義より，任意の正の実数 $\varepsilon>0$ に対して，自然数 N が存在して，すべての $k\geq N$ と任意のベクトル $\boldsymbol{x}\in K$ に対して，

$$|f_k(\boldsymbol{x})-f(\boldsymbol{x})|<\frac{1}{3}\varepsilon$$

が成立している．上の N を固定し，この N に対応する関数 f_N はベクトル $\boldsymbol{x}_0$ で連続であるから，ある正の実数 $\delta>0$ が存在し，すべてのベクトル

$\boldsymbol{x} \in N_\delta(\boldsymbol{x}_0) \cap K$ に対して，

$$|f_N(\boldsymbol{x}) - f_N(\boldsymbol{x}_0)| < \frac{1}{3}\varepsilon$$

とできる．よって，すべてのベクトル $\boldsymbol{x} \in N_\delta(\boldsymbol{x}_0) \cap K$ に対して，

$$\begin{aligned} |f(\boldsymbol{x}) - f(\boldsymbol{x}_0)| &\leq |f(\boldsymbol{x}) - f_N(\boldsymbol{x})| + |f_N(\boldsymbol{x}) - f_N(\boldsymbol{x}_0)| + |f_N(\boldsymbol{x}_0) - f(\boldsymbol{x}_0)| \\ &< \frac{1}{3}\varepsilon + \frac{1}{3}\varepsilon + \frac{1}{3}\varepsilon = \varepsilon \end{aligned}$$

が得られ，f は $\boldsymbol{x}_0$ で連続となることが示され，証明は終わる． □

実関数 f が E^n の有界閉集合 K 上で定義され，連続であるとき，重積分

$$\int\int\cdots\int_K f(x_1, x_2, \cdots, x_n)dx_1dx_2\cdots dx_n$$

は必ず存在する．以下の説明では，この重積分の値を記号

$$\int_K f(\boldsymbol{x})d\boldsymbol{x}$$

で表し，重積分に関する 2 つの定理を与える．

定理 A.5.13. m 個の実関数 f_k $(k = 1, 2, \cdots, m)$ と実関数 f, g が E^n の有界閉集合 K 上で定義されており，各 f_k と f, g は K 上で連続であるとする．このとき，次の事柄が成立する．

(1) $$\sum_{k=1}^{m}\int_K f_k(\boldsymbol{x})d\boldsymbol{x} = \int_K (\sum_{k=1}^{m} f_k(\boldsymbol{x}))d\boldsymbol{x}$$

(2) 任意の定数 $c \in E^1$ に対して，

$$c\int_K f(\boldsymbol{x})d\boldsymbol{x} = \int_K cf(\boldsymbol{x})d\boldsymbol{x}$$

(3) K 上のすべてのベクトル $\boldsymbol{x}$ に対して，常に $f(\boldsymbol{x}) \leq g(\boldsymbol{x})$ が成り立つとき，

$$\int_K f(\boldsymbol{x})d\boldsymbol{x} \leq \int_K g(\boldsymbol{x})d\boldsymbol{x}$$

(4) $|f|$ は積分可能であり，

$$|\int_K f(\boldsymbol{x})d\boldsymbol{x}| \leq \int_K |f(\boldsymbol{x})|d\boldsymbol{x}$$

上の定理の内容は，重積分の定義より容易に理解できる初等的な性質を述べたもので，証明は省略する．

定理 A.5.14.（**一様収束と積分**）
実関数列 f_k $(k=1,2,\cdots)$ と実関数 f が E^n の有界閉集合 K 上で定義されており，各 f_k は K 上で連続で，f_k は K 上で f に一様収束している．このとき，次が成立する．

$$\lim_{k\to\infty}\int_K f_k(\boldsymbol{x})d\boldsymbol{x}=\int_K f(\boldsymbol{x})d\boldsymbol{x}$$

証明. 各 f_k が E^n の有界閉集合 K で連続で，K 上で f_k が $f(\boldsymbol{x})$ に一様収束しているので，上の命題より，$f(\boldsymbol{x})$ は連続となり，積分

$$\int_K f_k(\boldsymbol{x})d\boldsymbol{x},\quad \int_K f(\boldsymbol{x})d\boldsymbol{x}$$

は存在する．また，一様収束の定義より，任意の正の実数 $\varepsilon>0$ に対して，自然数 N が存在して，すべての $k\geq N$ と任意のベクトル $\boldsymbol{x}\in K$ に対して，

$$|f_k(\boldsymbol{x})-f(\boldsymbol{x})|<\varepsilon$$

が成立しているので，

$$\begin{aligned}|\int_K f_k(\boldsymbol{x})d\boldsymbol{x}-\int_K f(\boldsymbol{x})d\boldsymbol{x}| &\leq \int_K |f_k(\boldsymbol{x})-f(\boldsymbol{x})|d\boldsymbol{x}\\ &<\varepsilon V(K)\end{aligned}$$

が得られる．ただし，$V(K)$ は K の体積を示している．よって，$V(K)$ は有限であるから，収束の定義より，

$$\lim_{k\to\infty}\int_K f_k(\boldsymbol{x})d\boldsymbol{x}=\int_K f(\boldsymbol{x})d\boldsymbol{x}$$

が示され，証明は終わる．　□

A.6　行列および行列式

本文のいろいろな場面で，行列と行列式についての性質を解説なしで用いている．そこで，行列と行列式についての簡単な解説を与える．

定義 A.6.3. mn 個の実数 a_{ij} $(i=1,2,\cdots,n;j=1,2,\cdots,m)$ を縦に n 個，

横に m 個並べたもの

$$A = \begin{pmatrix} a_{11} & a_{12} & \cdots & a_{1m} \\ a_{21} & a_{22} & \cdots & a_{2m} \\ \vdots & \vdots & \ddots & \vdots \\ a_{n1} & a_{n2} & \cdots & a_{nm} \end{pmatrix}$$

を n 行 m 列の行列 (matrix)，あるいは，簡単に $n \times m$ 行列と呼ぶ．

この定義の実数 a_{ij} を行列 A の第 (i,j) 成分 (element) と呼び，誤解が起らないときには，行列 A を簡単に $A = [a_{ij}]$ と略記することもあり，ここではこの略記号を用いることが多い．また，$n = m$ のとき，$n \times n$ 行列を n 次の**正方行列** (square matrix) と呼ぶ．特に，すべての成分が零である $n \times m$ 行列を**零行列** (zero matrix) と呼び，記号で $O_{n,m}$ と表すが，特に混同しない限り O と書く．また，n 次の正方行列で $i \neq j$ に対して $a_{ij} = 0$ で，各 i に対して $a_{ii} = 1$ となる成分をもつもの，すなわち，すべての第 (i,j) 成分がクロネッカーの記号 δ_{ij} で書ける正方行列を n 次の**単位行列** (identity matrix) と呼び，記号で I と表す．

定義 A.6.4. 2 つの $n \times m$ 行列 $A = [a_{ij}]$，$B = [b_{ij}]$ に対して，すべての第 (i,j) 成分が等しいとき，すなわち，すべての $i = 1, 2, \cdots, n, j = 1, 2, \cdots, m$ に対して，

$$a_{ij} = b_{ij}$$

が成り立つとき，A と B は等しいと呼び，記号で $A = B$ と表す．

定義 A.6.5. 2 つの $n \times m$ 行列 $A = [a_{ij}]$，$B = [b_{ij}]$ から作られる $n \times m$ 行列

$$[a_{ij} + b_{ij}]$$

を A と B の和行列と呼び，記号で $A + B$ と表す．

定義 A.6.6. 実数 α と $n \times m$ 行列 $A = [a_{ij}]$ から作られる $n \times m$ 行列

$$[\alpha a_{ij}]$$

を α と A との積と呼び，記号で αA と表し，特に，$\alpha = -1$ のときに $(-1)A$ を $-A$ と書く．

上の行列の和および実数との積について，それらの定義より容易に理解できる初等的な事柄を，定理の形にまとめておくことにする．

定理 A.6.15. 3つの $n \times m$ 行列 A, B, C と2つの実数 $\alpha, \beta \in E^1$ に対して，次の事柄が成立する．

(1) $(A+B)+C = A+(B+C) = A+B+C$ (和の結合法則)

(2) $A+B = B+A$ (和の交換法則)

(3) $\alpha(A+B) = \alpha A + \alpha B$

(4) $(\alpha+\beta)A = \alpha A + \beta A$

(5) $(\alpha\beta)A = \alpha(\beta A)$

(6) $1A = A,\quad 0A = O$

(7) $A + O = A,\quad A - A = O$

次に，行列の積の定義と性質を与える．

定義 A.6.7. 2つの $n \times p$ 行列 $A = [a_{ik}]$ と $p \times m$ 行列 $B = [b_{kj}]$ から作られる $n \times m$ 行列 $C = [c_{ij}]$ を A と B との積行列と呼び，記号で AB と表す．ただし，

$$c_{ij} = \sum_{k=1}^{p} a_{ik} b_{kj} \quad (i = 1, 2, \cdots, n; j = 1, 2, \cdots, m)$$

この定義から n 次の正方行列 A, B に対して，必ずしも $AB = BA$ が成り立つとは限らないことが容易に確かめられる．すなわち，一般には $AB \neq BA$ である．

定義 A.6.8. 2つの n 次の正方行列 A, B に対して，$AB = BA$ が成り立つとき，A と B は**可換**であると呼ぶ．

上の行列の積について，それらの定義より容易に理解できる初等的な事柄を，定理の形にまとめておくことにする．

定理 A.6.16. 次の事柄が成立する．

(1) $n \times p$ 行列 A，$p \times q$ 行列 B，$q \times m$ 行列 C に対して，

$$(AB)C = A(BC) = ABC \quad \text{(積の結合法則)}$$

(2) $n \times p$ 行列 A と $p \times m$ 行列 B, C に対して,

$$A(B+C) = AB + AC \quad (\text{積と和の分配法則})$$

(3) $n \times p$ 行列 A, B と $p \times m$ 行列 C に対して,

$$(A+B)C = AC + BC$$

定義 A.6.9. $n \times m$ 行列 $A = [a_{ij}]$ と $m \times n$ 行列 $B = [b_{ij}]$ に対して,

$$a_{ij} = b_{ji} \quad (\text{すべての } i = 1, 2, \cdots, n; j = 1, 2, \cdots, m)$$

が成り立つとき, B を A の**転置行列**と呼び, 記号で $B = A^t$ と表す.

定義 A.6.10. 正方行列 A が $A = A^t$ を満たすとき, A は**対称行列** (symmetric) であると呼ぶ.

定理 A.6.17. 2つの n 次の正方行列 A, B と実数 $\alpha \in E^1$ に対して, 次の事柄が成り立つ.

(1) $(A^t)^t = A$

(2) $(A+B)^t = A^t + B^t$

(3) $(\alpha A)^t = \alpha A^t$

(4) $(AB)^t = B^t A^t$

証明. 転置行列の定義より (1), (2), (3) の証明は容易に与えられるので, (4) の証明のみを以下で与える. n 次の正方行列 $A = [a_{ij}], B = [b_{ij}]$ の積行列 AB の第 (j, i) 成分 d_{ji} は

$$d_{ji} = \sum_{k=1}^{n} a_{jk} b_{ki}$$

で与えられるので, 左辺の第 (i, j) 成分 c_{ij} は

$$c_{ij} = d_{ji}$$

また一方, 右辺の第 (i, j) 成分 e_{ij} は

$$e_{ij} = \sum_{k=1}^{n} b_{ki} a_{jk} = \sum_{k=1}^{n} a_{jk} b_{ki} = d_{ji} = c_{ij}$$

で与えられるので，すべての成分が等しくなり，結論が得られ，証明は終わる．□

一般に，行列は小行列に分割される．例えば，$n \times m$ 行列 A は

$$A = \begin{pmatrix} A_{11} & A_{12} \\ A_{21} & A_{22} \end{pmatrix}$$

ただし，A_{11} は $n_1 \times m_1$ 行列，A_{12} は $n_1 \times m_2$ 行列，A_{21} は $n_2 \times m_1$ 行列，A_{22} は $n_2 \times m_2$ 行列で，$n = n_1 + n_2$，$m = m_1 + m_2$ である．

定義 A.6.11. n 次の正方行列 A に対して，$AB = BA = I$ を満たす n 次の正方行列 B が存在するとき，A は**正則** (nonsingular) であると呼ぶ．この n 次の正方行列 B を A の**逆行列**と呼んで，記号で A^{-1} と表す．

ここで，n 次の正方行列 A に対して，A の逆行列 A^{-1} が存在するとき，A^{-1} はただ1つに定まる．このことは次のように示せる．2 つの逆行列 B, B' が存在したと仮定すると，次の 2 式が成立している．

$$AB = BA = I, \quad AB' = B'A = I$$

ただし，I は単位行列を示している．上の式より $B'(AB) = B'I = B'$ が示され，$(B'A)B = B$ より，$B = B'$ が得られ一意性が示された．よって，逆行列が存在するときには，ただ1つに定まるので，上の定義は意味をもつことが理解される．

また，正則な正方行列 A に対して，$AA^{-1} = A^{-1}A = I$ より A^{-1} は正則行列となり，この式から $(A^{-1})^{-1} = A$ が示される．さらに，2 つの正則行列 A, B に対して，$(AB)(B^{-1}A^{-1}) = A(BB^{-1})A^{-1} = AA^{-1} = I$ が示される．また，同様に $(B^{-1}A^{-1})(AB) = I$ が示され，$(AB)^{-1} = B^{-1}A^{-1}$ が得られる．次に，正則な正方行列 A の転置行列 A^t に対して，$(AA^{-1})^t = I^t = I$ より $(A^{-1})^t A^t = I$ が示され，同様に $A^t(A^{-1})^t = I$ が示されるので，$(A^{-1})^t = (A^t)^{-1}$ が得られる．

上の事柄を，次の定理にまとめておくことにする．

定理 A.6.18. 2 つの n 次の正則な正方行列 A, B に対して，次の事柄が成り立つ．

(1) $(A^{-1})^{-1} = A$

(2) $(AB)^{-1} = B^{-1}A^{-1}$

(3) A^t は正則で，$(A^t)^{-1} = (A^{-1})^t$

n 次の正方行列 $A=[a_{ij}]$ に対して，この行列の対角成分の和を A の**トレース**と呼び，記号で $\mathrm{tr}(A)$ と表す．すなわち

$$\mathrm{tr}(A)=\sum_{i=1}^{n} a_{ii}$$

次の定理は上のトレースに関する性質をまとめたもので，証明もトレースの定義より簡単に与えられる．

定理 A.6.19.

(1) n 次の正方行列 A, B に対して，

$$\mathrm{tr}(A+B)=\mathrm{tr}(A)+\mathrm{tr}(B), \quad \mathrm{tr}(A-B)=\mathrm{tr}(A)-\mathrm{tr}(B)$$

(2) n 次の正方行列 A と実数 α に対して，

$$\mathrm{tr}(\alpha A)=\alpha\mathrm{tr}(A)$$

(3) $n\times m$ 行列 A と $m\times n$ 行列 B に対して，

$$\mathrm{tr}(AB)=\mathrm{tr}(BA)$$

定義 A.6.12. m 次の正方行列 $A=[a_{ij}]$ の**行列式**を，次のように m について帰納的に定義し，記号で $\det[A]$ または $|A|$ と表す．

(1) $m=1$ のとき，実数 α の行列式 $\det[\alpha]=\alpha$

(2) $m=n$ のとき，$\det[A]=\sum_{i=1}^{m} a_{i1}A_{i1}$

ただし，A_{i1} は，A から 第 i 行と 第 1 列を除いた $(n-1)$ 次の正方行列の行列式の値と $(-1)^{i+1}$ の積で作られる実数，すなわち，

$$A_{i1}=(-1)^{i+1}\begin{vmatrix} a_{12} & a_{13} & \cdots & a_{1n} \\ \vdots & \vdots & \ddots & \vdots \\ a_{(i-1)2} & a_{(i-1)3} & \cdots & a_{(i-1)n} \\ a_{(i+1)2} & a_{(i+1)3} & \cdots & a_{(i+1)n} \\ \vdots & \vdots & \ddots & \vdots \\ a_{n2} & a_{n3} & \cdots & a_{nn} \end{vmatrix}$$

を表し，この A_{i1} を A の第 $(i,1)$ 成分 a_{i1} の**余因子**と呼ぶ.

[例] 3 次の正方行列 $A=[a_{ij}]$ の余因子は，例えば,

$$A_{11}=(-1)^{1+1}\begin{vmatrix} a_{22} & a_{23} \\ a_{32} & a_{33} \end{vmatrix}=a_{22}a_{33}-a_{23}a_{32}$$

$$A_{21}=(-1)^{2+1}\begin{vmatrix} a_{12} & a_{13} \\ a_{32} & a_{33} \end{vmatrix}=-(a_{12}a_{33}-a_{13}a_{32})$$

また，この行列 A の行列式は

$$\det[A]=a_{11}A_{11}+a_{21}A_{21}+a_{31}A_{31}$$

で与えられる.

次の定理で行列式の性質をまとめて与えるが，証明は省略するので詳細は参考文献 [11], [12] を参照せよ.

定理 A.6.20. 2 つの n 次の正方行列 A, B と実数 $\alpha \in E^1$ に対して，次の事柄が成り立つ.

(1) $|A^t|=|A|$

(2) $|AB|=|BA|=|A||B|$

(3) A が同じ 2 つの行 (または列) をもてば $|A|=0$ となる.

(4) A の 1 つの行 (または列) の各成分に実数 α を掛けて得られる行列を B とするとき，$|B|=\alpha|A|$ となる.

(5) A の 2 つの行 (または列) を交換して得られる行列を B とするとき，$|B|=-|A|$ となる.

(6) A の 1 つの行 (または列) の各成分に実数 α を掛けたものを他の行 (または列) に加えて得られる行列を B とするとき，$|B|=|A|$ となる.

定理 A.6.21. 正方行列 A に対して，次の事柄が成り立つ.

(1) A が正則行列であるための必要十分条件は $\det[A] \neq 0$.

(2) A が正則行列であるとき,

$$\det[A^{-1}]=\frac{1}{\det[A]}$$

ここで，n 次の正方行列 $A = [a_{ij}]$ に対して，前に述べた小行列式を一般化して行列 A から第 i 行と第 j 列を取り除いて得られる行列の行列式を D_{ij} とおくとき，

$$A_{ij} = (-1)^{i+j} D_{ij}$$

を行列 A の**余因子**と呼び，A_{ij} を第 (j, i) 成分とする n 次の正方行列を A の**余因子行列**と呼び，記号で D と表す．このとき，行列式の定義と定理 A.6.21 より次の定理が示される．

定理 A.6.22. n 次の正方行列 $A = [a_{ij}]$ と余因子行列 $D = [A_{ij}]^t$ に対して，

$$AD = DA = |A|I$$

が成り立つ．

したがって，

$$A^{-1} = \frac{D}{|A|}$$

が得られる．

次に，本文でも重要な公式として使われている**クラメール** (Cramer) **の公式**を解説するために，連立 1 次方程式から始める．

$\boldsymbol{x} = (x_1, x_2, \cdots, x_n)^t \in E^n$ を未知ベクトルとする連立 1 次方程式

$$\begin{aligned} a_{11}x_1 + a_{12}x_2 + \cdots + a_{1n}x_n &= b_1 \\ a_{21}x_1 + a_{22}x_2 + \cdots + a_{2n}x_n &= b_2 \\ \vdots \qquad\qquad & \quad \vdots \\ a_{n1}x_1 + a_{n2}x_2 + \cdots + a_{nn}x_n &= b_n \end{aligned}$$

の係数を並べて得られる行列を

$$A = \begin{pmatrix} a_{11} & a_{12} & \cdots & a_{1n} \\ a_{21} & a_{22} & \cdots & a_{2n} \\ \vdots & \vdots & \ddots & \vdots \\ a_{n1} & a_{n2} & \cdots & a_{nn} \end{pmatrix}$$

とおき，定数項を並べたベクトルを $\boldsymbol{b} = (b_1, b_2, \cdots, b_n)^t \in E^n$ とおくとき，この方程式は

$$A\boldsymbol{x} = \boldsymbol{b}$$

と書ける．このとき，行列 A を係数行列と呼ぶ．

方程式 $A\boldsymbol{x} = \boldsymbol{b}$ の係数行列 A が正則であれば，逆行列 A^{-1} が存在するので，この逆行列を方程式の両辺に掛け，逆行列を定理 A.6.22 の結果で書き直すと，解ベクトルは

$$\boldsymbol{x} = \frac{D}{|A|}\boldsymbol{b}$$

で与えられる．よって，解ベクトルの各 i 成分は次のように書ける．

$$x_i = \frac{1}{|A|}(\sum_{k=1}^{n} A_{ki}b_k)$$

このときの解の形が有名なクラメールの公式としてよく知られている．

一般に，$n \times m$ 次の行列 $A = [a_{ij}]$ は m 個のベクトル $A_j = (a_{1j}, a_{2j}, \cdots, a_{nj})^t \in E^n$ $(j = 1, 2, \cdots, m)$ を用いて

$$A = [A_1, A_2, \cdots, A_m]$$

と表すことができる．このベクトルから行列 A の階数 (rank) を次のように定義する．

定義 A.6.13. $n \times m$ 次の行列 $A = [a_{ij}]$ の m 個のベクトル A_j $(j = 1, 2, \cdots, m)$ が 1 次独立となる最大個数を行列 A の**階数**と呼ぶ．特に，A の階数が $\min\{n, m\}$ に等しいとき，A は**完全階数** (full rank) をもつと呼ぶ．ただし，$\min\{n, m\}$ は 2 つの自然数 n と m の小さい方の値を与える記号である．

定義 A.6.14. n 次の正方行列 A に対して，$A\boldsymbol{x} = \lambda\boldsymbol{x}$ を満たす実数 λ と非零ベクトル $\boldsymbol{x} \in E^n$ が存在するとき，λ を行列 A の**固有値**，$\boldsymbol{x}$ を λ に対する**固有ベクトル**と呼ぶ．

この定義から，A の固有ベクトル $\boldsymbol{x}$ は λ に関する n 次多項式 $\det[A - \lambda I] = 0$ から求めることができる．この方程式を A の**固有方程式**と呼び，λ を変数とする多項式 $\det[A - \lambda I]$ を**固有多項式**と呼ぶ．

定義 A.6.15. n 次の対称行列 A は，すべての非零ベクトル $\boldsymbol{x} \in E^n$ に対して $\boldsymbol{x}^t A\boldsymbol{x} > 0$ が成り立つとき，**正定値**と呼び，すべてのベクトル $\boldsymbol{x} \in E^n$ に対して $\boldsymbol{x}^t A\boldsymbol{x} \geq 0$ が成り立つとき，**半正定値**と呼ぶ．また，**負定値**，**半負定値**に

ついても同様に定義することができる.

定理 A.6.23. 対称行列 A が正定値，半正定値であるための必要十分条件は A のすべての固有値が，それぞれ正，非負となることである.

また，固有値に関する性質を次の定理にまとめておくことにする.

定理 A.6.24. n 次の正方行列 A のすべての固有値を $\lambda_1, \lambda_2, \cdots, \lambda_n$ とするとき，次の事柄が成り立つ.

(1) A^t の固有値も $\lambda_1, \lambda_2, \cdots, \lambda_n$ となる.

(2) A が正則ならば，A^{-1} のすべての固有値は $1/\lambda_1, 1/\lambda_2, \cdots, 1/\lambda_n$ となる.

参考文献

[1] J.P.Aubin & H.Frankowska, *Set-Valued Analysis*, Birkhäuser, 1990.

[2] J.P.Aubin, *Mathematical Methods of Game and Economic Theory*, North-Holland, 1979.

[3] J.P.Aubin, *Optima and Equilibria*, Springer-Verlag, 1993.

[4] 青木利夫・高橋渉：「集合・位相空間要論」培風館.

[5] M.S.Bazaraa & C.M.Shetty, *Nonlinear Programming*, John Wiley & Sons, 1979.

[6] F.H.Clarke, *Optimization and Nonsmooth Analysis*, John Wiley & Sons, 1983.

[7] F.H.Clarke, Pointwise contraction criteria for the existence of fixed points, *Bull.Canada Math.Soc.*, **21**, 7-11, 1975.

[8] D.G.Luenberger, *Optimization by Vector Space Methods*, John Wiley & Sons, 1976.

[9] I.Ekeland, Nonconvex minimization problems, *Bull.Amer.Math.*, **1**, 443-474, 1979.

[10] I.Ekeland, On the variational principle, *J. Math.Anal.Appl.*, **47**, 324-353, 1974.

[11] 金光滋：「線形代数学」牧野書店.

[12] 菊田健作：「線形数学」牧野書店.

[13] ヤ・ゼ・チプキン著 (北川敏男・田中謙輔共訳)：「制御系における適応と学習」共立出版.

[14] 福島雅夫：「非線形最適化の理論」産業図書.

[15] 藤田宏・今野浩・田辺國士：「最適化法」岩波講座応用数学シリーズ，岩波書店.

[16] N.N.KAULGUD & D.V.PAI, Fixed point theorems for set-valued mapping, *Nieuw Archief voor Wiskunde*, **23**, 49-66, 1975.

[17] M.M.MÄKELÄ & P.NEITTAANMÄKI, *Nonsmooth Optimization*, World Scientific, 1992.

[18] 高橋渉：「非線形関数解析学」近代科学社.

[19] 高橋渉：「現代解析学入門」近代科学社.

[20] 本間龍雄監修・高橋渉編：「数学定理・公式小辞典」聖文社.

[21] R.T.ROCKAFELLAR, *Convex Analysis*, Princeton, 1970.

[22] 渡部隆一：「凸解析」培風館.

演習問題解答

演習問題 1

1. $S_1 + S_2 = \{(x,y)^t \in E^2 \mid 0 \leq x \leq 1, 2 \leq y \leq 3\}$，$S_1 - S_2 = \{(x,y)^t \in E^2 \mid -1 \leq x \leq 0, -2 \leq y \leq -1\}$

2. $\forall (x_1,y_1,z_1)^t, (x_2,y_2,z_2)^t \in L$, $\forall \alpha, \beta \in E^1$ に対して，$\alpha(x_1,y_1,z_1)^t + \beta(x_2,y_2,z_2)^t = (\alpha x_1 + \beta x_2, \alpha y_1 + \beta y_2, \alpha z_1 + \beta z_2)^t$ と書けるから，$2(\alpha x_1 + \beta x_2) + (\alpha y_1 + \beta y_2) - (\alpha z_1 + \beta z_2) = \alpha(2x_1 + y_1 - z_1) + \beta(2x_2 + y_2 - z_2) = 0$. よって，$\alpha(x_1,y_1,z_1)^t + \beta(x_2,y_2,z_2)^t \in L$ となり，L は E^3 の部分空間である.

3. $S = (0,0,11)^t + \{(x,y,z)^t \in E^3 \mid 2x + 3y + z = 0\}$ となり，$\{(x,y,z)^t \in E^3 \mid 2x + 3y + z = 0\}$ は，問題 1-2 と同様にして部分空間であることが示せるので，S は線形多様体である.

4. $S \subseteq T \subseteq E^n$ を満たすすべての部分空間 T に対して，$[S] \subseteq T$ となることを帰納法で示す．$k = 1$，すなわち，$\forall \boldsymbol{x}_1 \in S$, $\forall \alpha_1 \in E^1$のとき，$\alpha_1 \boldsymbol{x}_1 \in T$ が成立．$k = l-1$，すなわち，$\forall \boldsymbol{x}_i \in S \ (i = 1, 2, \cdots, l-1)$, $\forall \alpha_i \in E^1 \ (i = 1, 2, \cdots, l-1)$ まで $\sum_{i=1}^{l-1} \alpha_i \boldsymbol{x}_i \in T$ が成立しているとする．$k = l$，すなわち，$\forall \boldsymbol{x}_i \in S (i = 1, 2, \cdots, l)$, $\forall \alpha_i \in E^1 (i = 1, 2, \cdots, l)$ のとき，$k = l-1$ までの仮定と部分空間の定義より $\sum_{i=1}^{l} \alpha_i \boldsymbol{x}_i = \sum_{i=1}^{l-1} \alpha_i \boldsymbol{x}_i + \alpha_l \boldsymbol{x}_l \in T$. ゆえに，$\sum_{i=1}^{l} \alpha_i \boldsymbol{x}_i \in T$．よって，帰納法の仮定により $[S] \subseteq T$.

5. 問題 1-4 より，$[M \cup N] = \{\sum_{i=1}^{k} \alpha_i \boldsymbol{x}_i \mid$ ある k に対して，$\boldsymbol{x}_i \in M \cup N, \alpha_i \in E^1\}$ であるので，$M + N \subseteq [M \cup N]$. 逆に，$[M \cup N] \ni \sum_{i=1}^{k} \alpha_i \boldsymbol{x}_i$ について，$\sum_{i=1}^{k} \alpha_i \boldsymbol{x}_i = \left(\sum_{\boldsymbol{x}_i \in M} \alpha_i \boldsymbol{x}_i\right) + \left(\sum_{\boldsymbol{x}_j \in N} \alpha_j \boldsymbol{x}_j\right)$. ここで，$\sum_{\boldsymbol{x}_i \in M} \alpha_i \boldsymbol{x}_i \in M, \sum_{\boldsymbol{x}_j \in N} \alpha_j \boldsymbol{x}_j \in N$ であるので，$\sum_{\boldsymbol{x}_i \in M} \alpha_i \boldsymbol{x}_i + \sum_{\boldsymbol{x}_j \in N} \alpha_j \boldsymbol{x}_j \in M + N$.

したがって，$[M \cup N] \subseteq M + N$．ゆえに，$[M \cup N] = M + N$.

6. (1) $d(\boldsymbol{x}, \boldsymbol{y}) \geq 0$ は明らか．また，$d(\boldsymbol{x}, \boldsymbol{y}) = 0 \Longleftrightarrow \max_{i=1,\cdots,n} |x_i - y_i| =$

$0 \iff |x_i - y_i| = 0\ (\forall i = 1, \cdots, n) \iff x_i = y_i\ (\forall i = 1, \cdots, n) \iff \boldsymbol{x} = \boldsymbol{y}$. (2) $d(\boldsymbol{x}, \boldsymbol{y}) = d(\boldsymbol{y}, \boldsymbol{x})$ も明らか．(3) $\forall \boldsymbol{x}, \boldsymbol{y}, \boldsymbol{z} \in E^n$ に対して，$d(\boldsymbol{x}, \boldsymbol{z}) = \max_{i=1,\cdots,n} |x_i - z_i| \leq \max_{i=1,\cdots,n} |x_i - y_i| + \max_{i=1,\cdots,n} |y_i - z_i| = d(\boldsymbol{x}, \boldsymbol{y}) + d(\boldsymbol{y}, \boldsymbol{z})$.

7. (1) $d(\boldsymbol{x}, \boldsymbol{y}) \geq 0$ より，$\overline{d}(\boldsymbol{x}, \boldsymbol{y}) \geq 0$ は明らか．また，$\overline{d}(\boldsymbol{x}, \boldsymbol{y}) = 0 \iff d(\boldsymbol{x}, \boldsymbol{y}) = 0 \iff \boldsymbol{x} = \boldsymbol{y}$. (2) $\overline{d}(\boldsymbol{x}, \boldsymbol{y}) = \overline{d}(\boldsymbol{y}, \boldsymbol{x})$ は明らか．(3) $\forall \boldsymbol{x}, \boldsymbol{y}, \boldsymbol{z} \in E^n$ に対して，

$$\begin{aligned}\overline{d}(\boldsymbol{x}, \boldsymbol{z}) &= \tfrac{d(\boldsymbol{x},\boldsymbol{z})}{1+d(\boldsymbol{x},\boldsymbol{z})} \leq \tfrac{d(\boldsymbol{x},\boldsymbol{y})+d(\boldsymbol{y},\boldsymbol{z})}{1+d(\boldsymbol{x},\boldsymbol{y})+d(\boldsymbol{y},\boldsymbol{z})} \\ &= \tfrac{d(\boldsymbol{x},\boldsymbol{y})}{1+d(\boldsymbol{x},\boldsymbol{y})+d(\boldsymbol{y},\boldsymbol{z})} + \tfrac{d(\boldsymbol{y},\boldsymbol{z})}{1+d(\boldsymbol{x},\boldsymbol{y})+d(\boldsymbol{y},\boldsymbol{z})} \leq \tfrac{d(\boldsymbol{x},\boldsymbol{y})}{1+d(\boldsymbol{x},\boldsymbol{y})} + \tfrac{d(\boldsymbol{y},\boldsymbol{z})}{1+d(\boldsymbol{y},\boldsymbol{z})} \\ &= \overline{d}(\boldsymbol{x}, \boldsymbol{y}) + \overline{d}(\boldsymbol{y}, \boldsymbol{z}).\end{aligned}$$

演習問題 2

1. $\forall \boldsymbol{x} \in E^n$ をとると，$\forall \varepsilon > 0$ と $\forall \boldsymbol{y} \in N_\varepsilon(\boldsymbol{x})$ に対して，$\delta = \frac{\{\varepsilon - \|\boldsymbol{x}-\boldsymbol{y}\|\}}{2} > 0$ とおくとき，$N_\delta(\boldsymbol{y}) \subset N_\varepsilon(\boldsymbol{x})$ が成立するから，$N_\varepsilon(\boldsymbol{x})$ は開集合である．

2. $\mathrm{cl}S^c = S^c$ を示す．まず $\mathrm{cl}S^c \supset S^c$ は明らか．次に，$\mathrm{cl}S^c \subset S^c$ を示すために，$\mathrm{cl}S^c \not\subset S^c$ と仮定すると，$\exists \boldsymbol{x}_0 \in \mathrm{cl}S^c\ s.t.\ \boldsymbol{x}_0 \notin S^c$. よって，$\boldsymbol{x}_0 \in (S^c)^c = S$. ここで，$S$ は開集合，ゆえに，$\exists \varepsilon_0 > 0\, s.t.\, N_{\varepsilon_0}(\boldsymbol{x}_0) \subset S$. したがって，$N_{\varepsilon_0}(\boldsymbol{x}_0) \cap S^c = \emptyset \cdots (*)$ また，$\boldsymbol{x}_0 \in \mathrm{cl}S^c$ より，$\forall \varepsilon > 0$ に対して，$N_\varepsilon(\boldsymbol{x}_0) \cap S^c \neq \emptyset$. 特に，$\varepsilon_0 > 0$ に対しても $N_{\varepsilon_0}(\boldsymbol{x}_0) \cap S^c \neq \emptyset$. この式は $(*)$ に矛盾し，$\mathrm{cl}S^c \subset S^c$ が成立．よって，$\mathrm{cl}S^c = S^c$ となり，S^c は閉集合．

3. (1) $A = \cap_\alpha A_\alpha$ とおき，$A = \mathrm{cl}A$ を示す．$A \subset \mathrm{cl}A$ は明らか．次に，$A \supset \mathrm{cl}A$ を示す．$\forall \boldsymbol{a} \in \mathrm{cl}A$ をとると，$\forall \varepsilon > 0$ に対して，$A \cap N_\varepsilon(\boldsymbol{a}) \neq \emptyset$, $(\cap_\alpha A_\alpha) \cap N_\varepsilon(\boldsymbol{a}) \neq \emptyset$. よって，$\forall \alpha$ に対して，$A_\alpha \cap N_\varepsilon(\boldsymbol{a}) \neq \emptyset$. したがって，$\forall \alpha$ に対して，$\boldsymbol{a} \in \mathrm{cl}A_\alpha$ となる．また A_α は閉集合なので，$\mathrm{cl}A_\alpha = A_\alpha$ より $\boldsymbol{a} \in \cap_\alpha A_\alpha = A$ となる．したがって，$A \supset \mathrm{cl}A$ より，$\cap_\alpha A_\alpha$ は閉集合．(2) $A = \cup_{i=1}^m A_i$ とおき，$A = \mathrm{cl}A$ を示す．$A \subset \cup_{i=1}^m A_i$ は明らか．次に，$A \supset \cup_{i=1}^m A_i$ を示すために，$\forall \boldsymbol{a} \in \mathrm{cl}A$ をとると，$\forall \varepsilon > 0$ に対して，$A \cap N_\varepsilon(\boldsymbol{a}) \neq \emptyset$, $(\cup_{i=1}^m A_i) \cap N_\varepsilon(\boldsymbol{a}) \neq \emptyset$, $\exists i_0 \in \{1, \cdots, m\}\ s.t.\ A_{i_0} \cap N_\varepsilon(\boldsymbol{a}) \neq \emptyset$. よって，$\boldsymbol{a} \in \mathrm{cl}A_{i_0} = A_{i_0} \subset \cup_{i=1}^m A_i = A$. したがって，$A \supset \mathrm{cl}A$ より，

$\cup_{i=1}^{m} A_i$ は閉集合である．

4. S が有界閉集合であることを示す．[有界であること] $\varepsilon = 1$ に対応する S の各ベクトル $\boldsymbol{x}$ の近傍族 $\{N_1(\boldsymbol{x}) \subset E^n \mid \boldsymbol{x} \in S\}$ は S の1つの開被覆となり，仮定より，$\exists N_1(\boldsymbol{x}_1), \cdots, N_1(\boldsymbol{x}_m)\ s.t.\ S \subset \cup_{i=1}^{m} N_1(\boldsymbol{x}_i)$．いま，$M_1 = \max_{i=1,\cdots,m} \| \boldsymbol{x}_i \|$ とおくと $\forall \boldsymbol{x} \in S$ に対して，$\exists i_0, 1 \leq i_0 \leq m\ s.t.\ \boldsymbol{x} \in N_1(\boldsymbol{x}_{i_0})$．よって，$\| \boldsymbol{x} \| \leq \| \boldsymbol{x} - \boldsymbol{x}_i \| + \| \boldsymbol{x}_i \| \leq 1 + M_1$．ここで，$M = M_1 + 1$ とおくと，$\forall \boldsymbol{x} \in S$ に対して，$\| \boldsymbol{x} \| \leq M$ ($M < \infty$, 定数)．[閉集合であること] S が閉集合であることを示すために，S^c が開集合であることを示す．$\forall \boldsymbol{y} \in S^c$ をとり，$\forall \boldsymbol{x} \in S$ に対して，

$$(*) \quad \left\{ \begin{array}{l} \exists U(\boldsymbol{x}, \boldsymbol{y}) : \boldsymbol{x} \text{ の開近傍} \\ \exists V(\boldsymbol{y}, \boldsymbol{x}) : \boldsymbol{y} \text{ の開近傍} \end{array} \right. \quad s.t. \quad U(\boldsymbol{x}, \boldsymbol{y}) \cap V(\boldsymbol{y}, \boldsymbol{x}) = \emptyset$$

とおくと，$\{U(\boldsymbol{x}, \boldsymbol{y})\}_{\boldsymbol{x} \in S}$ は S の1つの開被覆となる．いま，仮定より，S は有限個で覆われ，$\exists \{U(\boldsymbol{x}_1, \boldsymbol{y}), \cdots, U(\boldsymbol{x}_m, \boldsymbol{y})\} \subset \{U(\boldsymbol{x}, \boldsymbol{y})\}_{\boldsymbol{x} \in S}\ s.t.\ S \subset \cup_{i=1}^{m} U(\boldsymbol{x}_i, \boldsymbol{y})$．ここで，$W = \cap_{i=1}^{m} V(\boldsymbol{y}, \boldsymbol{x}_i)$ とおくと，W は $\boldsymbol{y}$ の1つの開近傍となり，$(*)$ より $W \subset S^c$ が得られ，S^c は開集合である．

5. [閉であること] $\exists \{\boldsymbol{x}_m\} \subset S\ s.t.\ \boldsymbol{x}_m \to \boldsymbol{x}\ (m \to \infty)$ に対して，$\exists \{\boldsymbol{x}_{m_i}\} \subset \{\boldsymbol{x}_m\}\ s.t.\ \boldsymbol{x}_{m_i} \to \boldsymbol{y} \in S$．よって，$\|\boldsymbol{x} - \boldsymbol{y}\| = \|\boldsymbol{x} - \boldsymbol{x}_{m_k}\| + \|\boldsymbol{x}_{m_k} - \boldsymbol{y}\| \to 0\ (\ k \to \infty)$．ゆえに，$\boldsymbol{x} = \boldsymbol{y}$ なので $\boldsymbol{x} \in S$．よって，S は閉集合．[有界であること] 対偶で証明を与えるために，S が有界でないとする．$\exists \boldsymbol{x}_m \in S\ s.t.\ \|\boldsymbol{x}\| > m, \forall m > 0$．したがって，$\|\boldsymbol{x}_m\| > m$ なる無限ベクトル列 $\{\boldsymbol{x}_m\}$ が S に存在する．ここで，$\{\boldsymbol{x}_{m_i}\} \subset \{\boldsymbol{x}_m\}\ s.t.\ \boldsymbol{x}_{m_i} \to \boldsymbol{y} \in S$ とすると，$\|\boldsymbol{x}_{m_i} - \boldsymbol{y}\| \geq \|\boldsymbol{x}_{m_i}\| - \|\boldsymbol{y}\| \geq m_i - \|\boldsymbol{y}\|$．これは収束しないので仮定に矛盾．

6. 対偶で証明を与えるために，$\inf\limits_{\boldsymbol{x} \in A, \boldsymbol{y} \in B} \|\boldsymbol{x} - \boldsymbol{y}\| = 0$ と仮定すると，$\exists \{\boldsymbol{x}_m\} \subset A, \exists \{\boldsymbol{y}_m\} \subset B\ s.t.\ \lim_{m \to \infty} \|\boldsymbol{x}_m - \boldsymbol{y}_m\| = 0$．$A$ はコンパクトであることから問題 2-5 を用いて，$\exists \{\boldsymbol{x}_{m_k}\} \subset \{\boldsymbol{x}_m\}, \exists \boldsymbol{a} \in A\ s.t.\ \boldsymbol{x}_{m_k} \to \boldsymbol{a}\ (k \to \infty)$．このとき，$\|\boldsymbol{a} - \boldsymbol{y}_{m_k}\| \leq \|\boldsymbol{a} - \boldsymbol{x}_{m_k}\| + \|\boldsymbol{x}_{m_k} - \boldsymbol{y}_{m_k}\| \to 0\ (k \to \infty)$．$\lim_{k \to \infty} \|\boldsymbol{a} - \boldsymbol{y}_{m_k}\| = 0$, $\lim_{k \to \infty} \boldsymbol{y}_{m_k} = \boldsymbol{a}$．ゆえに，$B$ の中から $\boldsymbol{a}$ に収束する無限ベクトル列が取り出せたので，B が閉集合であることより，$\boldsymbol{a} \in B$．よって，これは $A \cap B = \emptyset$ に矛盾し，$\inf_{\boldsymbol{x} \in A, \boldsymbol{y} \in B} \|\boldsymbol{x} - \boldsymbol{y}\| > 0$ が成立．

7. [d が距離関数であること] (1)$\forall \boldsymbol{x}, \boldsymbol{y} \in E^n$, $d(\boldsymbol{x}, \boldsymbol{y}) \geq 0$ は明らか． (2)$\forall \boldsymbol{x}, \boldsymbol{y} \in E^n$, $d(\boldsymbol{x}, \boldsymbol{y}) = d(\boldsymbol{y}, \boldsymbol{x})$ も明らか． (3) $\forall \boldsymbol{x}, \boldsymbol{y}, \boldsymbol{z} \in E^n$ に対して，$d(\boldsymbol{x}, \boldsymbol{z}) = \sum_{i=1}^n |x_i - z_i| \leq \sum_{i=1}^n (|x_i - y_i| + |y_i - z_i|) = d(\boldsymbol{x}, \boldsymbol{y}) + d(\boldsymbol{y}, \boldsymbol{z})$. ゆえに，$d$ は E^n 上の距離関数．[E^n が d に関して完備であること] $\{\boldsymbol{x}^m\} \subset E^n$ を任意のコーシー列とすると，$\forall \varepsilon > 0, \exists N > 0$ $s.t.$ $d(\boldsymbol{x}^l, \boldsymbol{x}^k) = \sum_{i=1}^n |x_i^l - x_i^k| < \varepsilon$ $\forall k, l \geq N$. よって，$\{\boldsymbol{x}^m\}$ の第 i 要素の列 $\{x_i^m\}$ はコーシー列で，E^1 は $\widetilde{d}(x, y) = |x - y|$ で完備 (付録 A.2 参照) より，各第 i 要素の列に対して，$\exists x_i^m \in E^1$, $\forall \varepsilon > 0, \exists N_i > 0$ $s.t.$ $|x_i^m - x_i| < \frac{\varepsilon}{n}$, $\forall m \geq N_i$. よって，$N = \max_{i=1,\cdots,m} N_i$ とおけば，$\boldsymbol{x} = (x_1, \cdots, x_n) \in E^n$, $d(\boldsymbol{x}^m, \boldsymbol{x}) = \sum_{i=1}^n |x_i^m - x_i| < \sum \frac{\varepsilon}{n} = \varepsilon$. ゆえに，$\boldsymbol{x}^m \to \boldsymbol{x}$ ($m \to \infty$). よって，E^n は完備．

8. 対偶で証明を与える．すなわち，コンパクト集合 K 上で連続関数 f が一様連続していないと仮定すると，$\exists \varepsilon > 0$ $s.t.$ $\forall \delta > 0, \exists \boldsymbol{x}, \boldsymbol{y} \in K, \|\boldsymbol{x} - \boldsymbol{y}\| < \delta$ & $\|f(\boldsymbol{x}) - f(\boldsymbol{y})\| \geq \varepsilon$. 特に，$\delta = \frac{1}{m} (m = 1, 2, \cdots)$ とすると，$\exists \boldsymbol{x}_m, \boldsymbol{y}_m \in K$ $s.t.$ $\|\boldsymbol{x}_m - \boldsymbol{y}_m\| < \frac{1}{m}$ & $\|f(\boldsymbol{x}_m) - f(\boldsymbol{y}_m)\| \geq \varepsilon$. $\{\boldsymbol{x}_m\} \subset K$ より，$\exists \{\boldsymbol{x}_{m_i}\} \subset \{\boldsymbol{x}_m\}$ $s.t.$ $\boldsymbol{x}_{m_i} \to \boldsymbol{x} \in K$ $(i \to \infty)$. いま，$\|\boldsymbol{x}_{m_i} - \boldsymbol{y}_{m_i}\| < \frac{1}{m_i}$ より，$\|\boldsymbol{x}_{m_i} - \boldsymbol{y}_{m_i}\| \to 0$ $(i \to \infty)$.ゆえに，$\|\boldsymbol{y}_{m_i} - \boldsymbol{x}\| \leq \|\boldsymbol{y}_{m_i} - \boldsymbol{x}_{m_i}\| + \|\boldsymbol{x}_{m_i} - \boldsymbol{x}\| \to 0$ $(i \to \infty)$, $\boldsymbol{y}_{m_i} \to \boldsymbol{x}$ $(i \to \infty)$. しかし，$\|f(\boldsymbol{x}_{m_i}) - f(\boldsymbol{y}_{m_i})\| \leq \|f(\boldsymbol{x}_{m_i}) - f(\boldsymbol{x})\| + \|f(\boldsymbol{x}) - f(\boldsymbol{y}_{m_i})\| \to 0$. これは矛盾．

9. (1) $|f(x) - f(y)| = |x| - |y| \leq |x - y|$. ゆえに，$f$ はリプシッツ条件を満たす． (2) 次に，$\forall x_0 \in E^1$ に対して，$\varepsilon = 1$ とすると $\forall x, y \in N_1(x_0)$ に対して，$|f(x) - f(y)| = |x^2 - y^2| = |x + y||x - y| \leq 2(x_0 + 1)|x - y|$. ゆえに，局所リプシッツ条件は満たす．

演習問題 3

1. $\forall (x_1, y_1, 0)^t \in S$ に対して，$S^\perp \ni (x, y, z)^t$ が満たす必要十分条件は，$\langle (x_1, y_1, 0)^t, (x, y, z)^t \rangle = x_1 x + y_1 y = 0$. したがって，$x = y = 0$ より，$S^\perp = \{(0, 0, z)^t \in E^3 \mid z \in E^1\}$.

2. $\forall (x_1, y_1, z_1)^t, (x_2, y_2, z_2)^t \in L$ と $\forall \alpha, \beta \in E^1$ に対応するベクトル $\alpha(x_1, y_1, z_1)^t + \beta(x_2, y_2, z_2)^t = (\alpha x_1 + \beta x_2, \alpha y_1 + \beta y_2, \alpha z_1 + \beta z_2)$ は，次の計算

より L 上にあることが示され，L は部分空間となる．$2(\alpha x_1 + \beta x_2) + (\alpha y_1 + \beta y_2) - (\alpha z_1 + \beta z_2) = \alpha(2x_1 + y_1 - z_1) + \beta(2x_2 + y_2 - z_2) = 0$．したがって，$L^{\perp} = \{(2w, w, -w)^t \in E^3 \mid w \in E^1\}$ となる．射影定理より，$L \ni \boldsymbol{y} = (x, y, z)^t, \boldsymbol{y} - \boldsymbol{x} = (x-2, y-4, z-5)^t$ について，$\boldsymbol{y} - \boldsymbol{x} \perp L$ となる $\boldsymbol{y}$ を求めればよい．したがって，ある $w \in E^1$ を用いて，$\boldsymbol{y} - \boldsymbol{x} = (x-2, y-4, z-5)^t = w(2, 1, -1)^t$ より，$x = 2w+2, y = w+4, z = w+5$ が得られる．さらに，このベクトルが L にあるから，$(4w+4) + (w+4) - (-w+5) = 0$ より，$w = -\frac{1}{2}$．したがって，$\boldsymbol{y} - \boldsymbol{x} = (x-2, y-4, z-5)^t = -\frac{1}{2}(2, 1, -1)^t$ より，$\boldsymbol{y} = (1, \frac{7}{2}, \frac{11}{2})^t$，$\|\boldsymbol{y} - \boldsymbol{x}\| = \frac{\sqrt{6}}{2}$．

3. $M = \{(x, y, z)^t \in E^3 \mid 2x + 3y + z = 0\}$ とおくと，M は部分空間であることが問題 3-2 と同様に証明できる．次に，$\boldsymbol{x} = (0, 0, 11)^t$ とおくと，$\forall \boldsymbol{y} = (x, y, z)^t \in M$，$\boldsymbol{y} + \boldsymbol{x} \in S$ より $S = \boldsymbol{x} + M$ と書け，S は線形多様体である．次に，まず，$-\boldsymbol{x} = (0, 0, -11)^t$ から $M = -\boldsymbol{x} + S$ への最短距離を与える M 上のベクトルを $(x, y, z)^t \in M$ とおくと，ある $w \in E^1$ に対して $(x, y, z + 11)^t = w(2, 3, 1)^t$ より，$w = \frac{11}{14}$, $(x, y, z)^t = \frac{11}{14}(2, 3, -13)^t$．上のベクトルを原点から S への最短距離を与える S のベクトル $(x, y, z)^t$ に戻すと，$(x, y, z)^t = \frac{11}{14}(2, 3, 1)^t$．

演習問題 4

1. (1)　$\forall \alpha\boldsymbol{x}, \alpha\boldsymbol{y} \in \alpha S$ と $\forall \lambda \in (0, 1)$ に対して，$\lambda(\alpha\boldsymbol{x}) + (1-\lambda)\alpha\boldsymbol{y} = \alpha(\lambda\boldsymbol{x}) + (1-\lambda)\boldsymbol{y}) \in \alpha S$．したがって，$\alpha S$ は凸集合．(2) $\forall \boldsymbol{x}, \boldsymbol{y} \in S + T$ に対して，$\exists \boldsymbol{s}_1, \boldsymbol{s}_2 \in S$, $\exists \boldsymbol{t}_1, \boldsymbol{t}_2 \in T$ $s.t.$ $\boldsymbol{x} = \boldsymbol{s}_1 + \boldsymbol{t}_1, \boldsymbol{y} = \boldsymbol{s}_2 + \boldsymbol{t}_2$．$\forall \lambda \in (0, 1)$ に対して，$\lambda\boldsymbol{x} + (1-\lambda)\boldsymbol{y} = \lambda(\boldsymbol{s}_1 + \boldsymbol{t}_1) + (1-\lambda)(\boldsymbol{s}_2 + \boldsymbol{t}_2) = \lambda\boldsymbol{s}_1 + (1-\lambda)\boldsymbol{s}_2 + \lambda\boldsymbol{t}_1 + (1-\lambda)\boldsymbol{t}_2 \in S + T$．したがって，$S + T$ は凸集合．(3) $\forall \boldsymbol{x}, \boldsymbol{y} \in S - T$ に対して，$\exists \boldsymbol{s}_1, \boldsymbol{s}_2 \in S$, $\exists \boldsymbol{t}_1, \boldsymbol{t}_2 \in T$ $s.t.$ $\boldsymbol{x} = \boldsymbol{s}_1 - \boldsymbol{t}_1, \boldsymbol{y} = \boldsymbol{s}_2 - \boldsymbol{t}_2$．$\forall \lambda \in (0, 1)$ に対して，$\lambda\boldsymbol{x} + (1-\lambda)\boldsymbol{y} = \lambda(\boldsymbol{s}_1 - \boldsymbol{t}_1) + (1-\lambda)(\boldsymbol{s}_2 - \boldsymbol{t}_2) = \lambda\boldsymbol{s}_1 + (1-\lambda)\boldsymbol{s}_2 - \lambda\boldsymbol{t}_1 - (1-\lambda)\boldsymbol{t}_2 \in S - T$．したがって，$S - T$ は凸集合である．

2. $\forall \boldsymbol{y}_1, \boldsymbol{y}_2 \in AS$ と $\forall \lambda \in (0, 1)$ に対して，$\exists \boldsymbol{x}_1, \boldsymbol{x}_2 \in S$ $s.t.$ $\boldsymbol{y}_1 = A\boldsymbol{x}_1, \boldsymbol{y}_2 = A\boldsymbol{x}_2$．$S$ は凸集合であるから，$\lambda\boldsymbol{y}_1 + (1-\lambda)\boldsymbol{y}_2 = \lambda(A\boldsymbol{x}_1) + (1-\lambda)(A\boldsymbol{x}_2) = A(\lambda\boldsymbol{x}_1 + (1-\lambda)\boldsymbol{x}_2) \in AS$．したがって，$AS$ は凸集合．

3. [cl$(S+T) \supset$ cl$S+$cl$T$ となること] $\forall \boldsymbol{x} \in$ cl$S+$cl$T$ に対して，$\exists \boldsymbol{y} \in$ cl$S, \exists \boldsymbol{z} \in$ cl$T$ *s.t.* $\boldsymbol{x} = \boldsymbol{y} + \boldsymbol{z}$. したがって，$\exists\{\boldsymbol{y}_m\} \subset S$, $\exists\{\boldsymbol{z}_m\} \subset T$ *s.t.* $\boldsymbol{y}_m \to \boldsymbol{y}, \boldsymbol{z}_m \to \boldsymbol{z}$ $(m \to \infty)$. したがって，各 m において，$\boldsymbol{x}_m = \boldsymbol{y}_m + \boldsymbol{z}_m \in S+T$ とおくと，$\boldsymbol{x}_m \to \boldsymbol{x}$ $(m \to \infty)$. したがって，$\boldsymbol{x} \in$ cl$(S+T)$.
[cl$(S+T) =$ cl$S+$cl$T$の反例] E^2 において，$S = \{(x,0) \in E^2 \mid x \in E^1\}$, $T = \{(x,y) \in E^2 \mid y \geq \frac{1}{x}\}$ とすると，cl$S+$cl$T = \{(x,y) \in E^2 \mid x \in E^1, y > 0\}$, cl$(S+T) = \{(x,y) \in E^2 \mid x \in E^1, y \geq 0\}$.

4. 例えば S は有界，すなわち，コンパクトとする．$H(S) \supset \{\boldsymbol{y}_m\}, \boldsymbol{y}_m \to \boldsymbol{y}$ に対して，凸体の定義より，$\boldsymbol{y}_m = \sum_{j=1}^{n+1} \alpha_{m,j}\boldsymbol{x}_{m,j}$，$\boldsymbol{x}_{m,j} \in S$, $\sum_{j=1}^{n+1} \alpha_{m,j} = 1$, $\alpha_{m,j} \geq 0$ と表せる．S と $[0,1]$ はコンパクトであるから，$\exists\{\boldsymbol{x}_{m(l),j}\} \subset \{\boldsymbol{x}_{m,j}\}$ *s.t.* $\boldsymbol{x}_{m(l),j} \to \boldsymbol{x}_j \in S$ $(l \to \infty)$, $\exists\{\alpha_{m(l),j}\} \subset \{\alpha_{m,j}\}$ *s.t.* $\alpha_{m(l),j} \to \alpha_j$ $(l \to \infty)$. $\boldsymbol{y}' = \displaystyle\sum_{j=1}^{n+1}\alpha_j\boldsymbol{x}_j, \boldsymbol{y}'_l = \sum_{j=1}^{n+1}\alpha_{m(l),j}\boldsymbol{x}_{m(l),j}$ とおくと，$\boldsymbol{y}'_l \to \boldsymbol{y}'$ $(l \to \infty)$ より，$\boldsymbol{y} = \boldsymbol{y}'$. さらに，$1 = \sum_{j=1}^{n+1} \alpha_{m(l),j} - \sum_{j=1}^{n+1} \alpha_j = \sum_{j=1}^{n+1}(\alpha_{m(l),j} - \alpha_j) \to 0$ $(l \to \infty)$. よって，$\sum_{j=1}^{n+1} \alpha_j = 1$ が示され，$\boldsymbol{y}' \in H(S)$.

5. [$H(S_1 \cap S_2) \subset H(S_1) \cap H(S_2)$ となること] $\forall \boldsymbol{x} \in H(S_1 \cap S_2)$ に対して，$\exists \boldsymbol{x}_1, \cdots, \boldsymbol{x}_m \in S_1 \cap S_2$, $\exists \alpha_1, \cdots, \alpha_m \geq 0$, $\sum_{i=1}^{m} \alpha_i = 1$ *s.t.* $\boldsymbol{x} = \sum_{i=1}^{m} \alpha_i\boldsymbol{x}_i$, $\boldsymbol{x}_1, \cdots, \boldsymbol{x}_m \in S_1$ より $\boldsymbol{x} \in H(S_1)$, $\boldsymbol{x}_1, \cdots, \boldsymbol{x}_m \in S_2$ より $\boldsymbol{x} \in H(S_2)$. したがって，$H(S_1 \cap S_2) \subset H(S_1) \cap H(S_2)$.
[$H(S_1 \cap S_2) = H(S_1) \cap H(S_2)$ の反例] $S_1 = \{(0,0),(0,2)\}$, $S_2 = \{(0,1)\}$. したがって，$H(S_1 \cap S_2) = \emptyset$, $H(S_1) \cap H(S_2) = \{(0,1)\}$.

6. [凸集合になること] $\forall \boldsymbol{x}_1 \in S_1$ と $\forall \boldsymbol{x}_2 \in S_2$ に対して，$\exists \boldsymbol{d}_i$, $\exists \lambda_i$ *s.t.* $\boldsymbol{x}_i = \lambda_i\boldsymbol{d}_i$ $(i = 1,2)$. $\forall \alpha \in E^1$ に対して，$\alpha\lambda_1 \geq 0$, $(1-\alpha)\lambda_2 \geq 0$. よって，$\alpha\boldsymbol{x}_1 + (1-\alpha)\boldsymbol{x}_2 = \alpha\lambda_1\boldsymbol{x}_1 + (1-\alpha)\lambda_2\boldsymbol{x}_2 \in S_1+S_2$ となり，S_1+S_2 は凸集合. [閉集合になること] $T_i = \{\lambda\boldsymbol{d}_i | 0 \leq \lambda \leq 1\} (i = 1,2)$ とおき，T_1+T_2 が閉集合であることを示す．$\lambda_{1,m}\boldsymbol{d}_1 + \lambda_{2,m}\boldsymbol{d}_2 \to \boldsymbol{x}$ を満たす $\{\lambda_{1,m}\boldsymbol{d}_1 + \lambda_{2,m}\boldsymbol{d}_2\} \subset T_1 + T_2$ とすると，$[0,1]$ がコンパクトなので，$\exists\{\lambda_{i,m(l)}\} \subset \{\lambda_{i,m}\}$ *s.t.* $\lambda_{i,m(l)} \to \lambda_i \in [0,1]$ $(l \to \infty)$ $(i = 1,2)$ より，$l \to \infty$ のとき，$\|\boldsymbol{x} - (\lambda_1\boldsymbol{d}_1 + \lambda\boldsymbol{d}_2)\| = \|\boldsymbol{x} - (\lambda_{1,m(l)}\boldsymbol{d}_1 + \lambda_{2,m(l)}\boldsymbol{d}_2)\| + \|(\lambda_{1,m(l)}\boldsymbol{d}_1 + \lambda_{2,m(l)}\boldsymbol{d}_2) - (\lambda_1\boldsymbol{d}_1 + \lambda_2\boldsymbol{d}_2)\| \leq \|\boldsymbol{x} - (\lambda_{1,m(l)}\boldsymbol{d}_1 + \lambda_{2,m(l)}\boldsymbol{d}_2)\| + |\lambda_{1,m(l)} - \lambda_1| \, \|\boldsymbol{d}_1\| + |\lambda_{2,m(l)} - \lambda_2| \, \|\boldsymbol{d}_2\| \to 0$.

したがって，$\boldsymbol{x} = \lambda_1 \boldsymbol{d}_1 + \lambda_2 \boldsymbol{d}_2 \in T_1 + T_2$. よって，$T_1 + T_2$ は閉集合．次に，$\boldsymbol{x}_m \to \boldsymbol{x}$ を満たす $\{\boldsymbol{x}_m\} \subset S_1 + S_2$ に対して，$\{\boldsymbol{x}_m\}$ は有界である．よって，$\exists \alpha > 0$ $s.t.$ $\{\boldsymbol{x}_m\} \subseteq \alpha(T_1 + T_2)$. 定理4.5 より $\mathrm{cl}(\alpha(T_1 + T_2)) = \alpha \mathrm{cl}(T_1 + T_2)$ が得られ，$T_1 + T_2$ が閉集合であるから，$\mathrm{cl}(T_1 + T_2) = T_1 + T_2$. したがって，$\mathrm{cl}(\alpha(T_1 + T_2)) = \alpha(T_1 + T_2)$. したがって，$\alpha(T_1 + T_2)$ は閉集合．よって，$\boldsymbol{x} \in \alpha(T_1 + T_2) \subseteq S_1 + S_2$.

7. (1) $S = \{(x, y, z)^t \in E^3 | x^2 + y^2 \leq z\}$ のとき，$\forall (x_1, y_1, z_1)^t, (x_2, y_2, z_2)^t \in S$，$0 < \lambda < 1$ に対して，$\lambda(x_1, y_1, z_1)^t + (1-\lambda)(x_2, y_2, z_2)^t = (\lambda x_1 + (1-\lambda)x_2, \lambda y_1 + (1-\lambda)y_2, \lambda z_1 + (1-\lambda)z_2)$ に，相加相乗の関係 ${x_i}^2 + {y_i}^2 \geq 2\sqrt{{x_i}^2 {y_i}^2} = 2|x_i y_i|$ $(i = 1, 2)$ を用い，以下の計算ができる．$\{\lambda x_1 + (1-\lambda)x_2\}^2 + \{\lambda y_1 + (1-\lambda)y_2\}^2 = \lambda^2 {x_1}^2 + (1-\lambda)^2 {x_2}^2 + 2\lambda(1-\lambda)x_1 x_2 + \lambda^2 {y_1}^2 + (1-\lambda)^2 {y_2}^2 + 2\lambda(1-\lambda)y_1 y_2 \leq \lambda^2 z_1 + (1-\lambda)z_2 + \lambda(1-\lambda)(z_1 + z_2) = \lambda z_1 + (1-\lambda)z_2$. したがって，$S$ は凸集合．$\mathrm{int}S = \{(x, y, z)^t \in E^3 | x^2 + y^2 < z\}$, $\mathrm{cl}S = S$, $\mathrm{bd}S = \{(x, y, z)^t \in E^3 | x^2 + y^2 = z\}$. (2) $S = \{(x, y)^t \in E^2 | 1 \leq x \leq 2, y = 3\}$ のとき，凸集合は明らか．$\mathrm{int}S = \emptyset$, $\mathrm{cl}S = S$, $\mathrm{bd}S = S$. (3) $S = \{(x, y, z)^t \in E^3 | x + y \leq 3, -x + y + z \leq 5, x, y, z \geq 0\}$ のとき，凸集合は明らか．$\mathrm{int}S = \{(x, y, z)^t \in E^3 | x + y < 3, -x + y + z < 5, x, y, z > 0\}$, $\mathrm{cl}S = S$,

$$\mathrm{bd}S = \left\{ \begin{pmatrix} x \\ y \\ z \end{pmatrix} \in E^3 \;\middle|\; \begin{array}{l} (i)\, x + y \leq 3, x, y \leq 0, z = 0\ (\text{底面}) \\ (ii)\, x + y \leq 3, -x + y + z = 5, x, y, z \geq 0\ (\text{上面}) \\ (iii)\, x + y = 3, -2x + z \leq 2, x, y, z \geq 0 \\ (iv)\, x = 0, 0 \leq y \leq 3, y + z \leq 5, z \geq 0 \\ (v)\, 0 \leq x \leq 3, y = 0, -x + z \leq 5, z \geq 0 \end{array} \right\}$$

(4) $S = \{(x, y, z)^t \in E^3 | x + y = 3, x + y + z \leq 6\}$ のとき，S が凸集合は明らか．$\mathrm{int}S = \emptyset$, $\mathrm{cl}\ S = S$, $\mathrm{bd}\ S = S$. (5) $S = \{(x, y, z)^t \in E^3 | x^2 + y^2 + z^2 \leq 4, x + z = 1\}$ のとき，$\forall (x_1, y_1, z_1)^t, (x_2, y_2, z_2)^t \in S$，$0 < \forall \lambda < 1$ に対して，$\lambda(x_1, y_1, z_1)^t + (1-\lambda)(x_2, y_2, z_2)^t = (\lambda x_1 + (1-\lambda)x_2, \lambda y_1 + (1-\lambda)y_2, \lambda z_1 + (1-\lambda)z_2)$ より，$\{\lambda x_1 + (1-\lambda)x_2\}^2 = \lambda^2 {x_1}^2 + 1 - \lambda^2 {x_2}^2 + 2\lambda 1 - \lambda x_1 x_2 \leq \lambda^2 {x_1}^2 + 1 - \lambda^2 {x_2}^2 + \lambda 1 - \lambda({x_1}^2 + {x_2}^2) = \lambda {x_1}^2 + (1-\lambda){x_2}^2$. よって，$S$ は凸集合．$\mathrm{int}S = \emptyset$, $\mathrm{cl}\ S = S$, $\mathrm{bd}\ S = S$.

演習問題 5

1. [(⇐) の証明] は明らか．[(⇒) の証明] $0 \le \forall\lambda_1, \lambda_2$, $\forall \boldsymbol{x}, \boldsymbol{y} \in S$ に対して，$\lambda_1\boldsymbol{x}, \lambda_2\boldsymbol{y} \in S$. $\lambda_1\lambda_2 \neq 0$ のとき，S の凸性より，$\frac{\lambda_1}{\lambda_1+\lambda_2}\boldsymbol{x} + \frac{\lambda_2}{\lambda_1+\lambda_2}\boldsymbol{y} \in S$. したがって，$\lambda_1\boldsymbol{x} + \lambda_2\boldsymbol{y} = (\lambda_1+\lambda_2)(\frac{\lambda_1}{\lambda_1+\lambda_2}\boldsymbol{x} + \frac{\lambda_2}{\lambda_1+\lambda_2}\boldsymbol{y}) \in S$.

2. [$S_1 \cap S_2$ が凸錐になること] $\forall \boldsymbol{x}, \boldsymbol{y} \in S_1 \cap S_2$ と $\lambda, \lambda' \ge 0$ に対して，$\lambda\boldsymbol{x} + \lambda'\boldsymbol{y} \in S_i$ $(i = 1, 2)$. したがって，$\lambda\boldsymbol{x} + \lambda'\boldsymbol{y} \in S_1 \cap S_2$. よって，問題 5-1 より，$S_1 \cap S_2$ は凸錐．[$S_1 + S_2$ が凸錐になること] $\forall(\boldsymbol{x}_1, \boldsymbol{x}_2) \in S_1$, $\forall(\boldsymbol{y}_1, \boldsymbol{y}_2) \in S_2$, $S_1 + S_2 \ni \boldsymbol{x}_1 + \boldsymbol{y}_1, \boldsymbol{x}_2 + \boldsymbol{y}_2$ より，$\lambda, \lambda' \ge 0$ に対して，$\lambda(\boldsymbol{x}_1 + \boldsymbol{x}_2) + \lambda'(\boldsymbol{y}_1 + \boldsymbol{y}_2) = (\lambda\boldsymbol{x}_1 + \lambda'\boldsymbol{y}_1) + (\lambda\boldsymbol{x}_2 + \lambda'\boldsymbol{y}_2) \in S_1 + S_2$. したがって，$S_1 + S_2$ は凸錐．[$S_1 + S_2 \supseteq H(S_1 \cup S_2)$] $\forall \boldsymbol{z} \in H(S_1 \cup S_2)$ に対して，$\exists \boldsymbol{x}_1, \cdots, \boldsymbol{x}_r \in S_1, \exists \boldsymbol{x}_{r+1}, \cdots, \boldsymbol{x}_m \in S_2, \exists \alpha_i \ge 0$ $s.t.$ $\boldsymbol{z} = \sum_{i=1}^m \alpha_i \boldsymbol{x}_i = \sum_{i=1}^n \alpha_i \boldsymbol{x}_i + \sum_{i=n+1}^m \alpha_i \boldsymbol{x}_i \in S_1 + S_2$. よって，$\boldsymbol{z} \in S_1 + S_2$ より，$S_1 + S_2 \supseteq H(S_1 \cup S_2)$. [$S_1 + S_2 \subseteq H(S_1 \cup S_2)$]　$S_1 + S_2 = \frac{1}{2}(2S_1) + \frac{1}{2}(2S_2) \subset H(S_1 \cup S_2)$.

3. (1) $S^* = \{(x, y)^t \in E^2 \mid y \le -x, x \le 0\}$ (2) $S^* = \{(x, y)^t \in E^2 \mid y \ge |x|\}$

4. $E^n \ni \boldsymbol{x}$ に対して，[$\boldsymbol{x} \in S$ のとき]　$S^* \ni \boldsymbol{\theta}$ より，$\boldsymbol{x} = \boldsymbol{x} + \boldsymbol{\theta} \in S + S^*$. [$\boldsymbol{x} \notin S$のとき]　定理 5.1より，$\exists \boldsymbol{x}_0 \in S$ $s.t$ $\rho(\boldsymbol{x}, S) = \|\boldsymbol{x} - \boldsymbol{x}_0\|$ より，$\forall \boldsymbol{y} \in S$, $\langle \boldsymbol{y} - \boldsymbol{x}_0, \boldsymbol{x}_0 - \boldsymbol{x} \rangle \ge 0 \cdots (*)$ $\boldsymbol{x} = \boldsymbol{x}_0 + (\boldsymbol{x} - \boldsymbol{x}_0)$ と書け，S は凸錐であるから，$\forall \boldsymbol{y} \in S$ に対して，S は凸錐であるから，$\boldsymbol{y} + \boldsymbol{x}_0 \in S$. よって，$(*)$ の $\boldsymbol{y}$ の代わりに，$\boldsymbol{y} + \boldsymbol{x}_0$ を代入して，$\langle \boldsymbol{y}, \boldsymbol{x}_0 - \boldsymbol{x} \rangle \ge 0$. よって，$\langle \boldsymbol{y}, \boldsymbol{x} - \boldsymbol{x}_0 \rangle \le 0$. したがって，$\boldsymbol{x} - \boldsymbol{x}_0 \in S^*$. ゆえに，$\boldsymbol{x} = \boldsymbol{x}_0 + (\boldsymbol{x} - \boldsymbol{x}_0) \in S + S^*$. 次に，$\boldsymbol{d} \in E^n$ に対して，閉凸錐 $S = \{\lambda\boldsymbol{d} \mid \lambda \ge 0\}$ を作る．このとき，$\forall\lambda \ge 0$ に対して，$\langle -\boldsymbol{d}, \lambda\boldsymbol{d} \rangle = -\lambda\|\boldsymbol{d}\|^2 \le 0$, よって，$-\boldsymbol{d} \in S^*$. したがって，一意に表すことはできない．

5. (1) の端点 $(0, 2, 0), (0, 2, 8), (\frac{16}{3}, \frac{14}{3}, 0)$. (2) の端点 $(0, 4)$.

6. $x_0^2 + y_0^2 = 1$ を満たすベクトル (x_0, y_0) における接線の超平面 $H(x_0, y_0) = \{(x, y) \in E^2 \mid x_0x + y_0y = 1\}$ より，S を含む閉半空間 $H_-(x_0, y_0) = \{(x, y) \in E^2 | x_0x + y_0y \le 1\}$. したがって，$S = \cap\{H_-(x_0, y_0) | x_0^2 + y_0^2 = 1\}$.

演習問題 6

1. $\forall \boldsymbol{x} \in E^n$ に対して，$\boldsymbol{x}_m \to \boldsymbol{x}$, $m \to \infty$ を満たす収束する無限ベクトル列 $\{\boldsymbol{x}_m\}$ をとると，[$\boldsymbol{x} \in S$ のとき] $\liminf_{m\to\infty} f(\boldsymbol{x}_m) \geq f(\boldsymbol{x})$ は明らか．[$\boldsymbol{x} \notin S$ とき] S^c は開集合であることより，$\exists N_0 \geq 0\ s.t.\ \boldsymbol{x}_m \notin S, \forall m \geq N_0$. ゆえに，$\liminf_{m\to\infty} f(\boldsymbol{x}_m) = \sup_{N>0} \inf_{m \geq N} f(\boldsymbol{x}_m) \geq \inf_{m \geq N_0} f(\boldsymbol{x}_m)$ $= 2 = f(\boldsymbol{x})$.

2. $\forall \boldsymbol{z} \in E^n$ に対して，$\boldsymbol{z}_m \to \boldsymbol{z}$, $m \to \infty$ を満たす収束する無限ベクトル列 $\{\boldsymbol{z}_m\}$ をとると，[$\boldsymbol{z} \in S$ のとき] $\liminf_{m\to\infty} f(\boldsymbol{z}_m) \geq f(\boldsymbol{z})$ は明らか．[$\boldsymbol{z} \notin S$ とき] $\exists N_0 \geq 0\ s.t.\ \boldsymbol{z}_m \notin S$, $\forall m \geq N_0$. ゆえに，$\liminf_{m\to\infty} f(\boldsymbol{z}_m) = \sup_{N>0} \inf_{m\geq N} f(\boldsymbol{z}_m) \geq \inf_{m\geq N_0} f(\boldsymbol{z}_m) = \inf_{m\geq N_0} M = M = f(\boldsymbol{z})$.

演習問題 7

1. [f が $[0,1]$ 上で縮小写像であること] $|f(x)-f(y)| = \frac{1}{4}|x^3-y^3| = \frac{1}{4}|(x-y)(x^2+xy+y^2)| \leq \frac{3}{4}|x-y|$. よって，$f$ が $[0,1]$ 上で縮小写像となり，不動点定理 7.1 より，$\exists x_0 \in E^1 \cap [0,1]\ s.t.\ x_0 = f(x_0)$. ゆえに，$x_0^3 + 4x_0 - 2 = 0$ が成立．

2. f^k が E^n 上で縮小写像であることより，不動点定理 7.1 により，$\exists \boldsymbol{x}_0 \in E^n\ s.t.\ \boldsymbol{x}_0 = f^k(\boldsymbol{x}_0)$, $f^k(f(\boldsymbol{x}_0)) = f(f^k(\boldsymbol{x}_0)) = f(\boldsymbol{x}_0)$ より，$f(\boldsymbol{x}_0)$ は f^k の不動点である．また，不動点定理より，f^k の不動点はただ 1 つなので，$\boldsymbol{x}_0 = f(\boldsymbol{x}_0)$.

3. $\forall \boldsymbol{z} \in E^n$ に対して，写像 $F(\boldsymbol{x}) = f(\boldsymbol{x}) - \boldsymbol{z}$, $\forall \boldsymbol{x} \in E^n$ と定義すると，F は E^n から E^n への縮小写像である．ゆえに，不動点定理より，$\exists \boldsymbol{u} \in E^n\ s.t.\ \boldsymbol{u} = F(\boldsymbol{u})$. よって，$f(\boldsymbol{u}) - \boldsymbol{u} = \boldsymbol{z}$ を満たす．

演習問題 8

1. [($\Leftarrow$) の証明] イェンセンの不等式で $m=2$ とおくと，凸関数の定義が成立．[($\Rightarrow$) の証明] 凸関数を仮定し m に関する帰納法で証明を与える．$m=2$ のとき，凸関数の定義よりイェンセンの不等式は明らかに成立．$m=k$ のとき，イェンセンの不等式，すなわち，$f(\sum_{i=1}^{k}\lambda_i \boldsymbol{x}_i) \leq \sum_{i=1}^{k}\lambda_i f(\boldsymbol{x}_i)$ が成立すると仮定する．次に，$m = k+1$ のとき，以下の計算で示される．
$f(\sum_{i=1}^{k+1}\lambda_i \boldsymbol{x}_i) = f((\sum_{i=1}^{k}\lambda_i)\sum_{j=1}^{k}\frac{\lambda_j}{\sum_{i=1}^{k}\lambda_i}\boldsymbol{x}_j + \lambda_{k+1}\boldsymbol{x}_{k+1})$
$\leq (\sum_{i=1}^{k}\lambda_i)f(\sum_{j=1}^{k}\frac{\lambda_j}{\sum_{i=1}^{k}\lambda_i}\boldsymbol{x}_j + \lambda_{k+1}f(\boldsymbol{x}_{k+1}) \leq \sum_{j=1}^{k+1}\lambda_j f(\boldsymbol{x}_j)$.

2. $\forall\lambda \in (0,1)$ と $\forall x_1, x_2$ $(x_1 < x_2)$ に対して，$x_1 < \lambda x_1 + (1-\lambda)x_2 < x_2$ より，仮定を適用すると，$\lambda(x_2 - x_1)f(x_1) + (1-\lambda)(x_2 - x_1)f(x_2) + (x_1 - x_2)f(\lambda x_1 + (1-\lambda)x_2) \geq 0$. ゆえに，$\lambda f(x_1) + (1-\lambda)f(x_2) \geq f(\lambda x_1 + (1-\lambda)x_2)$ が成立し，f は凸関数．

3. [$\Leftarrow$ の証明] $x_1 < x_2 < x_3$ とすると，$(x_1 - x_2)(x_2 - x_3)(x_3 - x_1) > 0$ より，$(x_3 - x_2)f(x_1) + (x_2 - x_1)f(x_3) + (x_1 - x_3)f(x_2) \geq 0$. よって，問題 8-2 より示される．[$\Rightarrow$ の証明] ある異なる 3 つの実数 x_1, x_2, x_3 が $\frac{(x_3-x_2)f(x_1)+(x_2-x_1)f(x_3)+(x_1-x_3)f(x_2)}{(x_1-x_2)(x_2-x_3)(x_3-x_1)} < 0$ を仮定し，矛盾を導く．一般性を失うことなく，$x_1 < x_2 < x_3$ とおける．このとき，$(x_1-x_2)(x_2-x_3)(x_3-x_1) > 0$. ゆえに，$(x_3 - x_2)f(x_1) + (x_2 - x_1)f(x_3) + (x_1 - x_3)f(x_2) < 0$. したがって，$\frac{x_3-x_2}{x_3-x_1}f(x_1) + \frac{x_2-x_1}{x_3-x_1}f(x_3) < f(x_2)$. これは，$f$ が凸関数であることに矛盾．

4. E^n の凸部分集合 S 上で，(1) $\forall\boldsymbol{x}_1, \boldsymbol{x}_2 \in S$, $\boldsymbol{x}_1 \neq \boldsymbol{x}_2$, $\forall\alpha \in (0,1)$ に対して，$f(\alpha\boldsymbol{x}_1 + (1-\alpha)\boldsymbol{x}_2) < \alpha f(\boldsymbol{x}_1) + (1-\alpha)f(\boldsymbol{x}_2) \leq \alpha\max\{f(\boldsymbol{x}_1), f(\boldsymbol{x}_2)\} + (1-\alpha)\max\{f(\boldsymbol{x}_1), f(\boldsymbol{x}_2)\} = \max\{f(\boldsymbol{x}_1), f(\boldsymbol{x}_2)\}$. (2) $\forall\boldsymbol{x}_1, \boldsymbol{x}_2 \in S$, $f(\boldsymbol{x}_1) \neq f(\boldsymbol{x}_2)$, $\forall\alpha \in (0,1)$ に対して，$f(\boldsymbol{x}_1) \neq f(\boldsymbol{x}_2)$ より，$\boldsymbol{x}_1 \neq \boldsymbol{x}_2$. したがって，$f(\alpha\boldsymbol{x}_1 + (1-\alpha)\boldsymbol{x}_2) < \max\{f(\boldsymbol{x}_1), f(\boldsymbol{x}_2)\}$． (3) $\forall\boldsymbol{x}_1, \boldsymbol{x}_2 \in S$, $\forall\alpha \in (0,1)$ に対して，$\boldsymbol{x}_1 \neq \boldsymbol{x}_2$ のとき，$f(\alpha\boldsymbol{x}_1 + (1-\alpha)\boldsymbol{x}_2) < \max\{f(\boldsymbol{x}_1), f(\boldsymbol{x}_2)\}$. $\boldsymbol{x}_1 = \boldsymbol{x}_2$ のとき，$f(\alpha\boldsymbol{x}_1 + (1-\alpha)\boldsymbol{x}_2) = f(\alpha\boldsymbol{x}_1 + (1-\alpha)\boldsymbol{x}_2) = f(\boldsymbol{x}_1) \leq \max\{f(\boldsymbol{x}_1), f(\boldsymbol{x}_2)\}$.

5. $\forall\boldsymbol{x}_1, \boldsymbol{x}_2 \in S, \forall\alpha \in (0,1)$ に対して，$0 \leq g(\alpha\boldsymbol{x}_1 + (1-\alpha)\boldsymbol{x}_2) \leq \alpha g(\boldsymbol{x}_1) + (1-\alpha)g(\boldsymbol{x}_2)$, $0 < \alpha h(\boldsymbol{x}_1) + (1-\alpha)h(\boldsymbol{x}_2) \leq h(\alpha\boldsymbol{x}_1 + (1-\alpha)\boldsymbol{x}_2)$. ここで，$f(\boldsymbol{x}_1) = \frac{g(\boldsymbol{x}_1)}{h(\boldsymbol{x}_1)} \leq \frac{g(\boldsymbol{x}_2)}{h(\boldsymbol{x}_2)} = f(\boldsymbol{x}_2)$ として一般性を失わない．よって，$g(\boldsymbol{x}_1) \leq \frac{g(\boldsymbol{x}_2)}{h(\boldsymbol{x}_2)}h(\boldsymbol{x}_1)$ より，$g(\alpha\boldsymbol{x}_1 + (1-\alpha)\boldsymbol{x}_2) \leq \alpha\frac{g(\boldsymbol{x}_2)}{h(\boldsymbol{x}_2)}h(\boldsymbol{x}_1) + (1-\alpha)g(\boldsymbol{x}_2) = \frac{g(\boldsymbol{x}_2)}{h(\boldsymbol{x}_2)}\{\alpha h(\boldsymbol{x}_1) + (1-\alpha)h(\boldsymbol{x}_2)\}$. したがって，$f(\alpha\boldsymbol{x}_1 + (1-\alpha)\boldsymbol{x}_2) = \frac{g(\alpha\boldsymbol{x}_1+(1-\alpha)\boldsymbol{x}_2)}{h(\alpha\boldsymbol{x}_1+(1-\alpha)\boldsymbol{x}_2} \leq \frac{g(\alpha\boldsymbol{x}_1+(1-\alpha)\boldsymbol{x}_2)}{\alpha h(\boldsymbol{x}_1)+(1-\alpha)h(\boldsymbol{x}_2)} \leq \frac{g(\boldsymbol{x}_2)}{h(\boldsymbol{x}_2)} = f(\boldsymbol{x}_2)$.

6. [$\Rightarrow$ の証明] f は凹関数と仮定し，$\forall(\boldsymbol{x}_1, y_1), (\boldsymbol{x}_2, y_2) \in \mathrm{hyp}f$, $0 < \forall\lambda < 1$ に対して，$\lambda(\boldsymbol{x}_1, y_1) + (1-\lambda)(\boldsymbol{x}_2, y_2) \in \mathrm{hyp}f$ を示す．S の凸性より，$\lambda\boldsymbol{x}_1 + (1-\lambda)\boldsymbol{x}_2 \in S$. f の凹性より，$f(\lambda\boldsymbol{x}_1 + (1-\lambda)\boldsymbol{x}_2) \geq \lambda f(\boldsymbol{x}_1) + (1-\lambda)f(\boldsymbol{x}_2)$. $(\boldsymbol{x}_1, y_1), (\boldsymbol{x}_2, y_2) \in \mathrm{hyp}\ f$ より，$f(\lambda\boldsymbol{x}_1 + (1-\lambda)\boldsymbol{x}_2) \geq \lambda y_1 + (1-\lambda)y_2$. したがって，$(\lambda\boldsymbol{x}_1 + (1-\lambda)\boldsymbol{x}_2, \lambda y_1 + (1-\lambda)y_2) \in \mathrm{hyp}f$. したがって，$\mathrm{hyp}f$ は凸集合．[$\Leftarrow$ の証明] $\mathrm{hyp}f$ は凸集合と仮定すると，$0 < \forall\lambda < 1$ と $(\boldsymbol{x}_1, f(x_1)), (\boldsymbol{x}_2, f(\boldsymbol{x}_2)) \in \mathrm{hyp}f$ に対して，$\mathrm{hyp}f \ni \lambda(\boldsymbol{x}_1, f(\boldsymbol{x}_1)) + (1-\lambda)(\boldsymbol{x}_2, f(\boldsymbol{x}_2)) = (\lambda\boldsymbol{x}_1 + (1-\lambda)\boldsymbol{x}_2, \lambda f(\boldsymbol{x}_1) + (1-\lambda)f(\boldsymbol{x}_2))$. よって，$f(\lambda\boldsymbol{x}_1 + (1-\lambda)\boldsymbol{x}_2) \geq \lambda f(\boldsymbol{x}_1) + (1-\lambda)f(\boldsymbol{x}_2)$. したがって，$f$ は凹関数.

7.
$$
\begin{aligned}
f(\alpha\boldsymbol{x}_1 + (1-\alpha)\boldsymbol{x}_2) &= d\max f_i(\alpha\boldsymbol{x}_i + (1-\alpha)\boldsymbol{x}_i) \\
&\leq d\max\{\alpha f_i(\boldsymbol{x}_i) + (1-\alpha)f_i(\boldsymbol{x}_2)\} \\
&= \alpha d\max f_i(\boldsymbol{x}_i) + (1-\alpha)d\max f_i(\boldsymbol{x}_i) \\
&= \alpha f(\boldsymbol{x}_1) + (1-\alpha)f(\boldsymbol{x}_2).
\end{aligned}
$$
したがって，f は凸関数.

8. f は凸関数で g は非減少関数であるから，$\forall\boldsymbol{x}_1, \boldsymbol{x}_2 \in E^n, \forall\alpha \in (0,1)$ に対して，$h(\alpha\boldsymbol{x}_1 + (1-\alpha)\boldsymbol{x}_2) = g(f(\alpha\boldsymbol{x}_1 + (1-\alpha)\boldsymbol{x}_2)) \leq g(\alpha f(\boldsymbol{x}_1) + (1-\alpha)f(\boldsymbol{x}_2)) \leq \alpha g(f(\boldsymbol{x}_1)) + (1-\alpha)g(f(\boldsymbol{x}_2)) = \alpha h(\boldsymbol{x}_1) + (1-\alpha)h(\boldsymbol{x}_2)$. したがって，$h$ は凸関数.

9. [閉集合であること] $\forall\{\boldsymbol{\xi}_m\} \subset \partial f(\boldsymbol{x}_0)$, $\boldsymbol{\xi}_m \to \boldsymbol{\xi} \in E^n$ $(m \to \infty)$ について，各 m で，$f(\boldsymbol{x}) \geq f(\boldsymbol{x}_0) + \langle\boldsymbol{\xi}_m, \boldsymbol{x} - \boldsymbol{x}_0\rangle$, $\forall\boldsymbol{x} \in S$. 内積の連続性より，$f(\boldsymbol{x}) \geq f(\boldsymbol{x}_0) + \langle\boldsymbol{\xi}, \boldsymbol{x} - \boldsymbol{x}_0\rangle$ $\forall\boldsymbol{x} \in S$. したがって，$\boldsymbol{\xi} \in \partial f(\boldsymbol{x}_0)$. よって，$\partial f(\boldsymbol{x}_0)$ は閉集合．[凸集合であること] $\forall\boldsymbol{\xi}_1, \boldsymbol{\xi}_2 \in \partial f(\boldsymbol{x}_0)$, $\forall\lambda \in (0,1)$ に対して，$f(\boldsymbol{x}) \geq f(\boldsymbol{x}_0) + \langle\boldsymbol{\xi}_1, \boldsymbol{x} - \boldsymbol{x}_0\rangle$ $\cdots(*)$, $f(\boldsymbol{x}) \geq f(\boldsymbol{x}_0) + \langle\boldsymbol{\xi}_2, \boldsymbol{x} - \boldsymbol{x}_0\rangle$ $\cdots(**)$ したがって，$(*)$ より，$\lambda f(\boldsymbol{x}) \geq \lambda f(\boldsymbol{x}_0) + \lambda\langle\boldsymbol{\xi}_1, \boldsymbol{x} - \boldsymbol{x}_0\rangle$. $(**)$ より，$(1-\lambda)f(\boldsymbol{x}) \geq (1-\lambda)f(\boldsymbol{x}_0) + (1-\lambda)\langle\boldsymbol{\xi}_2, \boldsymbol{x} - \boldsymbol{x}_0\rangle$. 上の2式を加えると，$f(\boldsymbol{x}) \geq f(\boldsymbol{x}_0) + \langle\lambda\boldsymbol{\xi}_1 + (1-\lambda)\boldsymbol{\xi}_2, \boldsymbol{x} - \boldsymbol{x}_0\rangle$. よって，$\lambda\boldsymbol{\xi}_1 + (1-\lambda)\boldsymbol{\xi}_2 \in \partial f(\boldsymbol{x}_0)$. したがって，$\partial f(\boldsymbol{x}_0)$ は凸集合.

10. [(1) の証明] $(\Rightarrow)$ $\forall\boldsymbol{\xi} \in \partial f(\boldsymbol{\theta})$ に対して，$f(\boldsymbol{x}) \geq f(\boldsymbol{\theta}) + \langle\boldsymbol{\xi}, \boldsymbol{x} - \boldsymbol{\theta}\rangle$ $\forall\boldsymbol{x} \in E^n$, $\|\boldsymbol{x}\| \geq \langle\boldsymbol{\xi}, \boldsymbol{x}\rangle$, $\forall\boldsymbol{x} \in E^n$. したがって，$\boldsymbol{x} = \boldsymbol{\xi}$ とおくと，$\|\boldsymbol{\xi}\| \geq \langle\boldsymbol{\xi}, \boldsymbol{\xi}\rangle = \|\boldsymbol{\xi}\|^2$. したがって，$\|\boldsymbol{\xi}\| \leq 1$. $(\Leftarrow)$ $\|\boldsymbol{\xi}\| \leq 1$ とする．$\langle\boldsymbol{\xi}, x\rangle \leq \|\boldsymbol{\xi}\|\ \|\boldsymbol{x}\|$, $\forall\boldsymbol{x} \in E^n \leq \|\boldsymbol{x}\| = f(\boldsymbol{x})$. したがって，$f(\boldsymbol{x}) \geq f(\boldsymbol{\theta}) + \langle\boldsymbol{\xi}, \boldsymbol{x} - \boldsymbol{\theta}\rangle$. よって，$\boldsymbol{\xi} \in \partial f(\boldsymbol{\theta})$. [(2) の証明] $(\Leftarrow)$ $f(\boldsymbol{z}) - f(\boldsymbol{x}) - \langle\boldsymbol{\xi}, \boldsymbol{z} - \boldsymbol{x}\rangle = \|\boldsymbol{z}\| -$

$\|\boldsymbol{x}\| - \langle \boldsymbol{\xi}, \boldsymbol{z}\rangle + \langle \boldsymbol{\xi}, \boldsymbol{x}\rangle = \|\boldsymbol{z}\| - \langle \boldsymbol{\xi}, \boldsymbol{z}\rangle \geq \|\boldsymbol{z}\| - \|\boldsymbol{\xi}\|\ \|\boldsymbol{z}\| = \|\boldsymbol{z}\| - \|\boldsymbol{z}\| = 0.$ よって，$\boldsymbol{\xi} \in \partial f(\boldsymbol{x})$. $(\Rightarrow)$ $\forall\lambda > 0$ に対して，$f(\boldsymbol{x}+\lambda\boldsymbol{\xi}) \geq f(\boldsymbol{x}) + \langle \boldsymbol{x} + \lambda\boldsymbol{\xi} - \boldsymbol{x}, \boldsymbol{\xi}\rangle$, $\|\boldsymbol{x}+\lambda\boldsymbol{\xi}\| - \|\boldsymbol{x}\| \geq \lambda\langle \boldsymbol{\xi}, \boldsymbol{\xi}\rangle$, $\frac{\|\boldsymbol{x}+\lambda\boldsymbol{\xi}\|-\|\boldsymbol{x}\|}{\lambda} \geq \langle \boldsymbol{\xi}, \boldsymbol{\xi}\rangle = \|\boldsymbol{\xi}\|^2$. $\lambda \to \infty$ として，$\|\frac{\boldsymbol{x}}{\lambda} + \boldsymbol{\xi}\| - \|\frac{\boldsymbol{x}}{\lambda}\| \to \|\boldsymbol{\xi}\|$. したがって，$1 \geq \|\boldsymbol{\xi}\|$. また，$f(\boldsymbol{\theta}) \geq f(\boldsymbol{x}) + \langle \boldsymbol{\xi}, \boldsymbol{\theta} - \boldsymbol{x}\rangle$ を適用して，$\|\boldsymbol{x}\|\ \|\boldsymbol{\xi}\| \geq \langle \boldsymbol{x}, \boldsymbol{\xi}\rangle \geq \|\boldsymbol{x}\|\ \|\boldsymbol{\xi}\| \geq 1$. したがって，$\|\boldsymbol{\xi}\| = 1$.

演習問題 9

1. f は $x = 1$ で微分可能で凸より，$f(x) \geq f(1) + \langle \nabla f(1), x - 1\rangle$. ゆえに，$f(x) \geq 1 + (x-1) = x$. よって，$f(x) + x^2 + |x+1| \geq x + x^2 + |x+1| \geq 4x$.

2. $f(x) = -\log x$ とおくと，f は凸となることより，$x_0 \in (0,\infty)$ に対して，$f(x) \geq f(x_0) + \langle \nabla f(x_0), x - x_0\rangle, \quad \forall x \in (0,\infty)$. ゆえに，$\log x \leq \log x_0 + \frac{1}{x_0}(x - x_0), \quad \forall x \in (0,\infty)$. ここで，$x_0 = \frac{a_1+\cdots+a_n}{n}$ とおき，$x = a_i$ とおくと，$\log a_i \leq \log x_0 + \frac{1}{x_0}(a_i - x_0)$. ゆえに，$\sum_{i=1}^{k} \log a_i^{\frac{1}{n}} \leq \log x_0$, $\log a_1^{\frac{1}{n}} \cdots a_n^{\frac{1}{n}} \leq \log(\frac{a_1+\cdots+a_n}{n})$. よって，$\frac{a_1+\cdots+a_n}{n} \geq \sqrt[n]{a_1 \cdots a_n}$.

3. $\forall \boldsymbol{x} \in S$ で 2 回微分可能であるから，$\exists\lambda \in (0,1)$ $s.t.$ $f(\boldsymbol{x}) = f(\boldsymbol{x}_0) + \langle \nabla f(\boldsymbol{x}_0), \boldsymbol{x} - \boldsymbol{x}_0\rangle + \frac{1}{2}(\boldsymbol{x} - \boldsymbol{x}_0)^t H(\lambda x_0 + (1-\lambda)\boldsymbol{x})(\boldsymbol{x} - \boldsymbol{x}_0)$. いま，$S$ は凸より，$\lambda\boldsymbol{x}_0 + (1-\lambda)\boldsymbol{x} \in S$. ゆえに，$\forall \boldsymbol{x} \in S$, $\boldsymbol{x} \neq \boldsymbol{x}_0$ に対して，$H(\boldsymbol{x})$ が正定値より，$f(\boldsymbol{x}) > f(\boldsymbol{x}_0) + \langle \nabla f(\boldsymbol{x}_0), \boldsymbol{x} - \boldsymbol{x}_0\rangle$. よって，$\forall \boldsymbol{x}_i \in S$, $\boldsymbol{x}_i \neq \boldsymbol{x}_0$ $(i = 1, 2)$ について，$f(\boldsymbol{x}_i) > f(\boldsymbol{x}_0) + \langle \nabla f(\boldsymbol{x}_0), \boldsymbol{x}_i - \boldsymbol{x}_0\rangle$ $(i = 1, 2)$. 上の各式の両辺に $\lambda, (1-\lambda)$ を掛けて加えると，$\lambda f(\boldsymbol{x}_1) + (1-\lambda) f(\boldsymbol{x}_2) > f(\boldsymbol{x}_0) + \langle \nabla f(\boldsymbol{x}_0), \lambda\boldsymbol{x}_1 + (1-\lambda)\boldsymbol{x}_2 - \boldsymbol{x}_0\rangle$. ここで，$\boldsymbol{x}_0 = \lambda\boldsymbol{x}_1 + (1-\lambda)\boldsymbol{x}_2$ とおくと，$\lambda f(\boldsymbol{x}_1) + (1-\lambda) f(\boldsymbol{x}_2) > f(\lambda\boldsymbol{x}_1 + (1-\lambda)\boldsymbol{x}_2)$. よって，$f$ は狭義の凸関数.

演習問題 1 0

1. (1) $T_S(\boldsymbol{\theta}) = \{(x_1, x_2) \in E^2 \mid x_2 \geq 0\}$　(2) $T_S(\boldsymbol{\theta}) = \{\boldsymbol{\theta}\}$　(3) $T_S(\boldsymbol{\theta}) = \{(x_1, x_2) \in E^2 \mid x_2 = 0\}$

2. $\bar{\boldsymbol{x}} \in \mathrm{int}S$ より，$\exists \delta > 0$ $s.t.$ $N_\delta(\bar{\boldsymbol{x}}) \subset S$. $\forall \boldsymbol{x} \in E^n \backslash \{\boldsymbol{\theta}\}$ に対して，$\bar{\boldsymbol{x}} + \frac{\delta}{2\|\boldsymbol{x}\|}\boldsymbol{x} \in N_\delta(\bar{\boldsymbol{x}}) \subset S$ より，$\lambda = \frac{2\|\boldsymbol{x}\|}{\delta}$ とおくと，　$\boldsymbol{d} = \lambda\{(\bar{\boldsymbol{x}} + \frac{\delta}{2\|\boldsymbol{x}\|}\boldsymbol{x}) - \bar{\boldsymbol{x}}\} = (\frac{2\|\boldsymbol{x}\|}{\delta})(\frac{\delta}{2\|\boldsymbol{x}\|})\boldsymbol{x} = \boldsymbol{x}$. したがって，$\boldsymbol{x} \in T_S(\bar{\boldsymbol{x}})$. $\boldsymbol{\theta} \in T_S(\bar{\boldsymbol{x}})$ は明らか. よって，$T_S(\bar{\boldsymbol{x}}) = E^n$.

3. $A : E^n \to E^m$ は線形かつ連続であるので，問題の (1)，(2)，(3)，(4) が成立することは明らか.

4. $\forall \boldsymbol{d} \in T$ に対して，$\boldsymbol{x}_k = \bar{\boldsymbol{x}} + \lambda_k \boldsymbol{d} + \lambda_k \alpha(\lambda_k) \in S, \lambda_k > 0,\ \lambda_k \downarrow 0,\ k \to \infty$ と書けて，$\frac{1}{\lambda_k}(\boldsymbol{x}_k - \bar{\boldsymbol{x}}) - \boldsymbol{d} = \alpha(\lambda_k), \lim_{k\to\infty} \frac{1}{\lambda_k}(\boldsymbol{x}_k - \bar{\boldsymbol{x}}) = \boldsymbol{d}$. よって，$\boldsymbol{d} \in T_S(\bar{\boldsymbol{x}})$ より，$T \subset T_S(\bar{\boldsymbol{x}})$. 次に，逆の包含関係を示す. $\forall \boldsymbol{d} \in T_S(\bar{\boldsymbol{x}})$ に対して，$\boldsymbol{d} = \lim_{k\to\infty} \lambda_k(\boldsymbol{x}_k - \boldsymbol{x}_0), \lambda_k > 0,\ \{\boldsymbol{x}_k\} \subset S,\ \boldsymbol{x}_k \to \boldsymbol{x}_0$ と書ける. ここで，$\alpha(\mu_k) = \boldsymbol{x}_k - \bar{\boldsymbol{x}} - \mu_k \boldsymbol{d},\ \mu_k = \frac{1}{\lambda_k}$ とおくと，$\alpha(\mu_k) \to \boldsymbol{\theta}\ (k \to \infty)$ であり，$\lim_{k\to\infty} \boldsymbol{x}_k = \boldsymbol{x}_0$ より，$\mu_k \downarrow 0$. したがって，$\boldsymbol{d} \in T$ より，$T_S(\bar{\boldsymbol{x}}) \subset T$.

索　　引

〈著者略歴〉

田 中 謙 輔（たなか　けんすけ）

1959 年　東京教育大学大学院理学研究科
　　　　数学専攻博士課程中途退学
1959 年　宮崎大学教育学部助手
1966 年　宮崎大学教育学部助教授
1968 年　新潟大学理学部助教授
1971 年　理学博士（九州大学）
1973 年　新潟大学理学部教授
1999 年　新潟大学名誉教授

- 本書は，牧野書店から発行されていた「数理情報科学シリーズ 5　凸解析と最適化理論」をオーム社から発行するものです．

凸解析と最適化理論

2021 年 9 月 17 日　　第 1 版第 1 刷発行

著　　者　田 中 謙 輔
発 行 者　村 上 和 夫
発 行 所　株式会社 オーム社
　　　　　郵便番号　101-8460
　　　　　東京都千代田区神田錦町 3-1
　　　　　電話　03(3233)0641(代表)
　　　　　URL　https://www.ohmsha.co.jp/

印刷・製本　大日本法令印刷
ISBN978-4-274-22755-4　Printed in Japan